工科系学生の
数理物理入門

博士(工学)　片山　登揚
理学博士　有末　宏明
博士(理学)　松野　高典　共著
博士(理学)　稗田　吉成
博士(理学)　佐藤　　修

コロナ社

まえがき

本書は，理学系ではなく工学系のための数理物理学のやさしい入門書である。理工系の大学の3年生や4年生また工業高等専門学校の4年生や5年生および専攻科の課程においては，応用数学の知識や考え方を基礎とした物理学を学ぶ。学習すべき物理学の内容は多岐にわたるが，主要なテーマは解析力学，電磁気学，量子力学および統計物理学であり，その記述は応用数学の知識を前提として解説されている。これらを学習する際，カリキュラムの関係で用いられる数学を自学自習する必要があり，そのためには多くの学習時間を必要とする。さらに，学習者に対して必要な項目だけの学習を期待することも難しいと考えられる。そこで，特に工学系で学ぶ者にとって，将来必要となる数理物理学のやさしい入門書が必要である。本書は，あくまでも各物理学分野の入門書であって，学習に必要と考えられる数学の基礎部分をも同時に解説するものである。

そこで，本書では上記の物理学の基礎とそれらを学ぶための数学のテーマを精選して解説する。第1部を数理物理のための数学とし，第2部を数理物理入門としている。具体的には以下のような項目を記述する。第1部においては，線形代数学と微分方程式からテーマを絞って解説する。線形代数学では，行列計算は既習のこととして，量子力学で必要とされる線形空間と線形写像，さらに固有空間と一般固有空間の導入までを記述する。例えば，線形変換における固有ベクトルや固有値の考え方は，量子力学でのシュレディンガー作用素の固有関数やエネルギー固有値に発展していくため，十分な理解が必要である。微分方程式としては，その解法，および微分方程式の解の存在と一意性を中心に丁寧に解説している。また，物理学で現れる微分方程式の解として定義される関数には，特殊関数と呼ばれるものが多く，微分方程式の級数による解法と合わせて簡単に触れている。

第2部の数理物理入門では，物理学からのテーマとして，解析力学，電磁気学，量子力学の3テーマのみに絞ってそれらの基礎を解説する。解析力学では，力学系としてとらえられる各工学分野からの例と変分原理を示した後，ラグランジュ力学，ハミルトン力学の基礎について記述する。そこでは，一般化座標の考え方，および正準座標の考え方について，座標変換の意味を中心に解説する。ハミルトン形式は量子力学での記述形式には不可欠なものである。また，電磁気学では場の考え方を中心に解説する。ベクトル解析の復習も含め，電磁場の解析を物理的な立場からわかりやすく解説する。さらに，量子力学の項では，古典力学のハミルトニアンから対応原理に基づきシュレディンガー作用素を導く。さらに，シュレディンガー方程式の解についての物理的意味に重点を置いて解説する。

以上，いずれの分野においても，入門部分をわかりやすく解説しており，各分野の専門書への橋渡しの役目をする。さらに各解説において，適切な例および演習問題を付けてやさしい教科書または自習書としても使用できるようにした。

なお，各章の担当はつぎのとおりである。1章は稗田，2章は松野，3章は片山，4章は有末，さらに5章は佐藤がそれぞれ担当した。執筆にあたっては，誤りのないように十分注意するとともに，第1部と第2部および各章間の連携にも留意したが，著者らの浅学非才のため思わぬ誤りがあるかもしれない。読者の御叱正をいただければたいへんありがたい。また，コロナ社には，企画の段階から本書が完成するまでにたいへんお世話になった。ここに，感謝を申し上げる次第である。

2012年9月

片山登揚　有末宏明　松野高典　稗田吉成　佐藤　修

目　　次

1. 線形代数学

2. 微分方程式

3. 解析力学入門

4. 電磁気学入門

5.　量子力学入門

1 線形代数学

1.1 はじめに

本章では，以降の章での準備として線形代数に関する基本的事項をまとめた。線形代数とは，矢印として実現したベクトル全体のつくる空間を一般化したベクトル空間（線形空間）と，ベクトル空間の間の関数にあたる線形写像を取り扱う分野であり，その諸概念は物理，工学に限らず，経済学などのさまざまな分野で用いられ，きわめて応用範囲が広い。そこでは「線形」という言葉（「線形性」という性質）が鍵となる。ベクトル空間の間の線形性をもつ写像（線形写像）が行列によって表記され，逆に行列から線形写像が得られる。つまり，行列は線形写像であるという見方が重要である（この視点に立つと，行列の積が線形写像の合成から自然に定義されていることも実感できるであろう）。

そこで行列とベクトルに関して簡単に振り返り，ベクトル空間を定義する。ベクトル空間を定義した後のベクトルとは，ベクトル空間の元として定義されるものであり，例えば関数は関数空間におけるベクトルといえる。これらの概念を用いると連立 1 次方程式は行列とベクトルで表され，その解法も線形代数の言葉使いで統一的に扱うことができる。実際，2，3 章でも線形微分方程式の解法に利用している。さらに行列の固有値と固有ベクトルを扱いながら，行列を対角化することも含めたある種の仲間分け（その代表がジョルダン標準形）を考える。これは一般固有空間の理論とも関連する重要なものである。

1.2 行 列 の 復 習

まず，**行列**（数を長方形の形に並べて ( ) あるいは [ ] でくくったもの）に関する基本的な用語，記号，演算などを思い出そう。

例 1.1 (行列の例) (1) 2×3 型行列 $\begin{pmatrix} 1 & 2 & 3 \\ 4 & 5 & 6 \end{pmatrix}$ の **転置行列**（すべての行と列を入れ替えてできる行列）は 3×2 型行列 $\begin{pmatrix} 1 & 4 \\ 2 & 5 \\ 3 & 6 \end{pmatrix}$ である。

(2) 3 次正方行列 $\begin{pmatrix} 1 & -1 & -2 \\ -1 & 2 & -3 \\ -2 & -3 & 3 \end{pmatrix}$, $\begin{pmatrix} 1 & 0 & 0 \\ 0 & 2 & 0 \\ 0 & 0 & 3 \end{pmatrix}$ は，**対角成分**（右斜め下への対角線上にある (i,i) 成分）に関して成分が対称になっているので **対称行列** である。特に，後者のように対角成分以外がすべて 0 の対称行列を **対角行列** という。

行列 A の転置行列を ${}^{T}\!A$ で表す[†1]。この記号を用いると，A が対称行列であることは ${}^{T}\!A = A$ と表すことができる。また，対角成分がすべて 1 の n 次対角行列を n 次**単位行列**といい，E_n あるいは I_n で表す。

さて，行列と **スカラー**[†2]にはつぎの演算が定義されている。

定義 1.1 (行列の加法，スカラー倍，乗法)

$A = (a_{ij})\,, B = (b_{ij})$ とし，k をスカラーとする。

加法：A と B が同じ型のとき，**和** $A + B = (a_{ij} + b_{ij})$ と定義する。

---

†1　t を用いたり，右肩に書くことも多いが，3 章以降との関係からこの表記とした。
†2　行列やベクトルに対して，その成分などひとつの数をスカラーという。

スカラー倍：A と k に対して，スカラー倍 $kA = (ka_{ij})$ と定義する。

乗法：A が $m \times l$ 型，B が $l \times n$ 型のとき，**積** AB は，その (i, j) 成分を $\displaystyle\sum_{k=1}^{l} a_{ik}b_{kj}$ とする $m \times n$ 型行列として定義する。

加法の「同じ型で同じ位置の成分の和をとる定義」は自然であるが，乗法は「前の行列の列の数と後ろの行列の行の数が一致している場合」にしか定義していないうえに，不自然に感じる（複雑に見える）かもしれない。しかし，それは後に学習する線形写像の合成や連立方程式の行列表示を見れば納得してもらえるものと思うので，まずは慣れてほしい。

(**注意**) 行列の乗法に関しては一般には交換法則 $AB = BA$ は成り立たない。さらに積 AB あるいは 積 BA が定義できない場合もある。これは数の乗法と特に異なるところであるので，注意が必要である。

問 1.1　つぎの行列の和と積を求めよ。

(1) $\begin{pmatrix} 1 & 2 & 3 \\ 1 & 3 & 4 \\ 2 & 4 & 7 \end{pmatrix} + \begin{pmatrix} 5 & -2 & -1 \\ 1 & 1 & -1 \\ -2 & 0 & 1 \end{pmatrix}$　(2) $\begin{pmatrix} 1 & 0 & -2 \\ 2 & 1 & -4 \end{pmatrix}\begin{pmatrix} 3 & 2 \\ 0 & 3 \\ 1 & 1 \end{pmatrix}$

問 1.2　$m \times n$ 型行列 A, B と $n \times l$ 型行列 C に対して，つぎが成り立つことを示せ。　(1) ${}^T(A + B) = {}^TA + {}^TB$　　(2) ${}^T(AC) = {}^TC\,{}^TA$

行列の加法とスカラー倍，乗法に関してつぎの 2 つの定理が成り立つ。ただし，O はすべての成分が 0 の行列（これを**零行列**という）とする。

定理 1.1　(行列の加法とスカラー倍の性質)

同じ型の任意の行列 A, B, C とスカラー k, k' に対してつぎが成り立つ。

(1) $(A + B) + C = A + (B + C)$　　(2) $A + B = B + A$

(3) $A + O = O + A = A$　　(4) $A + (-A) = (-A) + A = O$

(5) $k(k'A) = (kk')A = k'(kA)$　　(6) $k(A+B) = kA + kB$

(7) $(k+k')A = kA + k'A$

定理 1.2　(行列の乗法の性質)

以下の積が定義できる任意の行列 A, B, C に対してつぎが成り立つ。

(1)　$(AB)C = A(BC)$

(2)　$E_m A = A, \quad AE_n = A$　　ここで，A は $m \times n$ 型行列である。

(3)　$A(B+C) = AB + AC, \quad (A+B)C = AC + BC$

定理 1.1 (3) と定理 1.2 (2) から，行列にも複素数における 0 と同じような性質をもつ零行列 O と，1 と同じような性質をもつ単位行列 E_n が存在する。さらに，複素数における「逆数」に対応するものとしてつぎを定義する。

定義 1.2　(逆行列)

n 次正方行列 A に対して，$AX = XA = E_n$ を満たす n 次正方行列 X が存在するとき，X を A の **逆行列** といい，A^{-1} で表す†。

また，A が逆行列をもつとき，A は **正則** であるという。

A の正則性と A の **行列式** $|A|$ ($\det A$ と表すこともある) との間には，つぎの定理が成り立つ。

定理 1.3　(逆行列をもつ条件)

正方行列 A について，A が正則であることと $|A| \neq 0$ は同値である。

問 1.3　正則な n 次正方行列 A, B に対して，つぎが成り立つことを示せ。

† 逆行列は正方行列に対してしか定義されていない。また，逆行列は存在するとは限らないが，存在すればただひとつである。

(1) 積 AB も正則で，$(AB)^{-1} = B^{-1}A^{-1}$ である。

(2) 転置行列 ${}^{T}\!A$ も正則で，$\left({}^{T}\!A\right)^{-1} = {}^{T}\!\left(A^{-1}\right)$ である。

1.3 ベクトル空間と線形写像

1.3.1 ベクトルとベクトル空間

平面または空間内の矢印のように，「方向と大きさをもつ量」を（**幾何**）**ベクトル** という。ただし平行移動により重なるものは同じベクトルであるとする。つまり幾何ベクトルとは，位置を気にせず，「方向」と「長さ（大きさ）」をもつ量であり，有向線分で表されるものである†。幾何ベクトルにはベクトルの演算としての加法とスカラー倍が定義されている。

さて，空間に座標が入っていて，x, y, z 軸方向の **単位ベクトル**（大きさ 1 のベクトル）を，それぞれ $\boldsymbol{e}_1, \boldsymbol{e}_2, \boldsymbol{e}_3$ で表すとき，原点 O を始点とし，点 $\mathrm{A}(a_1, a_2, a_3)$ を終点とする有向線分の表すベクトル $\overrightarrow{\mathrm{OA}}$（これを原点 O に関する点 A の**位置ベクトル**という）を $\boldsymbol{a}$ とすると，$\boldsymbol{a} = a_1\boldsymbol{e}_1 + a_2\boldsymbol{e}_2 + a_3\boldsymbol{e}_3$ が成り立つ。これを $\boldsymbol{a} = (a_1, a_2, a_3)$ と表し，$\boldsymbol{a}$ の（$\boldsymbol{e}_1, \boldsymbol{e}_2, \boldsymbol{e}_3$ に関する）**成分表示** という。ここで幾何ベクトルを原点を始点としたベクトルと考えれば，ベクトルとその成分表示は 1 対 1 に対応していることがわかる。

さらにベクトルの演算としての加法とスカラー倍は成分表示を用いると，任意のベクトル $\boldsymbol{a} = (a_1, a_2, a_3)$, $\boldsymbol{b} = (b_1, b_2, b_3)$ とスカラー k に対して

(1) 加法：$\boldsymbol{a} + \boldsymbol{b} = (a_1 + b_1, a_2 + b_2, a_3 + b_3)$

(2) スカラー倍：$k\boldsymbol{a} = (ka_1, ka_2, ka_3)$

と表せる。これはベクトルの成分表示を 3 項 **行ベクトル**（1×3 型行列）と考えたときの加法とスカラー倍と一致している。つまり，幾何ベクトルと 3 項行ベクトルは，加法とスカラー倍という演算も含めて同一視できる。そこで行列のもつ性質を抽出してベクトル空間を定義し，ベクトルの概念を拡張する。

† 正確には有向線分の平行移動による同値類のことであるが，その代表元である有向線分をベクトルと考えてよい。

定義 1.3 (ベクトル空間とベクトルの定義)

空でない集合 V について，任意の $\boldsymbol{v}, \boldsymbol{v}' \in V$ と スカラー k に対して，加法 $\boldsymbol{v}+\boldsymbol{v}' \in V$ とスカラー倍 $k\boldsymbol{v} \in V$ という 2 つの演算が定義されていて，つぎの 8 つの性質を満たすとき，この加法とスカラー倍をもつ集合 V を**ベクトル空間** あるいは **線形空間**といい，その元を **ベクトル** という。

任意の $\boldsymbol{v}$, $\boldsymbol{v}'$, $\boldsymbol{v}'' \in V$ とスカラー k, k' に対して

(1) $(\boldsymbol{v}+\boldsymbol{v}')+\boldsymbol{v}'' = \boldsymbol{v}+(\boldsymbol{v}'+\boldsymbol{v}'')$　　(2) $\boldsymbol{v}+\boldsymbol{v}' = \boldsymbol{v}'+\boldsymbol{v}$

(3) $\boldsymbol{v}+\boldsymbol{x} = \boldsymbol{x}+\boldsymbol{v} = \boldsymbol{v}$ を満たす $\boldsymbol{x} \in V$ が存在する。

(4) $\boldsymbol{v}+\boldsymbol{y} = \boldsymbol{y}+\boldsymbol{v} = \boldsymbol{x}$ を満たす $\boldsymbol{y} \in V$ が存在する。

（ここで，$\boldsymbol{x}$ は (3) で示されたものである。）

(5) $k(k'\boldsymbol{v}) = (kk')\boldsymbol{v} = k'(k\boldsymbol{v})$　　(6) $k(\boldsymbol{v}+\boldsymbol{v}') = k\boldsymbol{v}+k\boldsymbol{v}'$

(7) $(k+k')\boldsymbol{v} = k\boldsymbol{v}+k'\boldsymbol{v}$　　(8) $1\boldsymbol{v} = \boldsymbol{v}$

（注意） 本来ベクトル空間を定義するには，スカラーの集合 K（例えば実数全体の集合 $\mathbb{R}$ や複素数全体の集合 $\mathbb{C}$ のような四則演算の入った集合†）を決め，「K 上のベクトル空間」あるいは「K ベクトル空間」として定義する（$\mathbb{R}$ 上のベクトル空間を**実ベクトル空間**，$\mathbb{C}$ 上のベクトル空間を**複素ベクトル空間** ともいう）。しかし，本章ではおもに $K=\mathbb{R}$ を考えて，K の記載を省略する。

例題 1.1 (零ベクトルと逆ベクトルの一意性)

ベクトル空間 V に対して，つぎが成り立つことを示せ。

(1) 定義 1.3 (3) の $\boldsymbol{x}$ はただひとつ存在する（これを V の **零ベクトル** といい，$\mathbf{0}_V$ あるいは簡単に $\mathbf{0}$ で表す）。

(2) 定義 1.3 (4) の $\boldsymbol{y}$ は $\boldsymbol{v}$ に対してただひとつ存在する（これを $\boldsymbol{v}$ の **逆ベクトル** といい，$-\boldsymbol{v}$ で表す）。

---

† このような集合を **体** という。

【解答】 (1) 定義 1.3 (3) を満たす $\boldsymbol{x}, \boldsymbol{x}' \in V$ に対して，$\boldsymbol{x}+\boldsymbol{v}=\boldsymbol{v}$, $\boldsymbol{v}+\boldsymbol{x}'=\boldsymbol{v}$ から $\boldsymbol{x}'=\boldsymbol{x}+\boldsymbol{x}'=\boldsymbol{x}$ となるので，$\boldsymbol{x}$ はただひとつ存在する。

(2) 定義 1.3 (4) を満たす $\boldsymbol{y}, \boldsymbol{y}' \in V$ に対して，$\boldsymbol{v}+\boldsymbol{y}=\boldsymbol{0}$, $\boldsymbol{y}'+\boldsymbol{v}=\boldsymbol{0}$ から $\boldsymbol{y}'=\boldsymbol{y}'+\boldsymbol{0}=\boldsymbol{y}'+(\boldsymbol{v}+\boldsymbol{y})=(\boldsymbol{y}'+\boldsymbol{v})+\boldsymbol{y}=\boldsymbol{0}+\boldsymbol{y}=\boldsymbol{y}$ となるので，$\boldsymbol{y}$ はただひとつ存在する。 ♢

問 1.4 ベクトル空間 V に対して，つぎが成り立つことを示せ。

(1) 任意のベクトル $\boldsymbol{v} \in V$ に対して，$0\boldsymbol{v}=\boldsymbol{0}$

(2) 任意のスカラー k に対して，$k\boldsymbol{0}=\boldsymbol{0}$

(3) 任意のベクトル $\boldsymbol{v} \in V$ に対して，$(-1)\boldsymbol{v}=-\boldsymbol{v}$

例 1.2 (ベクトル空間の例) (1) 問 1.4 より $\{\boldsymbol{0}\}$ はベクトル空間である。これを **零空間** という。$\{\ \}$ を省略して $\boldsymbol{0}$ で表すこともある。

(2) 座標平面上の幾何ベクトル（2 項行ベクトル）全体はベクトル空間であり，座標空間内の幾何ベクトル（3 項行ベクトル）全体もベクトル空間である。ここでベクトル $\overrightarrow{\mathrm{OP}}$ と点 P を同一視し，それぞれを **座標平面**，**座標空間** ということがある。

(3) 複素数を成分とする n 項行ベクトル全体は $\mathbb{C}$ 上のベクトル空間であり，複素数を成分とする n 項 **列ベクトル** 全体も $\mathbb{C}$ 上のベクトル空間である。今後は n 項行ベクトルと n 項列ベクトルを n 個の数の組と見て同一視し，$\boldsymbol{n}$ **項数ベクトル**，あるいは $\boldsymbol{n}$ **次元数ベクトル** といい，その全体のベクトル空間を $\mathbb{C}^n$ で表す。特に成分がすべて実数であるとき，$\boldsymbol{n}$ **次元実ベクトル**といい，その全体のベクトル空間を $\mathbb{R}^n$ で表す。この表記を用いると座標平面，座標空間は，それぞれ，$\mathbb{R}^2, \mathbb{R}^3$ と表すことができる。

(4) 複素数を成分とする $m \times n$ 型行列全体は $\mathbb{C}$ 上のベクトル空間である。このベクトル空間を $M_{m,n}(\mathbb{C})$ で表す。特に n 次正方行列全体のベクトル空間 $M_{n,n}(\mathbb{C})$ は $M_n(\mathbb{C})$ と省略して表す。

(5) 1 変数 x の複素数係数の多項式全体は，通常の加法とスカラー倍で $\mathbb{C}$ 上のベクトル空間である。これを $\mathbb{C}[x]$ で表す。

さらにつぎのような関数空間もベクトル空間の重要な例である。

例題 1.2 (関数空間の例)

閉区間 $[0,1]$ 上で定義された実数値連続関数全体の集合を $\mathrm{CF}_{[0,1]}$ とする。任意の $f,g \in \mathrm{CF}_{[0,1]}$ とスカラー $k \in \mathbb{R}$ について，$x \in [0,1]$ に実数 $f(x)+g(x)$ を対応させる関数を「f と g の和 $f+g$」とし，実数 $k \cdot f(x)$ を対応させる関数を「f の k 倍 kf」として，加法とスカラー倍を定義すると，$\mathrm{CF}_{[0,1]}$ はこの加法とスカラー倍でベクトル空間であることを示せ。

【解答】 まず上記の定義から $f+g, kf \in \mathrm{CF}_{[0,1]}$ であり，ベクトル空間の定義 1.3 は $\mathbb{R}$ の四則計算の性質よりいえる。なお零ベクトルは 0-関数（任意の $x \in [0,1]$ に 0 を対応させる関数），f の逆ベクトルは $-f=(-1)f$（任意の $x \in [0,1]$ に $-f(x)$ を対応させる関数）である。 ◇

ベクトル空間 V に対して，その空でない部分集合 W が V の加法とスカラー倍でベクトル空間になっているとき，W は V の **部分ベクトル空間** あるいは **部分線形空間** であるという。簡単に **部分空間** ともいう。つぎの定理が成り立つ。

定理 1.4 (部分空間であるための条件)

ベクトル空間 V とその空でない部分集合 W について，つぎは同値である。

(1) W が V の部分空間である。

(2) 任意の $\boldsymbol{w}, \boldsymbol{w}' \in W$ とスカラー k に対して，$\boldsymbol{w}+\boldsymbol{w}', k\boldsymbol{w} \in W$。

(3) 任意の $\boldsymbol{w}, \boldsymbol{w}' \in W$ とスカラー k, k' に対して，$k\boldsymbol{w}+k'\boldsymbol{w}' \in W$。

証明 (1) $\Longrightarrow$ (2) $\Longrightarrow$ (3) は明らかであるから，(3) $\Longrightarrow$ (1) を示せばよい。$\boldsymbol{0} = 0\boldsymbol{w}+0\boldsymbol{w}' \in W, -\boldsymbol{w} = -1\boldsymbol{w}+0\boldsymbol{w}' \in W$ からベクトル空間の定義 1.3 (3), (4) がいえ，これら以外は V がベクトル空間であることからいえる。 ♠

ベクトル空間 V において，$\boldsymbol{v}_1, \cdots, \boldsymbol{v}_r \in V$ とスカラー $k_1, \cdots, k_r$ を用いた

$$k_1\boldsymbol{v}_1 + k_2\boldsymbol{v}_2 + \cdots + k_r\boldsymbol{v}_r = \sum_{i=1}^{r} k_i\boldsymbol{v}_i \tag{1.1}$$

の形の元を $\boldsymbol{v}_1, \cdots, \boldsymbol{v}_r$ の**線形結合**（あるいは **1 次結合**）といい，$\boldsymbol{v} \in V$ が

$$\boldsymbol{v} = \sum_{i=1}^{r} k_i \boldsymbol{v}_i \tag{1.2}$$

と表されるとき，$\boldsymbol{v}$ は $\boldsymbol{v}_1, \cdots, \boldsymbol{v}_r$ の線形結合で表されるという。

例題 1.3　$\boldsymbol{v}_1, \cdots, \boldsymbol{v}_r \in V$ の線形結合を元とする部分集合

$\left\{ \sum_{i=1}^{r} k_i \boldsymbol{v}_i \middle| k_i \text{ はスカラー} \right\}$ は V の部分空間であることを示せ。

（この部分空間を $\boldsymbol{v}_1, \cdots, \boldsymbol{v}_r$ の **生成する**空間 あるいは **張る** 空間といい，$\langle \boldsymbol{v}_1, \cdots, \boldsymbol{v}_r \rangle$ で表す。）

【解答】　$W = \left\{ \sum_{i=1}^{r} k_i \boldsymbol{v}_i \middle| k_i \text{ はスカラー} \right\}$ とする。すべての k_i を 0 とおいて $\boldsymbol{0} \in W$。よって $W \neq \emptyset$。そこで任意の $\boldsymbol{w} = \sum_{i=1}^{r} k_i \boldsymbol{v}_i$, $\boldsymbol{w}' = \sum_{i=1}^{r} k_i' \boldsymbol{v}_i \in W$ とスカラー k に対して，$\boldsymbol{w} + \boldsymbol{w}' = \sum_{i=1}^{r} k_i \boldsymbol{v}_i + \sum_{i=1}^{r} k_i' \boldsymbol{v}_i = \sum_{i=1}^{r} \left(k_i + k_i' \right) \boldsymbol{v}_i \in W$, $k\boldsymbol{w} = k \left(\sum_{i=1}^{r} k_i \boldsymbol{v}_i \right) = \sum_{i=1}^{r} (kk_i) \boldsymbol{v}_i \in W$。ゆえに定理 1.4 より W は V の部分空間である。　◇

問 1.5　つぎに示すベクトル空間 V の各部分集合が部分空間であることを示せ。

(1)　V の部分空間 U, W に対する部分集合 $\{\boldsymbol{v} \in V | \boldsymbol{v} \in U, \boldsymbol{v} \in W\}$
　（この部分空間を U と W の**共通部分**といい，$U \cap W$ で表す。）

(2)　V の部分空間 U, W に対する部分集合 $\{\boldsymbol{u} + \boldsymbol{w} \in V | \boldsymbol{u} \in U, \boldsymbol{w} \in W\}$
　（この部分空間を U と W の**和空間**といい，$U + W$ で表す。）

(**注意**) 例題 1.3, 問 1.5 の部分空間は重要である。なお共通部分が $U \cap W = \{\boldsymbol{0}\}$ のとき，U と W の和空間をそれらの**直和**といい，$U \oplus W$ で表す。

これまでの幾何ベクトルを拡張する形でベクトルを定義しているので，その他の用語も幾何ベクトルの場合と同様に定義する。

ベクトル空間 V において，$\boldsymbol{v}_1, \cdots, \boldsymbol{v}_r \in V$ とスカラー $k_1, \cdots, k_r$ を用いて

$$\sum_{i=1}^{r} k_i \boldsymbol{v}_i = \boldsymbol{0} \tag{1.3}$$

と表されている（これを**線形関係式** あるいは**1 次関係式** という）とき，すべての $k_1, \cdots, k_r$ が 0 ならば式 (1.3) はもちろん成り立つが，式 (1.3) がその場合に限り成り立つとき，$\boldsymbol{v}_1, \cdots, \boldsymbol{v}_r$ は**線形独立**（あるいは**1 次独立**）であるという。そうでないとき，つまり $k_1, \cdots, k_r$ の中に少なくともひとつは 0 でない数があるような組で，式 (1.3) を満たすものが存在するとき，$\boldsymbol{v}_1, \cdots, \boldsymbol{v}_r$ は **線形従属**（あるいは**1 次従属**）であるという。言い換えると，$\boldsymbol{v}_1, \cdots, \boldsymbol{v}_r$ が線形従属であることは，ある $\boldsymbol{v}_i$ が残りのベクトルの線形結合で表せることと同値であり，その対偶をとって，線形独立であることは，どの $\boldsymbol{v}_i$ も残りのベクトルの線形結合で表せないことと同値である。

例 1.3　**(基本ベクトルの線形独立性)**　n 次元実ベクトル空間 $\mathbb{R}^n$ において，i 番目 $(1 \leqq i \leqq n)$ の成分のみ 1 で残りが 0 である元を $\boldsymbol{e}_i$ と表し，これらを $\mathbb{R}^n$ の **基本ベクトル** という†。この基本ベクトル $\boldsymbol{e}_1, \cdots, \boldsymbol{e}_n$ の線形関係式 $\displaystyle\sum_{i=1}^{n} x_i \boldsymbol{e}_i = \boldsymbol{0}$ を考えると，$(x_1, \cdots, x_n) = (0, \cdots, 0)$ となり，$\mathbb{R}^n$ の基本ベクトル $\boldsymbol{e}_1, \cdots, \boldsymbol{e}_n$ は線形独立である。

例題 1.4　座標平面 $\mathbb{R}^2$ において，$\boldsymbol{a} = (1, 1), \boldsymbol{b} = (2, -1), \boldsymbol{c} = (-1, 5)$ とするとき，$\boldsymbol{a}, \boldsymbol{b}$ は線形独立であるが，$\boldsymbol{a}, \boldsymbol{b}, \boldsymbol{c}$ は線形従属であることを示せ。

【解答】　$k_1\boldsymbol{a} + k_2\boldsymbol{b} = \boldsymbol{0}$ として成分を考えると，$\begin{cases} k_1 + 2k_2 = 0 \\ k_1 - k_2 = 0 \end{cases}$ を得る。

これを k_1, k_2 について解くと $(k_1, k_2) = (0, 0)$ であり，$\boldsymbol{a}, \boldsymbol{b}$ は線形独立である。

一方，$k_1\boldsymbol{a} + k_2\boldsymbol{b} + k_3\boldsymbol{c} = \boldsymbol{0}$ として成分を考えると，$\begin{cases} k_1 + 2k_2 - k_3 = 0 \\ k_1 - k_2 + 5k_3 = 0 \end{cases}$

† n 次元複素ベクトル空間 $\mathbb{C}^n$ でも同じ記号を使う。

を得る。これを k_1, k_2 について解くと $(k_1, k_2, k_3) = k_3(-3, 2, 1)$ であり，例えば $k_3 = -1$ として $3\boldsymbol{a} - 2\boldsymbol{b} - \boldsymbol{c} = \boldsymbol{0}$。ゆえに $\boldsymbol{a}, \boldsymbol{b}, \boldsymbol{c}$ は線形従属である。◇

問 1.6 ベクトル空間 V において，$\boldsymbol{v}_1, \boldsymbol{v}_2, \cdots, \boldsymbol{v}_r \in V$ が線形独立ならば，$\boldsymbol{u}_1 = \boldsymbol{v}_1, \boldsymbol{u}_2 = \boldsymbol{v}_1 + \boldsymbol{v}_2, \boldsymbol{u}_3 = \boldsymbol{v}_1 + \boldsymbol{v}_2 + \boldsymbol{v}_3, \cdots, \boldsymbol{u}_r = \boldsymbol{v}_1 + \boldsymbol{v}_2 + \cdots + \boldsymbol{v}_r$ も線形独立であることを示せ。

任意の $\boldsymbol{x} = (x_1, x_2, \cdots, x_n) \in \mathbb{R}^n$ は

$$\boldsymbol{x} = x_1\boldsymbol{e}_1 + x_2\boldsymbol{e}_2 + \cdots + x_n\boldsymbol{e}_n = \sum_{i=1}^{n} x_i\boldsymbol{e}_i \tag{1.4}$$

のように，n 個の線形独立な基本ベクトル $\boldsymbol{e}_1, \boldsymbol{e}_2, \cdots, \boldsymbol{e}_n$ の線形結合で表すことができる（つまり $\mathbb{R}^n = \langle \boldsymbol{e}_1, \cdots, \boldsymbol{e}_n \rangle$ である）。そこでつぎを定義する。

定義 1.4 （ベクトル空間の基底と次元）

ベクトル空間 V の元 $\boldsymbol{v}_1, \boldsymbol{v}_2, \cdots, \boldsymbol{v}_d$ が

(1) 線形独立である

(2) V を生成する（つまり任意の V の元をその線形結合で表示できる）

の 2 つを満たすとき，ベクトルの組 $\{\boldsymbol{v}_1, \boldsymbol{v}_2, \cdots, \boldsymbol{v}_d\}$ を V の **基底** という。

また基底を構成するベクトルの個数 d を V の **次元**といい，$\dim V$ あるいはスカラーの集合 K を明記して $\dim_K V$ で表す†。

例 1.4 （基底と次元の例） (1) n 個の基本ベクトル $\{\boldsymbol{e}_1, \boldsymbol{e}_2, \cdots, \boldsymbol{e}_n\}$ は $\mathbb{R}^n$ の基底であり，$\dim\mathbb{R}^n = n$ である。

(2) (i, j) 成分が 1，それ以外の成分が 0 である $m \times n$ 型行列を E_{ij} で表し，**行列単位** という。行列単位全体 $\{E_{ij} | 1 \leqq i \leqq m, 1 \leqq j \leqq n\}$ は $\mathbb{C}$ 上のベクトル空間 $M_{m,n}(\mathbb{C})$ の基底であり，$\dim_{\mathbb{C}} M_{m,n}(\mathbb{C}) = mn$ である。

---

† ベクトル空間を決めても基底は決まらないが，基底のとり方によらずに基底を構成するベクトルの個数は一意的に決まる（後述の定理 1.7 参照）。

例 1.4 (1) の基本ベクトルからなる基底 $\{\boldsymbol{e}_1, \boldsymbol{e}_2, \cdots, \boldsymbol{e}_n\}$ を $\mathbb{R}^n$ の **標準基底** という。また例 1.4 のように次元が有限のベクトル空間を**有限次元**ベクトル空間といい，そうでないとき **無限次元**ベクトル空間という。

例 1.5 (無限次元ベクトル空間の例) $\{1, x, x^2, x^3, \cdots, x^n, \cdots\}$ は $\mathbb{C}$ 上のベクトル空間 $\mathbb{C}[x]$ の基底であり，$\mathbb{C}[x]$ は無限次元ベクトル空間である。

本章では，特に断らない限り，ベクトル空間といえば有限次元ベクトル空間とし，$\mathbb{R}^n$ の基底としては標準基底 $\mathcal{E} = \{\boldsymbol{e}_1, \boldsymbol{e}_2, \cdots, \boldsymbol{e}_n\}$ をとることにする。

定理 1.5 (基底を用いた表示の一意性)

$\mathcal{B} = \{\boldsymbol{v}_1, \boldsymbol{v}_2, \cdots, \boldsymbol{v}_d\}$ がベクトル空間 V の基底であるとき，任意の $\boldsymbol{v} \in V$ は $\mathcal{B}$ の線形結合として，ただひと通りに表すことができる。

証明 $\mathcal{B}$ は V の基底であるから任意の $\boldsymbol{v} \in V$ が $\mathcal{B}$ の線形結合で表されることは明らかであるので，ひと通りに表されることを示す。そこで 2 通りの表示 $\boldsymbol{v} = \sum_{i=1}^{d} k_i \boldsymbol{v}_i = \sum_{i=1}^{d} k_i' \boldsymbol{v}_i$ があったとすると，差をとって，$\sum_{i=1}^{d} (k_i - k_i')\boldsymbol{v}_i = \boldsymbol{0}$。ここで $\mathcal{B}$ は線形独立であるから，すべての i に対して，$k_i - k_i' = 0$，つまり，$k_i = k_i'$ である。ゆえにただひと通りに表される。 ♠

定理 1.5 と同じ記号を用いると，任意の $\boldsymbol{v} \in V$ は基底の線形結合として $\boldsymbol{v} = \sum_{i=1}^{d} k_i \boldsymbol{v}_i$ と一意的に表すことができるので，これを行列の積表示を用いて

$$\boldsymbol{v} = (\boldsymbol{v}_1 \ \cdots \ \boldsymbol{v}_d) \begin{pmatrix} k_1 \\ \vdots \\ k_d \end{pmatrix} \tag{1.5}$$

と書くことができる。式 (1.5) の右辺の d 項数ベクトル ${}^T(k_1, k_2, \cdots, k_d)$ を，基底 $\mathcal{B}$ に関する $\boldsymbol{v}$ の **成分表示** という†。

---

† これまでと同様の同一視により，n 項行ベクトルで書くこともある。

例題 1.5 例題 1.4 の $\boldsymbol{a}, \boldsymbol{b}, \boldsymbol{c}$ に対して，$\mathbb{R}^2$ の基底 $\mathcal{B} = \{\boldsymbol{a}, \boldsymbol{b}\}$ に関する $\boldsymbol{c}$ の成分表示を求めよ[†1]。

【解答】 例題 1.4 から $3\boldsymbol{a} - 2\boldsymbol{b} - \boldsymbol{c} = \boldsymbol{0}$ であるので，$\boldsymbol{c} = 3\boldsymbol{a} - 2\boldsymbol{b} = (\boldsymbol{a}\ \boldsymbol{b})\begin{pmatrix} 3 \\ -2 \end{pmatrix}$。よって，基底 $\mathcal{B}$ に関する $\boldsymbol{c}$ の成分表示は $\boldsymbol{c} = (3, -2)$ である（図 **1.1**, 図 **1.2**）。

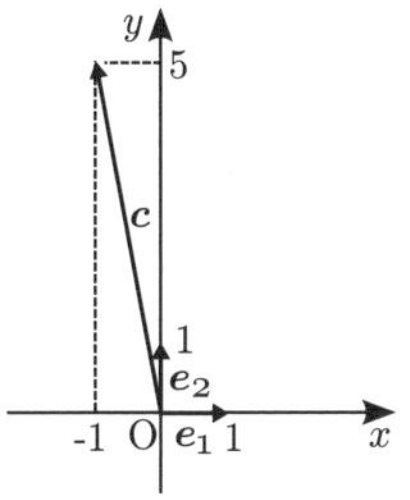

図 1.1 $\mathcal{E}$ に関する成分表示

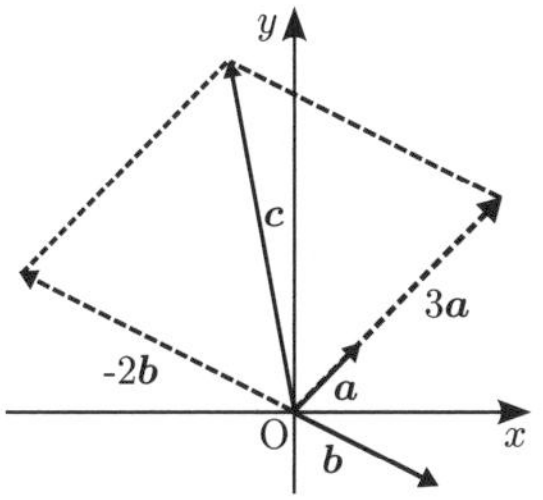

図 1.2 $\mathcal{B}$ に関する成分表示

◇

幾何ベクトルの成分表示は標準基底に関する成分表示として定義したが，例題 1.5 のように基底のとり方によってベクトルの成分表示は変わる[†2]。そこで

$$\boldsymbol{c} = \begin{pmatrix} 3 \\ -2 \end{pmatrix}_{\mathcal{B}}, \quad \boldsymbol{c} = (3, -2)_{\mathcal{B}}$$ のように基底を明記することがある。

さて，線形独立なベクトルに関してつぎの定理が成り立つ。

定理 1.6 (線形独立なベクトルの性質)

ベクトル空間 V について，$\boldsymbol{v}_1, \boldsymbol{v}_2, \cdots, \boldsymbol{v}_r \in V$ が線形独立であるとき，つぎが成り立つ。

(1) $\boldsymbol{v}_{i_1}, \boldsymbol{v}_{i_2}, \cdots, \boldsymbol{v}_{i_s}$ $(1 \leqq i_1 < i_2 < \cdots < i_s \leqq r)$ も線形独立である。

[†1] $\mathcal{B}$ が $\mathbb{R}^2$ の基底であることは，例題 1.4 と後出の定理 1.7 からいえる。

[†2] 実際の成分表示の変化については，後出の式 (1.16) 参照。

(2) $\boldsymbol{v}_1, \cdots, \boldsymbol{v}_r$ の線形結合で表すことのできない $\boldsymbol{v} \in V$ が存在するとき，$\boldsymbol{v}_1, \cdots, \boldsymbol{v}_r, \boldsymbol{v}$ も線形独立である。

(3) $\boldsymbol{v}_1, \boldsymbol{v}_2, \cdots, \boldsymbol{v}_r$ を含む V の基底が存在する。

証明 (1) 適当に番号を付け替えて，対偶「$\boldsymbol{v}_1, \cdots, \boldsymbol{v}_s$ $(s \leqq r)$ が線形従属ならば，それを含む $\boldsymbol{v}_1, \cdots, \boldsymbol{v}_s, \cdots, \boldsymbol{v}_r$ も線形従属である」を示す。

$\displaystyle\sum_{i=1}^{s} k_i \boldsymbol{v}_i = \boldsymbol{0}$ とすると，仮定より $k_1, \cdots, k_s$ の中に 0 でないものが存在する。このとき，$k_{s+1} = \cdots = k_r = 0$ とすると $\displaystyle\sum_{i=1}^{r} k_i \boldsymbol{v}_i = \boldsymbol{0}$ であり，$k_1, \cdots, k_r$ の中に 0 でないものが存在する。よって対偶を示すことができた。

(2) $\displaystyle\sum_{i=1}^{r} k_i \boldsymbol{v}_i + k\boldsymbol{v} = \boldsymbol{0}$ とする。$k \neq 0$ ならば $\boldsymbol{v} = \displaystyle\sum_{i=1}^{r} \left(-\frac{k_i}{k}\right) \boldsymbol{v}_i$ となり，仮定に反するから $k = 0$ であり，$\displaystyle\sum_{i=1}^{r} k_i \boldsymbol{v}_i = \boldsymbol{0}$。よって $\boldsymbol{v}_1, \boldsymbol{v}_2, \cdots, \boldsymbol{v}_r$ が線形独立であるからすべての k_i が 0 である。ゆえに $\boldsymbol{v}_1, \cdots, \boldsymbol{v}_r, \boldsymbol{v}$ は線形独立である。

(3) $\mathcal{V}_r = \{\boldsymbol{v}_1, \cdots, \boldsymbol{v}_r\}$ とし，$\mathcal{V}_r$ が基底ではないとすると，$\mathcal{V}_r$ は線形独立であるから，$\mathcal{V}_r$ の線形結合で表すことのできない $\boldsymbol{v} \in V$ が存在する。その中の 1 つを $\boldsymbol{v}_{r+1}$ とすると，(2) から $\mathcal{V}_{r+1} = \mathcal{V}_r \cup \{\boldsymbol{v}_{r+1}\}$ も線形独立であり，$r+1$ 個の線形独立なベクトルがとれる。さらに $\mathcal{V}_{r+1}$ が基底でないならば，同様の議論により，$r+2$ 個の線形独立なベクトルがとれる。有限次元ベクトル空間であるから，同様の議論を繰り返して基底をつくることができる。 ♠

定理 1.6 (3) の証明からつぎの定理が成り立つ。

定理 1.7 (線形独立なベクトルと次元)

ベクトル空間の次元はそのベクトル空間における線形独立なベクトルの最大個数であり，基底のとり方によらず決まる。

また，次元と同じ個数の線形独立なベクトルの組は基底である。

部分空間の次元に関してつぎの等式が成り立つ。

定理 1.8 (次元公式)

ベクトル空間 V の部分空間 U,W に対して

$$\dim(U+W)=\dim U+\dim W-\dim(U\cap W) \tag{1.6}$$

が成り立つ。特に

$$\dim(U\oplus W)=\dim U+\dim W \tag{1.7}$$

が成り立つ。

証明 式 (1.7) は，式 (1.6) を示せば $U\cap W=\{\mathbf{0}\}$，つまり $\dim(U\cap W)=0$ からいえる。よって式 (1.6) を示す。

$\dim(U\cap W)=r$ とし，$\mathcal{B}=\{\boldsymbol{v}_1,\cdots,\boldsymbol{v}_r\}$ を $U\cap W$ の基底とすると，定理 1.6 (3) からそれを含む U,W の基底 $\mathcal{U}=\{\boldsymbol{v}_1,\cdots,\boldsymbol{v}_r,\boldsymbol{u}_1,\cdots,\boldsymbol{u}_s\},\mathcal{W}=\{\boldsymbol{v}_1,\cdots,\boldsymbol{v}_r,\boldsymbol{w}_1,\cdots,\boldsymbol{w}_t\}$ が存在する。ここで $\dim U=r+s,\dim W=r+t$ としている。このとき (式 (1.6) の右辺) $=(r+s)+(r+t)-r=r+s+t$ である。そこで $\mathcal{U}\cup\mathcal{W}=\{\boldsymbol{v}_1,\cdots,\boldsymbol{v}_r,\boldsymbol{u}_1,\cdots,\boldsymbol{u}_s,\boldsymbol{w}_1,\cdots,\boldsymbol{w}_t\}$ が $U+W$ の基底であることを示せばよいが，和空間の定義から $U+W=\langle\,\mathcal{U}\cup\mathcal{W}\rangle$ であるので，$\mathcal{U}\cup\mathcal{W}$ が線形独立であることを示す。線形関係式を $\displaystyle\sum_{i=1}^{r}\alpha_i\boldsymbol{v}_i+\sum_{i=1}^{s}\beta_i\boldsymbol{u}_i+\sum_{i=1}^{t}\gamma_i\boldsymbol{w}_i=\mathbf{0}$ とすると $\displaystyle\sum_{i=1}^{r}\alpha_i\boldsymbol{v}_i+\sum_{i=1}^{s}\beta_i\boldsymbol{u}_i=\sum_{i=1}^{t}(-\gamma_i)\boldsymbol{w}_i$ である。これを $\boldsymbol{v}$ とおくと，左辺から $\boldsymbol{v}\in U$，右辺から $\boldsymbol{v}\in W$ がわかり，$\boldsymbol{v}\in U\cap W$ である。ゆえに $\boldsymbol{v}$ は基底 $\mathcal{B}$ の線形結合で表せるので，すべての β_i,γ_i が 0 となって $\displaystyle\boldsymbol{v}=\sum_{i=1}^{r}\alpha_i\boldsymbol{v}_i=\mathbf{0}$ である。よって，すべての α_i が 0 となって $\mathcal{U}\cup\mathcal{W}$ が線形独立であり，$\mathcal{U}\cup\mathcal{W}$ は $U+W$ の基底であるから式 (1.6) が成り立つ。 ♠

1.3.2 線形写像と表現行列

ベクトル空間 U,V に対して，任意の $\boldsymbol{u}\in U$ にただひとつの $\boldsymbol{v}\in V$ が対応しているとき，その対応を U から V への **写像** といい，$f:U\to V$ で表す†。

† ここでは写像をベクトル空間に対して定義したが，一般に空でない集合に対して定義される用語である。

なお $V=U$ のとき，すなわち自分自身への写像 $f:U\to U$ を **変換** という。ここで，$\boldsymbol{v}$ を $\boldsymbol{u}$ の **像**といい，$f(\boldsymbol{u})$ で表し，f の像の集合を f の **像**（image）といい，$\mathrm{Im}\,f$ あるいは $f(U)$ で表す（**図 1.3**）。

$$\mathrm{Im}\,f=\{f(\boldsymbol{u})\in V|\boldsymbol{u}\in U\}\subset V \tag{1.8}$$

また V の部分集合 W に対して，U の部分集合 $\{\boldsymbol{u}\in U|f(\boldsymbol{u})\in W\}$ を f による W の **逆像** といい，$f^{-1}(W)$ で表す。特に $W=\{\boldsymbol{0}_V\}$，つまり像が $\boldsymbol{0}_V$ である U の元の集合を f の**核**（kernel）といい，$\mathrm{Ker}\,f$ で表す（**図 1.4**）。

$$\mathrm{Ker}\,f=f^{-1}(\{\boldsymbol{0}_V\})=\{\boldsymbol{u}\in U|f(\boldsymbol{u})=\boldsymbol{0}_V\}\subset U \tag{1.9}$$

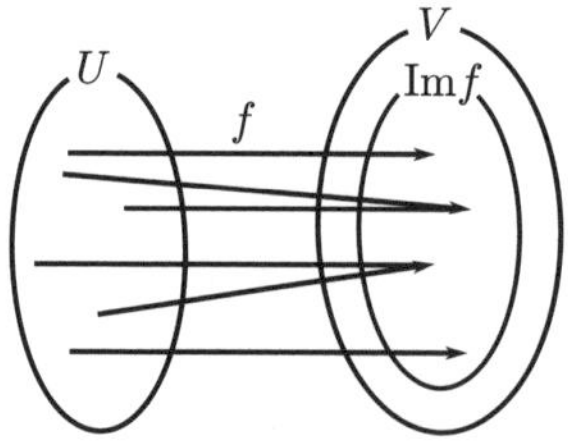

図 1.3　Im f

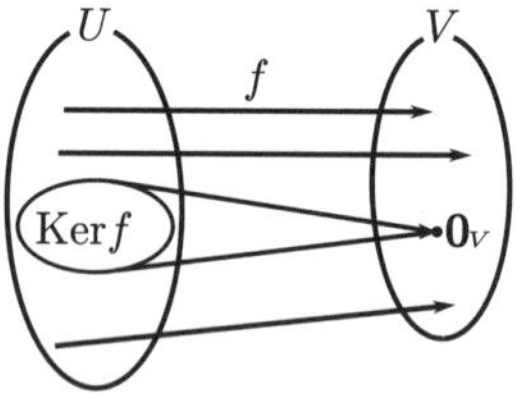

図 1.4　Ker f

さらに写像 $f:U\to V$ についてつぎの用語を定義する。

定義 1.5　(**全射・単射・全単射**)

(1)　任意の $\boldsymbol{v}\in V$ に対して，$\boldsymbol{v}=f(\boldsymbol{u})$ を満たす $\boldsymbol{u}\in U$ が存在するとき，つまり $\mathrm{Im}\,f=V$ のとき，f は **全射** であるという（**図 1.5**）。

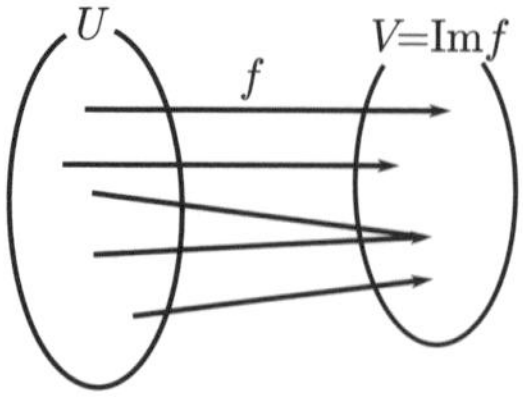

図 1.5　全　射

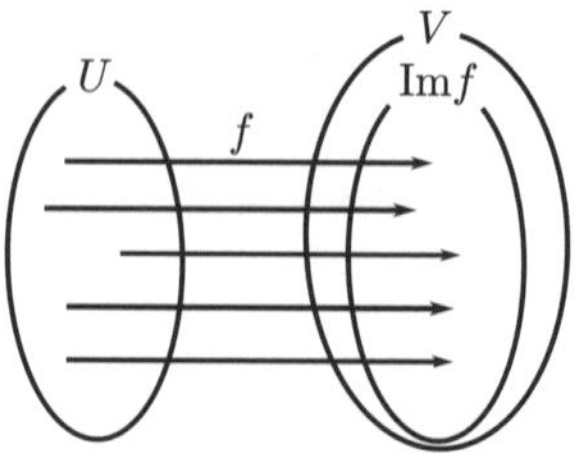

図 1.6　単　射

(2) $\boldsymbol{u} \neq \boldsymbol{u}'$ ならば $f(\boldsymbol{u}) \neq f(\boldsymbol{u}')$ である（対偶を考えると，$f(\boldsymbol{u}) = f(\boldsymbol{u}')$ ならば $\boldsymbol{u} = \boldsymbol{u}'$ である）とき，f は **単射** であるという（図 **1.6**）。

(3) f が全射かつ単射であるとき，f は **全単射** であるという。

写像 f が全単射であるとき，$\boldsymbol{u} \in U$ と $f(\boldsymbol{u}) \in V$ を同一視することにより，U と V を同じ集合と考えることができる†。

定義 1.6 （合成写像）

ベクトル空間 U, V, W と写像 $f : U \to V, g : V \to W$ に対して，$\boldsymbol{u} \in U$ に $\boldsymbol{v} = f(\boldsymbol{u})$ の g による像 $\boldsymbol{w} = g(\boldsymbol{v})$ を対応させる写像 $U \to W$ $(\boldsymbol{u} \mapsto \boldsymbol{w})$ を f と g の**合成写像** といい，$g \circ f$ で表す。

$$g \circ f(\boldsymbol{u}) = g(f(\boldsymbol{u})) \tag{1.10}$$

つぎに写像の中でも重要な線形写像を定義する。

定義 1.7 （線形写像）

ベクトル空間 U, V に対して，写像 $f : U \to V$ がつぎの性質（**線形性**）

任意の $\boldsymbol{u}, \boldsymbol{u}' \in U$ とスカラー k に対して

(1) $f(\boldsymbol{u} + \boldsymbol{u}') = f(\boldsymbol{u}) + f(\boldsymbol{u}')$　　(2) $f(k\boldsymbol{u}) = kf(\boldsymbol{u})$

を満たすとき，f を U から V への **線形写像**（あるいは **1 次写像**）といい，特に $V = U$ のとき，**線形変換**（あるいは **1 次変換**）という。

例 1.6 （写像の例） (1) 2 次正方行列 $A = \begin{pmatrix} 2 & -1 \\ 1 & 3 \end{pmatrix}$ に対して，変換 $f : \mathbb{R}^2 \to \mathbb{R}^2$ を，$\boldsymbol{x} = {}^T(x, y)$ に $\boldsymbol{x}' = {}^T(x', y')$ を $\boldsymbol{x}' = A\boldsymbol{x}$，つまり

† 同じベクトル空間と考えるためにはさらに条件が必要である（後出の定理 1.13 の上の記述を参照）。

$$\begin{pmatrix} x' \\ y' \end{pmatrix} = \begin{pmatrix} 2 & -1 \\ 1 & 3 \end{pmatrix}\begin{pmatrix} x \\ y \end{pmatrix} \Longleftrightarrow \begin{cases} x' = 2x - y \\ y' = x + 3y \end{cases}$$

で対応させる変換とすると，f は線形変換である。

(2) $\mathbb{R}^2$ における変換 g を，$\boldsymbol{x} = {}^T(x, y)$ に $\boldsymbol{x}' = {}^T(x', y')$ を $\begin{cases} x' = 2x - y + 1 \\ y' = x + 3y - 2 \end{cases}$ で対応させる変換とするとき，$2\boldsymbol{e}_1 = {}^T(2, 0)$ であるから $g(2\boldsymbol{e}_1) = {}^T(5, 0)$ である。一方，$g(\boldsymbol{e}_1) = {}^T(3, -1)$ から $2g(\boldsymbol{e}_1) = {}^T(6, -2)$ であり，$g(2\boldsymbol{e}_1) \neq 2g(\boldsymbol{e}_1)$。よって変換 g は線形変換ではない。

問 1.7　線形写像 $f : U \to V$ に対して，つぎが成り立つことを示せ。

(1) $f(\mathbf{0}_U) = \mathbf{0}_V$。　　(2) $\mathrm{Ker} f$ は U の部分空間である。

線形写像 $f : U \to V$ について，$\mathcal{U} = \{\boldsymbol{u}_1, \boldsymbol{u}_2, \cdots, \boldsymbol{u}_n\}$ を U の基底とするとき，基底 $\mathcal{U}$ に関する $\boldsymbol{u} \in U$ の成分表示を $\boldsymbol{u} = {}^T(k_1, k_2, \cdots, k_n)$，つまり $\boldsymbol{u} = \sum_{i=1}^{n} k_i \boldsymbol{u}_i$ とすると，線形性によってその像 $f(\boldsymbol{u})$ は，以下のように基底の像 $f(\boldsymbol{u}_1), \cdots, f(\boldsymbol{u}_n)$ の線形結合として，$\boldsymbol{u}$ と同じ係数を用いて表される。

$$f(\boldsymbol{u}) = f\left(\sum_{i=1}^{n} k_i \boldsymbol{u}_i\right) = \sum_{i=1}^{n} k_i f(\boldsymbol{u}_i) \tag{1.11}$$

よって，線形写像は基底の像により決まり，$\mathrm{Im} f$ は $f(\boldsymbol{u}_1), \cdots, f(\boldsymbol{u}_n)$ で生成されるから V の部分空間であることもわかる。

写像 $f : U \to V$ が全射であることは $\mathrm{Im} f = V$ と表されるが，線形写像の単射性についてはつぎの定理が成り立つ。

定理 1.9　(線形写像の核と単射性)

線形写像 $f : U \to V$ に対して，f が単射であることと $\mathrm{Ker} f = \{\mathbf{0}_U\}$ であることは同値である。

証明　章末問題【 1 】とする。♠

さて，例 1.6 (1) は一般につぎのようにいえる。

定理 1.10 (行列の表す線形写像)

A を $m \times n$ 型行列とする。$\boldsymbol{x} \in \mathbb{R}^n$ に対して $f(\boldsymbol{x}) = A\boldsymbol{x}$ で写像 $f : \mathbb{R}^n \to \mathbb{R}^m$ を定義するとき，f は線形写像である（これを **行列 A の表す線形写像**といい，f_A と表す）。

証明 任意の $\boldsymbol{x}, \boldsymbol{y} \in \mathbb{R}^n$ とスカラー k に対して，行列の性質から

$$
\begin{aligned}
f(\boldsymbol{x}+\boldsymbol{y}) &= A(\boldsymbol{x}+\boldsymbol{y}) \\
&= A\boldsymbol{x} + A\boldsymbol{y} \\
&= f(\boldsymbol{x}) + f(\boldsymbol{y})
\end{aligned}
,\qquad
\begin{aligned}
f(k\boldsymbol{x}) &= A(k\boldsymbol{x}) \\
&= kA\boldsymbol{x} \\
&= kf(\boldsymbol{x})
\end{aligned}
\quad \text{より}
$$

f は線形写像である。 ♠

定理 1.10 より，行列を与えると線形写像 $f : \mathbb{R}^n \to \mathbb{R}^m$ が決まる。

問 1.8 つぎの行列の表す線形変換 $f : \mathbb{R}^2 \to \mathbb{R}^2$ はどのような変換か答えよ。

(1) $\begin{pmatrix} 1 & 0 \\ 0 & -1 \end{pmatrix}$ (2) $\begin{pmatrix} -1 & 0 \\ 0 & 1 \end{pmatrix}$ (3) $\begin{pmatrix} -1 & 0 \\ 0 & -1 \end{pmatrix}$ (4) $\begin{pmatrix} 0 & 1 \\ 1 & 0 \end{pmatrix}$

逆に線形写像 $f : U \to V$ に対して，つぎのように行列が対応する。

U, V の基底を $\mathcal{U} = \{\boldsymbol{u}_1, \boldsymbol{u}_2, \cdots, \boldsymbol{u}_n\}, \mathcal{V} = \{\boldsymbol{v}_1, \boldsymbol{v}_2, \cdots, \boldsymbol{v}_m\}$ とし，基底の像 $f(\boldsymbol{u}_j)$ の基底 $\mathcal{V}$ に関する成分表示を $f(\boldsymbol{u}_j) = {}^T(a_{1j}, a_{2j}, \cdots, a_{mj})$ とすると

$$
\begin{aligned}
f(\boldsymbol{u}_1\ \boldsymbol{u}_2\ \cdots\ \boldsymbol{u}_n) &= (f(\boldsymbol{u}_1)\ f(\boldsymbol{u}_2)\ \cdots\ f(\boldsymbol{u}_n)) \\
&= (\boldsymbol{v}_1\ \boldsymbol{v}_2\ \cdots\ \boldsymbol{v}_m) \begin{pmatrix} a_{11} & a_{12} & \cdots & a_{1n} \\ a_{21} & a_{22} & \cdots & a_{2n} \\ & \cdots & \cdots & \\ a_{m1} & a_{m2} & \cdots & a_{mn} \end{pmatrix}
\end{aligned}
\tag{1.12}
$$

と表せる。この $m \times n$ 型行列 $A = (a_{ij})$ を基底 $\mathcal{U}, \mathcal{V}$ に関する f の **表現行列**，あるいは**行列表示**という。また $V = U$ のとき，式 (1.12) で決まる n 次正方行列を，基底 $\mathcal{U}$ に関する f の表現行列という[†]。

† 特に断らなければ同じ基底 $\mathcal{U}$ で考える。

以上より基底を決めれば線形写像から行列が決まるが，式 (1.12) からわかるように，表現行列も基底のとり方により変わることに注意しなければならない。

なお表現行列を用いると $\boldsymbol{u} = \sum_{i=1}^{n} k_i \boldsymbol{u}_i$ の像$f(\boldsymbol{u})$の基底 $\mathcal{V}$ に関する成分表示

$$f(\boldsymbol{u}) = (f(\boldsymbol{u}_1) \cdots f(\boldsymbol{u}_n)) \begin{pmatrix} k_1 \\ \vdots \\ k_n \end{pmatrix}_{\mathcal{U}} = (\boldsymbol{v}_1 \cdots \boldsymbol{v}_m)\, A \begin{pmatrix} k_1 \\ \vdots \\ k_n \end{pmatrix}_{\mathcal{U}}$$ を得る。

つまり

$$A \begin{pmatrix} k_1 \\ \vdots \\ k_n \end{pmatrix}_{\mathcal{U}} \tag{1.13}$$

が $f(\boldsymbol{u})$ の $\mathcal{V}$ に関する成分表示である。

線形写像 $f : \mathbb{R}^n \to \mathbb{R}^m$ についても，それぞれの標準基底に関する f の表現行列 A が式 (1.12) から決まるが，その行列 A の表す線形写像 f_A が f であることが式 (1.13) からわかる。つまり $m \times n$ 型行列と $\mathbb{R}^n$ から $\mathbb{R}^m$ への線形写像は 1 対 1 に対応する。

例 1.7　**(標準基底 $\boldsymbol{\mathcal{E}}$ に関する表現行列)**　線形変換 $f : \mathbb{R}^2 \to \mathbb{R}^2$ の標準基底の像が $f(\boldsymbol{e}_1) = \begin{pmatrix} 1 \\ 3 \end{pmatrix}, f(\boldsymbol{e}_2) = \begin{pmatrix} 2 \\ 4 \end{pmatrix}$ であるとき，f の（標準基底に関する）表現行列は $\begin{pmatrix} 1 & 2 \\ 3 & 4 \end{pmatrix}$ であり，例えば $\boldsymbol{x} = \begin{pmatrix} -3 \\ 2 \end{pmatrix}$ の像 $f(\boldsymbol{x})$ の成分表示は $\begin{pmatrix} 1 & 2 \\ 3 & 4 \end{pmatrix} \begin{pmatrix} -3 \\ 2 \end{pmatrix} = \begin{pmatrix} 1 \\ -1 \end{pmatrix}$ である。

例題 1.6　座標平面 $\mathbb{R}^2$ の原点のまわりの角 θ の回転は線形変換であり，それ

を f_θ とすると，f_θ の（標準基底に関する）表現行列は，$\begin{pmatrix} \cos\theta & -\sin\theta \\ \sin\theta & \cos\theta \end{pmatrix}$ であることを示せ。

【解答】 **図 1.7** より f_θ は線形変換である（章末問題**【2】**）。よって標準基底の像が $f_\theta(\boldsymbol{e_1}) = \begin{pmatrix} \cos\theta \\ \sin\theta \end{pmatrix}$， $f_\theta(\boldsymbol{e_2}) = \begin{pmatrix} \cos\left(\dfrac{\pi}{2}+\theta\right) \\ \sin\left(\dfrac{\pi}{2}+\theta\right) \end{pmatrix} = \begin{pmatrix} -\sin\theta \\ \cos\theta \end{pmatrix}$ であることからいえる（**図 1.8**）。

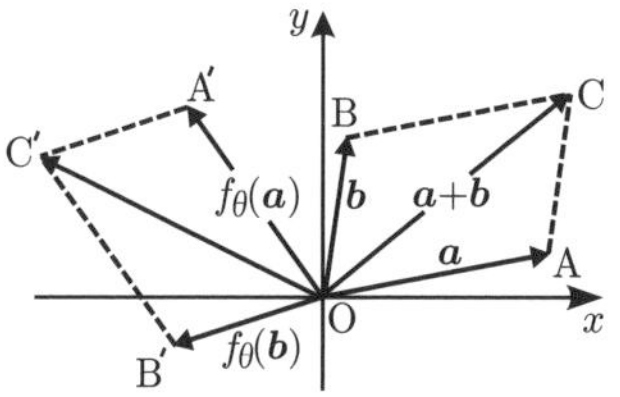

図 1.7 回転の線形性

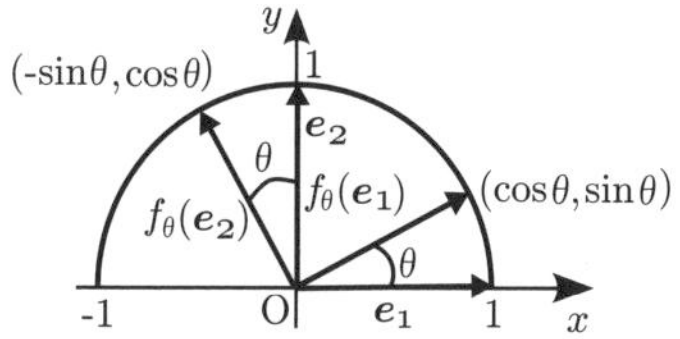

図 1.8 標準基底の像

◇

定理 1.11 (合成写像の表現行列)

ベクトル空間 U, V, W と線形写像 $f: U \to V,\ g: V \to W$ について，U, V, W の基底 $\mathcal{U}, \mathcal{V}, \mathcal{W}$ を固定し，その基底に関する f, g の表現行列をそれぞれ A, B とする。このとき f と g の合成写像 $g \circ f: U \to W$ も線形写像であり，基底 $\mathcal{U}, \mathcal{W}$ に関する表現行列は積 BA である。

証明　f, g が線形写像であるから，任意の $\boldsymbol{u}, \boldsymbol{u}' \in U$ とスカラー k に対して，つぎが成り立つので，$g \circ f$ は線形写像である。

$$\begin{aligned} g \circ f(\boldsymbol{u}+\boldsymbol{u}') &= g(f(\boldsymbol{u}+\boldsymbol{u}')) \\ &= g(f(\boldsymbol{u})+f(\boldsymbol{u}')) \\ &= g(f(\boldsymbol{u}))+g(f(\boldsymbol{u}')) \\ &= g \circ f(\boldsymbol{u})+g \circ f(\boldsymbol{u}') \end{aligned}, \qquad \begin{aligned} g \circ f(k\boldsymbol{u}) &= g(f(k\boldsymbol{u})) \\ &= g(kf(\boldsymbol{u})) \\ &= kg(f(\boldsymbol{u})) \\ &= k\,g \circ f(\boldsymbol{u}) \end{aligned}$$

ここで基底を固定しているので，式 (1.13) から

$$g \circ f(\boldsymbol{u}) = g(f(\boldsymbol{u})) = B\left(A\begin{pmatrix} k_1 \\ \vdots \\ k_n \end{pmatrix}_{\mathcal{U}}\right)_{\mathcal{V}} = BA\begin{pmatrix} k_1 \\ \vdots \\ k_n \end{pmatrix}_{\mathcal{U}}$$

よって基底 $\mathcal{U}, \mathcal{W}$ に関する $g \circ f$ の表現行列は BA である。 ♠

定理 1.11 から行列の積は合成写像に対応して自然に得られる。そのため行列の積は，積が定義できる行列の型に制限があり，また，線形写像の合成が結合法則を満たすことから，行列の積も定義 1.1 のようになっているのである。

さて基底を固定すると線形写像の表現行列が決まったが，基底を取り替えたときに線形写像の表現行列がどのように変わるか見てみよう。

定理 1.12　(基底の取替えによる表現行列)

ベクトル空間 U, V の次元を n, m とし，それぞれの 2 つの基底

$\mathcal{U} = \{\boldsymbol{u}_1, \boldsymbol{u}_2, \cdots, \boldsymbol{u}_n\}, \mathcal{U}' = \{\boldsymbol{u}'_1, \boldsymbol{u}'_2, \cdots, \boldsymbol{u}'_n\}$,

$\mathcal{V} = \{\boldsymbol{v}_1, \boldsymbol{v}_2, \cdots, \boldsymbol{v}_m\}, \mathcal{V}' = \{\boldsymbol{v}'_1, \boldsymbol{v}'_2, \cdots, \boldsymbol{v}'_m\}$

を固定する。線形写像 $f : U \to V$ の基底 $\mathcal{U}, \mathcal{V}$ に関する表現行列を A, $\mathcal{U}', \mathcal{V}'$ に関する表現行列を B とする。

さらに基底 $\mathcal{U}$ を基底 $\mathcal{U}'$ に移す線形変換の表現行列を P, 基底 $\mathcal{V}$ を基底 $\mathcal{V}'$ に移す線形変換の表現行列を Q とする（P を基底 $\mathcal{U}$ を基底 $\mathcal{U}'$ に移す，Q を基底 $\mathcal{V}$ を基底 $\mathcal{V}'$ に移す基底の **変換行列** という）†。このとき

$$B = Q^{-1}AP \tag{1.14}$$

が成り立つ。特に f が線形変換であるとき

$$B = P^{-1}AP \tag{1.15}$$

が成り立つ。

証明　式 (1.12) から

† 基底を基底に移す線形変換は全単射であるから，P, Q は正則であることに注意する。

$f(\boldsymbol{u}_1 \cdots \boldsymbol{u}_n) = (\boldsymbol{v}_1 \cdots \boldsymbol{v}_m) A, \quad f(\boldsymbol{u}'_1 \cdots \boldsymbol{u}'_n) = (\boldsymbol{v}'_1 \cdots \boldsymbol{v}'_m) B,$
$(\boldsymbol{u}'_1 \cdots \boldsymbol{u}'_n) = (\boldsymbol{u}_1 \cdots \boldsymbol{u}_n) P, \quad (\boldsymbol{v}'_1 \cdots \boldsymbol{v}'_m) = (\boldsymbol{v}_1 \cdots \boldsymbol{v}_m) Q$ である。
このとき

$$\begin{aligned} f(\boldsymbol{u}'_1 \cdots \boldsymbol{u}'_n) &= (\boldsymbol{v}'_1 \cdots \boldsymbol{v}'_m) B \\ &= ((\boldsymbol{v}_1 \cdots \boldsymbol{v}_m) Q) B \\ &= (\boldsymbol{v}_1 \cdots \boldsymbol{v}_m) QB \qquad \text{であり，一方} \\ f(\boldsymbol{u}'_1 \cdots \boldsymbol{u}'_n) &= f((\boldsymbol{u}_1 \cdots \boldsymbol{u}_n) P) \\ &= f(\boldsymbol{u}_1 \cdots \boldsymbol{u}_n) P \\ &= ((\boldsymbol{v}_1 \cdots \boldsymbol{v}_m) A) P \\ &= (\boldsymbol{v}_1 \cdots \boldsymbol{v}_m) AP \end{aligned}$$

よって，$\mathcal{V}$ は基底であるから $QB = AP$ であり，Q は正則であるから $B = Q^{-1}AP$ を得る。特に $V = U$ であるとき，$B = P^{-1}AP$ を得る。 ♠

基底の取替えによる成分表示は，基底の変換行列を用いてつぎのように書ける。
$\boldsymbol{u} = \sum_{i=1}^{n} k_i \boldsymbol{u}_i = \sum_{i=1}^{n} k'_i \boldsymbol{u}'_i$ とするとき

$$\boldsymbol{u} = (\boldsymbol{u}_1 \cdots \boldsymbol{u}_n) \begin{pmatrix} k_1 \\ \vdots \\ k_n \end{pmatrix}_{\mathcal{U}} = (\boldsymbol{u}'_1 \cdots \boldsymbol{u}'_n) \begin{pmatrix} k'_1 \\ \vdots \\ k'_n \end{pmatrix}_{\mathcal{U}'} = (\boldsymbol{u}_1 \cdots \boldsymbol{u}_n) P \begin{pmatrix} k'_1 \\ \vdots \\ k'_n \end{pmatrix}_{\mathcal{U}'}$$

から

$$\begin{pmatrix} k_1 \\ \vdots \\ k_n \end{pmatrix}_{\mathcal{U}} = P \begin{pmatrix} k'_1 \\ \vdots \\ k'_n \end{pmatrix}_{\mathcal{U}'} \quad \text{つまり} \quad \begin{pmatrix} k'_1 \\ \vdots \\ k'_n \end{pmatrix}_{\mathcal{U}'} = P^{-1} \begin{pmatrix} k_1 \\ \vdots \\ k_n \end{pmatrix}_{\mathcal{U}} \tag{1.16}$$

n 次正方行列 A, B に対して，$B = P^{-1}AP$ となる正則行列 P が存在するとき，A と B は**相似** である（あるいは **同値** である）といい，$A \sim B$ で表す。定理 1.12 の最後の部分は，線形変換の表現行列は基底の取替えによって相似な行列になる ことを示している。

問 1.9 $\mathbb{R}^2$ において，標準基底 と基底 $\mathcal{B} = \{\boldsymbol{v}_1, \boldsymbol{v}_2\}$ について，標準基底

に関する表現行列が $A = \begin{pmatrix} 4 & -2 \\ 3 & -1 \end{pmatrix}$ である線形変換 f の，基底 $\mathcal{B}$ に関する表現行列 B を求めよ。ただし $\boldsymbol{v}_1 = {}^T(2,3)$, $\boldsymbol{v}_2 = {}^T(1,1)$ とする。

線形写像 $f: U \to V$ が全単射であるとき，f を **同形写像** という。また U と V は（f でベクトル空間として）**同形** であるといい，$U \cong V$ で表す。これは $\boldsymbol{u} \in U$ と $f(\boldsymbol{u}) \in V$ を同一視することにより，U と V がベクトル空間として同じという意味である。つぎの定理が成り立つ。

定理 1.13 (同形なベクトル空間)

$\mathbb{R}$ 上の任意の n 次元ベクトル空間 V と n 次元実ベクトル空間 $\mathbb{R}^n$ は同形である。したがって，次元の同じベクトル空間は同形である。

証明 $\mathcal{B} = \{\boldsymbol{v}_1, \cdots, \boldsymbol{v}_n\}$ を V の基底とするとき，各 $\boldsymbol{v}_i$ に $\boldsymbol{e}_i$ を対応させる線形写像を f とすると $f: V \to \mathbb{R}^n$ が決まる。この f が同形写像であること，つまり全射であり，かつ単射であることを示す。

（全射性）任意の $\boldsymbol{x} = \sum_{i=1}^{n} x_i \boldsymbol{e}_i \in \mathbb{R}^n$ に対して，$\boldsymbol{v} = \sum_{i=1}^{n} x_i \boldsymbol{v}_i \in V$ とすると

$f(\boldsymbol{v}) = \sum_{i=1}^{n} x_i f(\boldsymbol{v}_i) = \sum_{i=1}^{n} x_i \boldsymbol{e}_i = \boldsymbol{x}$。よって f は全射である。

（単射性）定理 1.9 から $\mathrm{Ker}\, f = \{\boldsymbol{0}\}$ を示せばよい。

任意の $\boldsymbol{v} = \sum_{i=1}^{n} k_i \boldsymbol{v}_i \in \mathrm{Ker}\, f$ に対して，$\boldsymbol{0} = f(\boldsymbol{v}) = \sum_{i=1}^{n} k_i f(\boldsymbol{v}_i) = \sum_{i=1}^{n} k_i \boldsymbol{e}_i$ より，すべての k_i が 0 となり，$\boldsymbol{v} = \boldsymbol{0}$ である。よって f は単射である。

ゆえに f は同形写像である。♠

定理 1.13 の証明からわかるように，$\mathbb{R}$ 上の任意の n 次元ベクトル空間は基底を決めれば，その基底に関する成分表示を $\mathbb{R}^n$ の標準基底に関する成分表示と考えることにより，$\mathbb{R}^n$ と考えることができる。以降も一般の $\mathbb{R}$ 上のベクトル空間 V や U について考えるが，$\mathbb{R}^n$ を考えていると思ってよい。

定理 1.14 (次元定理)

線形写像 $f: U \to V$ に対して

$$U = \mathrm{Ker}\, f \oplus U',\ U' \cong \mathrm{Im}\, f \tag{1.17}$$

を満たす U の部分空間 U' が存在する。特に

$$\dim U = \dim \mathrm{Ker}\, f + \dim \mathrm{Im}\, f \tag{1.18}$$

が成り立つ†。

証明 $\mathrm{Ker}\, f$ の基底を $\mathcal{B} = \{\boldsymbol{u}_1, \cdots, \boldsymbol{u}_r\}$ とすると，定理 1.6 (3) から $\mathcal{B}$ を含む U の基底が存在するので，それを $\widetilde{\mathcal{B}} = \{\boldsymbol{u}_1, \cdots, \boldsymbol{u}_r, \boldsymbol{u}_{r+1}, \cdots, \boldsymbol{u}_n\}$ とする。このとき $\mathrm{Im}\, f = \langle f(\boldsymbol{u}_{r+1}), \cdots, f(\boldsymbol{u}_n)\rangle$ である。ここで $\displaystyle\sum_{i=r+1}^{n} \alpha_i f(\boldsymbol{u}_i) = \boldsymbol{0}$ とすると，線形性から $f\left(\displaystyle\sum_{i=r+1}^{n} \alpha_i \boldsymbol{u}_i\right) = \boldsymbol{0}$ となり，$\displaystyle\sum_{i=r+1}^{n} \alpha_i \boldsymbol{u}_i \in \mathrm{Ker}\, f$ である。よって $\displaystyle\sum_{i=r+1}^{n} \alpha_i \boldsymbol{u}_i = \sum_{i=1}^{r} \beta_i \boldsymbol{u}_i$ となる β_i が存在する。ここで $\widetilde{\mathcal{B}}$ が U の基底であるから，任意の α_i, β_i は 0 となり，$f(\boldsymbol{u}_{r+1}), \cdots, f(\boldsymbol{u}_n)$ は線形独立である。ゆえに $\{f(\boldsymbol{u}_{r+1}), \cdots, f(\boldsymbol{u}_n)\}$ は $\mathrm{Im}\, f$ の基底である。したがって，$U' = \langle \boldsymbol{u}_{r+1}, \cdots, \boldsymbol{u}_n\rangle$ とすると $U = \mathrm{Ker}\, f \oplus U'$ であり，定理 1.13 から $U' \cong \mathrm{Im}\, f$ である。特に式 (1.18) が成り立つ。 ♠

1.3.3 連立方程式と解空間

n 元連立 1 次方程式

$$\begin{cases} a_{11}x_1 + a_{12}x_2 + \cdots + a_{1n}x_n = b_1 \\ a_{21}x_1 + a_{22}x_2 + \cdots + a_{2n}x_n = b_2 \\ \qquad\qquad \vdots \\ a_{m1}x_1 + a_{m2}x_2 + \cdots + a_{mn}x_n = b_m \end{cases} \tag{1.19}$$

† 商空間 $U/\mathrm{Ker}\, f$ を用いれば，同形定理 $U/\mathrm{Ker}\, f \cong \mathrm{Im}\, f$ からいえる。

は行列を用いると

$$\begin{pmatrix} a_{11} & a_{12} & \cdots & a_{1n} \\ a_{21} & a_{22} & \cdots & a_{2n} \\ \vdots & \vdots & \cdots & \vdots \\ a_{m1} & a_{m2} & \cdots & a_{mn} \end{pmatrix} \begin{pmatrix} x_1 \\ x_2 \\ \vdots \\ x_n \end{pmatrix} = \begin{pmatrix} b_1 \\ b_2 \\ \vdots \\ b_m \end{pmatrix} \tag{1.20}$$

と表示でき，$A = (a_{ij})$, $\boldsymbol{x} = {}^T(x_1, x_2, \cdots, x_n)$, $\boldsymbol{b} = {}^T(b_1, b_2, \cdots, b_m)$ とすると

$$A\boldsymbol{x} = \boldsymbol{b} \tag{1.21}$$

と表すことができる。このとき，A を 連立方程式 (1.19) の **係数行列**という。また A の最後の列に $\boldsymbol{b}$ を付け加えてできる $m \times (n+1)$ 型行列

$$\begin{pmatrix} a_{11} & a_{12} & \cdots & a_{1n} & b_1 \\ a_{21} & a_{22} & \cdots & a_{2n} & b_2 \\ \vdots & \vdots & \cdots & \vdots & \vdots \\ a_{m1} & a_{m2} & \cdots & a_{mn} & b_m \end{pmatrix} \tag{1.22}$$

を **拡大係数行列** といい，$(A|\boldsymbol{b})$ で表す。ここで行列の **階数**（rank）は，その行列の線形独立な列ベクトルの最大個数であることから

$$\operatorname{rank} A \leqq \operatorname{rank}(A|\boldsymbol{b}) \leqq \operatorname{rank} A + 1 \tag{1.23}$$

であり，さらにつぎの定理が成り立つ。

定理 1.15　(解が存在する条件)

方程式 (1.21) が解をもつことと $\operatorname{rank} A = \operatorname{rank}(A|\boldsymbol{b})$ は同値である。

証明　$A = (\boldsymbol{a}_1 \cdots \boldsymbol{a}_n)$ とすると $(A|\boldsymbol{b}) = (\boldsymbol{a}_1 \cdots \boldsymbol{a}_n\ \boldsymbol{b})$ である。このとき，方程式 (1.21) に解 $\boldsymbol{x} = {}^T(x_1, x_2, \cdots, x_n)$ が存在する。

$\iff$ $\displaystyle\sum_{i=1}^{n} x_i \boldsymbol{a}_i = \boldsymbol{b}$ を満たす $x_1, x_2, \cdots, x_n$ が存在する。

$\iff$ $\boldsymbol{a}_1, \cdots, \boldsymbol{a}_n$ の線形独立なベクトルの最大個数と $\boldsymbol{a}_1, \cdots, \boldsymbol{a}_n, \boldsymbol{b}$ の線形独立なベクトルの最大個数が等しい。

$\iff$ $\operatorname{rank} A = \operatorname{rank}(A|\boldsymbol{b})$ である。　♠

では具体的に解の様子を見てみよう。

まず $\boldsymbol{b} = \boldsymbol{0}$ の場合，つまり

$$A\boldsymbol{x} = \boldsymbol{0} \tag{1.24}$$

を考えると，定理 1.15 から解が存在する。実際，必ず $\boldsymbol{x} = \boldsymbol{0}$ が解である（これを **自明な解** という）。それ以外の解が存在するかどうかに関して，つぎの定理が成り立つ。

定理 1.16 （自明でない解の存在）

方程式 (1.24) に自明でない解が存在することと $\operatorname{rank} A < n$ であることは同値である。

証明 $r = \operatorname{rank} A$ とすると，拡大係数行列 $(A|\boldsymbol{0})$ に **行基本変形**（ある行とある行を入れ替えること，ある行を 0 以外の何倍かすること，ある行の何倍かをある行に加えること）と列の入替え（未知数の入替えに対応する変形）を行い†

$$\begin{pmatrix} 1 & a'_{12} & a'_{13} & \cdots & \cdots & \cdots & \cdots & a'_{1n} & 0 \\ 0 & 1 & a'_{23} & \cdots & \cdots & \cdots & \cdots & a'_{2n} & 0 \\ \vdots & \vdots & \ddots & \vdots & \vdots & \vdots & \vdots & \vdots & \vdots \\ \vdots & \vdots & \vdots & \ddots & \vdots & \vdots & \vdots & \vdots & \vdots \\ 0 & 0 & 0 & \cdots & 1 & a'_{rr+1} & \cdots & a'_{rn} & 0 \\ 0 & 0 & 0 & \cdots & 0 & 0 & \cdots & 0 & 0 \\ \vdots & \vdots & \vdots & \vdots & \vdots & \vdots & \vdots & \vdots & \vdots \\ 0 & 0 & 0 & \cdots & 0 & 0 & \cdots & 0 & 0 \end{pmatrix} \tag{1.25}$$

の形に変形できる。よって本質的な方程式は上部の r 個に対応し，新しく番号付けした後の未知数を $x'_1, \cdots, x'_n$ とする。

$r = n$ ならば $r+1$ 列以降は存在せず，解は自明な解だけである。

$r < n$ ならば 未知数 $x'_{r+1}, \cdots, x'_n$ があり，それが任意の値で成立するので，自明でない解がある。 ♠

---

† この変形による連立方程式の解法を **掃き出し法** という。

ここで，A の表す線形写像 f_A を用いると連立方程式 (1.24) の解全体の集合は $\{\boldsymbol{x} | f_A(\boldsymbol{x}) = \boldsymbol{0}\} = \mathrm{Ker} f_A$ であり，$\mathbb{R}^n$ の部分空間である。そこでこの解全体の集合を連立方程式 (1.24) の **解空間** といい，その基底を **基本解** という。

例題 1.7　つぎの連立方程式の解空間の次元と基本解を求めよ。

$$\begin{cases} x & +2y & +z & = & 0 \\ 2x & +3y & -z & = & 0 \\ 3x & +5y & & = & 0 \\ 4x & +5y & -5z & = & 0 \end{cases}$$

【解答】　$A = \begin{pmatrix} 1 & 2 & 1 \\ 2 & 3 & -1 \\ 3 & 5 & 0 \\ 4 & 5 & -5 \end{pmatrix}$ を行基本変形すると

$$\begin{matrix} 1 & 2 & 1 \\ 2 & 3 & -1 \\ 3 & 5 & 0 \\ 4 & 5 & -5 \end{matrix} \rightarrow \begin{matrix} 1 & 2 & 1 \\ 0 & -1 & -3 \\ 0 & -1 & -3 \\ 0 & -3 & -9 \end{matrix} \rightarrow \begin{matrix} 1 & 2 & 1 \\ 0 & 1 & 3 \\ 0 & 0 & 0 \\ 0 & 0 & 0 \end{matrix} \rightarrow \begin{matrix} 1 & 0 & -5 \\ 0 & 1 & 3 \\ 0 & 0 & 0 \\ 0 & 0 & 0 \end{matrix}$$ となり

$\begin{cases} x - 5z = 0 \\ y + 3z = 0 \end{cases}$ より，$\begin{pmatrix} x \\ y \\ z \end{pmatrix} = \begin{pmatrix} 5z \\ -3z \\ z \end{pmatrix} = z \begin{pmatrix} 5 \\ -3 \\ 1 \end{pmatrix}$ (z は任意) を得る。

したがって，解空間は $\left\{ z\,{}^T(5, -3, 1) \,\middle|\, z \in \mathbb{R} \right\}$ であるから 1 次元であり，基本解として ${}^T(x, y, z) = {}^T(5, -3, 1)$ がとれる。　◇

上の解答の行基本変形から，$\mathrm{rank}\, A = 2$ であり，定理 1.16 の証明から $\dim \mathrm{Ker}\, f_A = \dim \mathbb{R}^3 - \mathrm{rank}\, A = 1$ として解空間の次元を求めてもよい†。

つぎに $\boldsymbol{b} \neq \boldsymbol{0}$ の場合を考える。このとき方程式 (1.24) を方程式 (1.21) の**同次方程式**あるいは **補助方程式** という。

---

† 定理 1.13 と $\dim \mathrm{Im}\, f_A = \mathrm{rank}\, A$ からもいえる。

方程式 (1.21) に解があるとき，つぎの定理が成り立つ。

定理 1.17 (連立方程式の解)

方程式 (1.21) の解は，そのひとつの解 $\boldsymbol{x}_0$ と同次方程式 (1.24) の解 $\boldsymbol{u}$ の和で表される。

証明 行列の線形性から $\boldsymbol{x}_0+\boldsymbol{u}$ は方程式 (1.21) の解である。一方，$\boldsymbol{x}$ を方程式 (1.21) の任意の解とすると，$A(\boldsymbol{x}-\boldsymbol{x}_0)=A\boldsymbol{x}-A\boldsymbol{x}_0=\boldsymbol{b}-\boldsymbol{b}=\boldsymbol{0}$ つまり $\boldsymbol{x}-\boldsymbol{x}_0$ は 方程式 (1.24) の解である。よって方程式 (1.21) の解は，$\boldsymbol{x}=\boldsymbol{x}_0+\boldsymbol{u}$ の形に書くことができる。 ♠

なお方程式 (1.19) で $m=n$ のとき，すなわち，未知数の数と方程式の数が一致しているとき，係数行列 A は正方行列であり，A が正則 $(\mathrm{rank}\,A=n)$ ならば，式 (1.21) の両辺に左から A^{-1} を掛けることにより，解は $\boldsymbol{x}=A^{-1}\boldsymbol{b}$ のように一意的に表せる[†1]。このとき同次方程式の解は自明な解のみである。

例題 1.8 つぎの連立方程式[†2]を解け。

$$\begin{cases} x & +2y & +z & = & 1 \\ 2x & +3y & -z & = & 4 \\ 3x & +5y & & = & 5 \\ 4x & +5y & -5z & = & 10 \end{cases}$$

【解答】 $(A|\boldsymbol{b})=\begin{pmatrix} 1 & 2 & 1 & 1 \\ 2 & 3 & -1 & 4 \\ 3 & 5 & 0 & 5 \\ 4 & 5 & -5 & 10 \end{pmatrix}$ を行基本変形すると

$$\begin{matrix} 1 & 2 & 1 & 1 \\ 2 & 3 & -1 & 4 \\ 3 & 5 & 0 & 5 \\ 4 & 5 & -5 & 10 \end{matrix} \to \begin{matrix} 1 & 2 & 1 & 1 \\ 0 & -1 & -3 & 2 \\ 0 & -1 & -3 & 2 \\ 0 & -3 & -9 & 6 \end{matrix} \to \begin{matrix} 1 & 2 & 1 & 1 \\ 0 & 1 & 3 & -2 \\ 0 & 0 & 0 & 0 \\ 0 & 0 & 0 & 0 \end{matrix} \to \begin{matrix} 1 & 0 & -5 & 5 \\ 0 & 1 & 3 & -2 \\ 0 & 0 & 0 & 0 \\ 0 & 0 & 0 & 0 \end{matrix}$$

[†1] この場合，クラーメルの公式も利用できる。
[†2] 例題 1.7 の方程式が同次方程式であることに注意。

となり，$\begin{cases} x-5z=5 \\ y+3z=-2 \end{cases}$ より，求める解はつぎのようになる。

$$\begin{pmatrix} x \\ y \\ z \end{pmatrix} = \begin{pmatrix} 5+5z \\ -2-3z \\ z \end{pmatrix} = \begin{pmatrix} 5 \\ -2 \\ 0 \end{pmatrix} + z\begin{pmatrix} 5 \\ -3 \\ 1 \end{pmatrix} \quad (z \text{ は任意})$$ ◇

問 1.10　つぎの連立方程式を解け。

(1) $\begin{cases} x & -2y & -z & & = & 0 \\ -x & +3y & +2z & +w & = & 0 \\ 2x & -3y & -z & +w & = & 0 \end{cases}$　(2)† $\begin{cases} x & +2y & +z & = & 1 \\ 2x & +3y & -z & = & 4 \\ 3x & +5y & & = & 3 \\ 4x & +5y & -5z & = & 10 \end{cases}$

1.4 内 積 空 間

座標平面・座標空間における幾何ベクトルの内積の満たす性質を抽出して，$\mathbb{R}$ 上のベクトル空間 V につぎのように内積を定義する。

定義 1.8　($\mathbb{R}$ 上の内積の定義)

$\mathbb{R}$ 上のベクトル空間 V において定義された写像 $(\ ,\ ) : V \times V \to \mathbb{R}$ がつぎの 4 つの性質を満たすとき，$(\ ,\ )$ を V の **内積**といい，内積の定義されたベクトル空間を **内積空間** あるいは **計量ベクトル空間** という。

任意の $\boldsymbol{a}, \boldsymbol{b}, \boldsymbol{c} \in V$ とスカラー $k \in \mathbb{R}$ に対して

(1) $(\boldsymbol{a}, \boldsymbol{b}) = (\boldsymbol{b}, \boldsymbol{a})$　　(2) $(k\boldsymbol{a}, \boldsymbol{b}) = k(\boldsymbol{a}, \boldsymbol{b}) = (\boldsymbol{a}, k\boldsymbol{b})$

(3) $(\boldsymbol{a}+\boldsymbol{b}, \boldsymbol{c}) = (\boldsymbol{a}, \boldsymbol{c}) + (\boldsymbol{b}, \boldsymbol{c})$,　$(\boldsymbol{a}, \boldsymbol{b}+\boldsymbol{c}) = (\boldsymbol{a}, \boldsymbol{b}) + (\boldsymbol{a}, \boldsymbol{c})$

(4) $(\boldsymbol{a}, \boldsymbol{a}) \geqq 0$ であり，等号は $\boldsymbol{a} = \boldsymbol{0}$ のときに限り成立する。

---

(4) の性質から内積空間 V では $||\boldsymbol{a}|| = \sqrt{(\boldsymbol{a}, \boldsymbol{a})}$ が定義できる。これを $\boldsymbol{a}$ の **ノルム**（norm）あるいは **大きさ**（長さ）という。

† 例題 1.7 の方程式が同次方程式であることに注意。

例 1.8 (**$\mathbb{R}$ 上の内積空間の例**)　(1) 座標平面 $\mathbb{R}^2$，座標空間 $\mathbb{R}^3$ における幾何ベクトルの内積 $\boldsymbol{a}\cdot\boldsymbol{b} = ||\boldsymbol{a}||\,||\boldsymbol{b}||\cos\theta$ (ただし，θ は $\boldsymbol{a}$ と $\boldsymbol{b}$ のつくる角 $(0 \leqq \theta \leqq \pi)$ とし，少なくとも一方が零ベクトルの場合は 0 とする) は内積の定義を満たし，$\mathbb{R}^2, \mathbb{R}^3$ は内積空間である。

(2) n 次元実ベクトル空間 $\mathbb{R}^n$ における任意の $\boldsymbol{a} = {}^T(a_1, a_2, \cdots, a_n)$, $\boldsymbol{b} = {}^T(b_1, b_2, \cdots, b_n)$ に対して

$$(\boldsymbol{a}, \boldsymbol{b}) = a_1b_1 + a_2b_2 + \cdots + a_nb_n = {}^T\boldsymbol{a}\boldsymbol{b} \tag{1.26}$$

とすると[†1]これは内積の定義を満たす。この内積を $\mathbb{R}^n$ の**標準内積**といい，この内積空間を n 次元**ユークリッド空間**という[†2]。

(3) 閉区間 $[0, 1]$ で連続な実数値関数全体の集合 $\mathrm{CF}_{[0,1]}$ は例 1.2 から $\mathbb{R}$ 上のベクトル空間である。任意の $f, g \in \mathrm{CF}_{[0,1]}$ に対して

$$(f, g) = \int_0^1 f(x)g(x)\,dx \tag{1.27}$$

とすると，内積の定義を満たし，$\mathrm{CF}_{[0,1]}$ は内積空間である (章末問題【**4**】)。

例 1.9 (**標準内積の性質**)　任意の $\boldsymbol{x}, \boldsymbol{y} \in \mathbb{R}^n$ と $A \in M_n(\mathbb{R})$ に対して

$$(A\boldsymbol{x}, \boldsymbol{y}) = (\boldsymbol{x}, {}^TA\boldsymbol{y}) \tag{1.28}$$

が成り立つ。

(**注意**) ここで $K = \mathbb{R}$ であることを強調しているのは，例えば $\mathbb{C}$ 上のベクトル空間 $\mathbb{C}^2$ の元 $\boldsymbol{v} = {}^T(\sqrt{-1}, 0)$ に対して，例 1.8 (2) の標準内積を計算すると，$(\boldsymbol{v}, \boldsymbol{v}) = \sqrt{-1}^2 + 0^2 = -1$ となって定義 1.8 (4) を満たさない。そこで $\mathbb{C}$ 上のベクトル空間 V における内積 $(\ ,\ ) : V \times V \to \mathbb{C}$ は，$\mathbb{R}$ 上の内積を拡張

†1　最後の式は行列としての積であり，1×1 型行列をスカラーと同一視している。
†2　$n = 2, 3$ のときは (1) の内積と一致していた (定理 1.18 の証明の下参照)。

し，条件 (1), (2) をつぎの $(1)', (2)'$ のように変更した写像と定義する（これを **複素内積**，あるいは **エルミート内積** という）。

任意の $\boldsymbol{a}, \boldsymbol{b} \in V$ とスカラー $k \in \mathbb{C}$ に対して

$(1)'$ $(\boldsymbol{a}, \boldsymbol{b}) = \overline{(\boldsymbol{b}, \boldsymbol{a})}$　　$(2)'$ $(k\boldsymbol{a}, \boldsymbol{b}) = \overline{k}(\boldsymbol{a}, \boldsymbol{b}) = (\boldsymbol{a}, \overline{k}\boldsymbol{b})$ †1

ここで，$z \in \mathbb{C}$ に対して $\overline{z}$ は z の共役複素数を表す。

特に n 次元数ベクトル空間 $\mathbb{C}^n$ の **標準複素内積** を以下で定義する。

任意の $\boldsymbol{a} = {}^T(a_1, a_2, \cdots, a_n), \boldsymbol{b} = {}^T(b_1, b_2, \cdots, b_n) \in \mathbb{C}^n$ に対して

$$(\boldsymbol{a}, \boldsymbol{b}) = \overline{a_1}b_1 + \overline{a_2}b_2 + \cdots + \overline{a_n}b_n = {}^T\overline{\boldsymbol{a}}\boldsymbol{b} \tag{1.29}$$

さらに複素数成分の行列 $A = (a_{ij})$ に対して，**共役転置行列**（各成分を共役複素数に置き換えて転置をとった行列†2）を A^* と表す。つまり

$$A^* = {}^T\overline{A} = (\overline{a_{ji}}) = \overline{{}^TA} \tag{1.30}$$

このとき，標準複素内積についてつぎが成り立つ（例 1.9，章末問題【5】参照）。

任意の $\boldsymbol{x}, \boldsymbol{y} \in \mathbb{C}^n$ と $A \in M_n(\mathbb{C})$ に対して

$$(A\boldsymbol{x}, \boldsymbol{y}) = (\boldsymbol{x}, A^*\boldsymbol{y}) \tag{1.31}$$

以下，本節では $\mathbb{R}$ 上の内積空間を扱い，特に $\mathbb{R}^n$ の内積は標準内積とする。

問 1.11　内積空間 V の任意の $\boldsymbol{u}, \boldsymbol{v} \in V$ に対し，つぎが成り立つことを示せ。

(1)　$(\boldsymbol{v}, \boldsymbol{0}) = (\boldsymbol{0}, \boldsymbol{v}) = 0$

(2)　$(\boldsymbol{u}, \boldsymbol{v}) = \dfrac{1}{2}\left(\|\boldsymbol{u} + \boldsymbol{v}\|^2 - \|\boldsymbol{u}\|^2 - \|\boldsymbol{v}\|^2\right)$

さらに，つぎの定理が成り立つ。

定理 1.18　(内積の性質)

内積空間 V の任意の $\boldsymbol{u}, \boldsymbol{v} \in V$ に対して，つぎが成り立つ。

†1　通常は後ろのベクトルの共役複素数をとるが，後の章での応用からこの定義とした。
†2　**随伴行列** ともいう。

(1) （コーシー–シュワルツの不等式） $|(\boldsymbol{u}, \boldsymbol{v})| \leqq \|\boldsymbol{u}\|\,\|\boldsymbol{v}\|$ (1.32)

(2) （三角不等式） $\|\boldsymbol{u}+\boldsymbol{v}\| \leqq \|\boldsymbol{u}\|+\|\boldsymbol{v}\|$ (1.33)

証明 (1) 任意の $t \in \mathbb{R}$ に対して，$0 \leqq \|t\boldsymbol{u}+\boldsymbol{v}\|^2 = (t\boldsymbol{u}+\boldsymbol{v}, t\boldsymbol{u}+\boldsymbol{v}) = t^2\|\boldsymbol{u}\|^2 + 2t(\boldsymbol{u}, \boldsymbol{v}) + \|\boldsymbol{v}\|^2$ が成り立つ。ここで $\|\boldsymbol{u}\| = 0$，つまり $\boldsymbol{u} = \boldsymbol{0}$ のときは式 (1.32) の等号が成り立つので $\|\boldsymbol{u}\| \neq 0$ としてよい。このとき最後の式は t に関する 2 次式であり，それがつねに 0 以上であることからその判別式 D について，$D/4 = (\boldsymbol{u}, \boldsymbol{v})^2 - \|\boldsymbol{u}\|^2\,\|\boldsymbol{v}\|^2 \leqq 0$。つまり $(\boldsymbol{u}, \boldsymbol{v})^2 \leqq \|\boldsymbol{u}\|^2\,\|\boldsymbol{v}\|^2$ となり，両辺の正の平方根をとればよい。

(2) (1) で $t=1$ とすると絶対値の性質と (1) から

$$\begin{aligned}\|\boldsymbol{u}+\boldsymbol{v}\|^2 &= \|\boldsymbol{u}\|^2 + 2(\boldsymbol{u}, \boldsymbol{v}) + \|\boldsymbol{v}\|^2 \leqq \|\boldsymbol{u}\|^2 + 2|(\boldsymbol{u}, \boldsymbol{v})| + \|\boldsymbol{v}\|^2 \\ &\leqq \|\boldsymbol{u}\|^2 + 2\|\boldsymbol{u}\|\,\|\boldsymbol{v}\| + \|\boldsymbol{v}\|^2 = (\|\boldsymbol{u}\| + \|\boldsymbol{v}\|)^2\end{aligned}$$

となり，両辺の正の平方根をとればよい。 ♠

（**注意**）コーシー–シュワルツの不等式を利用すると，内積空間 V のベクトルに対して，幾何ベクトルのときと同様にベクトルのつくる角を定義できるので，n 次元ユークリッド空間 $\mathbb{R}^n$ の（標準）内積は $n=2,3$ のときの幾何ベクトルの内積と同様の定義もできる。

そこで 3 章以降では標準内積を $\boldsymbol{u}\cdot\boldsymbol{v}$ で表すこともある。

さて，内積空間 V の $\boldsymbol{u}, \boldsymbol{v} \in V$ に対して，$(\boldsymbol{u}, \boldsymbol{v}) = 0$ であるとき，$\boldsymbol{u}$ と $\boldsymbol{v}$ は**直交する**† といい，$\boldsymbol{u} \perp \boldsymbol{v}$ で表す。このときつぎの定理が成り立つ。

定理 1.19 (直交するベクトルの線形独立性)

内積空間 V の零ベクトルでない $\boldsymbol{v}_1, \cdots, \boldsymbol{v}_r$ がたがいに直交するならば，それらは線形独立である。

証明 $\displaystyle\sum_{i=1}^{r} k_i\boldsymbol{v}_i = \boldsymbol{0}$ とすると，任意の $\boldsymbol{v}_j$ に対して，$\displaystyle\left(\sum_{i=1}^{r} k_i\boldsymbol{v}_i, \boldsymbol{v}_j\right) = 0$ である。

一方，$\boldsymbol{v}_1, \cdots, \boldsymbol{v}_r$ がたがいに直交することから，$\displaystyle\left(\sum_{i=1}^{r} k_i\boldsymbol{v}_i, \boldsymbol{v}_j\right) = \sum_{i=1}^{r} k_i(\boldsymbol{v}_i, \boldsymbol{v}_j)$

† 座標平面，座標空間の場合を考えると理解しやすいであろう。

$= k_j(\boldsymbol{v}_j, \boldsymbol{v}_j) = k_j\|\boldsymbol{v}_j\|^2$ である。よって $k_j\|\boldsymbol{v}_j\|^2 = 0$ であるが，$\|\boldsymbol{v}_j\| \neq 0$ より，すべての $k_j = 0$ であり，$\boldsymbol{v}_1, \cdots, \boldsymbol{v}_r$ は線形独立である。♠

定理 1.19 からつぎの定理が成り立つ。

定理 1.20　(シュミットの直交化法)

n 次元内積空間 V の線形独立なベクトル $\boldsymbol{v}_1, \cdots, \boldsymbol{v}_r$ $(r \leqq n)$ から，たがいに直交するベクトルからなる基底 $\mathcal{B} = \{\boldsymbol{p}_1, \cdots, \boldsymbol{p}_n\}$ をつくることができる。

証明　定理 1.6 (3) から $\boldsymbol{v}_1, \cdots, \boldsymbol{v}_r$ を含む基底 $\{\boldsymbol{v}_1, \cdots, \boldsymbol{v}_r, \cdots, \boldsymbol{v}_n\}$ が存在する。$\boldsymbol{p}_1 = \boldsymbol{v}_1$ とし，$\boldsymbol{v}_2$ の $\boldsymbol{p}_1$ への正射影を $\boldsymbol{v}_2{}'$ とすると，$\boldsymbol{v}_2 - \boldsymbol{v}_2{}'$ は $\boldsymbol{p}_1$ と直交する。ここで $\boldsymbol{v}_2{}' = \dfrac{(\boldsymbol{v}_2, \boldsymbol{p}_1)}{(\boldsymbol{p}_1, \boldsymbol{p}_1)}\boldsymbol{p}_1$ であるから，$\boldsymbol{p}_2 = \boldsymbol{v}_2 - \dfrac{(\boldsymbol{v}_2, \boldsymbol{p}_1)}{(\boldsymbol{p}_1, \boldsymbol{p}_1)}\boldsymbol{p}_1$ とすればよい（図 **1.9**）。

さらに $\boldsymbol{v}_3$ の $\langle \boldsymbol{p}_1, \boldsymbol{p}_2 \rangle$ への正射影を $\boldsymbol{v}_3{}'$ とすると，$\boldsymbol{v}_3 - \boldsymbol{v}_3{}'$ は $\boldsymbol{p}_1, \boldsymbol{p}_2$ と直交する。同様に $\boldsymbol{v}_3{}' = \displaystyle\sum_{j=1}^{2} \frac{(\boldsymbol{v}_3, \boldsymbol{p}_j)}{(\boldsymbol{p}_j, \boldsymbol{p}_j)}\boldsymbol{p}_j$ であるから，$\boldsymbol{p}_3 = \boldsymbol{v}_3 - \displaystyle\sum_{j=1}^{2} \frac{(\boldsymbol{v}_3, \boldsymbol{p}_j)}{(\boldsymbol{p}_j, \boldsymbol{p}_j)}\boldsymbol{p}_j$ とすればよい（図 **1.10**）。

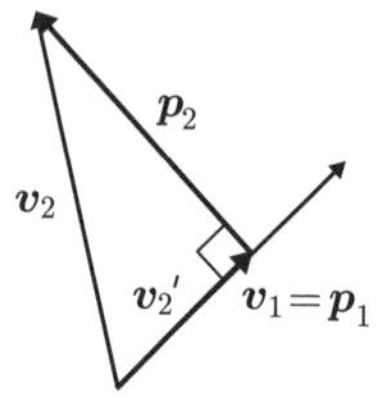

図 1.9　$\boldsymbol{v}_2$ の $\boldsymbol{p}_1$ への正射影

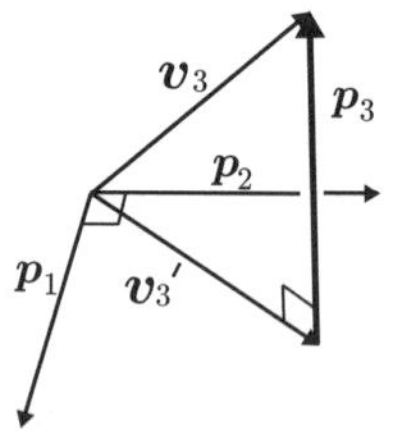

図 1.10　$\boldsymbol{v}_3$ の $\langle \boldsymbol{p}_1, \boldsymbol{p}_2 \rangle$ への正射影

以下，同様に $\boldsymbol{p}_{i+1} = \boldsymbol{v}_{i+1} - \displaystyle\sum_{j=1}^{i} \frac{(\boldsymbol{v}_{i+1}, \boldsymbol{p}_j)}{(\boldsymbol{p}_j, \boldsymbol{p}_j)}\boldsymbol{p}_j$ とすれば，定理 1.19 からたがいに直交するベクトルからなる基底 $\mathcal{B}$ をつくることができる。♠

上の $\mathcal{B}$ のような基底を **直交基底** といい，特に各ベクトル $\boldsymbol{p}_i$ が $\|\boldsymbol{p}_i\| = 1$（単位ベクトル）であるとき，**正規直交基底** という。なお，ベクトルをそのノルムの逆数倍することで単位ベクトルにすることを **正規化** するという。

例題 1.9 (基底の正規直交化)

$\mathbb{R}^2$ の基底 $\left\{ \boldsymbol{v}_1 = \begin{pmatrix} 1 \\ 1 \end{pmatrix}, \boldsymbol{v}_2 = \begin{pmatrix} 2 \\ -1 \end{pmatrix} \right\}$ から正規直交基底をつくれ。

【解答】 $\|\boldsymbol{v}_1\| = \sqrt{2}$ より $\boldsymbol{v}_1$ を正規化して $\boldsymbol{p}_1 = \dfrac{1}{\sqrt{2}}\begin{pmatrix} 1 \\ 1 \end{pmatrix}$ とする。定理 1.20 から $\boldsymbol{p}_1$ に直交する単位ベクトル $\boldsymbol{p}_2$ を $\boldsymbol{v}_2$ を用いてつぎのように構成する。$\boldsymbol{v}_2$ の $\boldsymbol{p}_1$ への正射影を $\boldsymbol{v}_2'$ とするとき，$\|\boldsymbol{p}_1\| = 1$ より $\boldsymbol{v}_2' = (\boldsymbol{v}_2, \boldsymbol{p}_1)\boldsymbol{p}_1 = \dfrac{1}{2}\begin{pmatrix} 1 \\ 1 \end{pmatrix}$ であるから $\boldsymbol{v}_2 - \boldsymbol{v}_2' = \dfrac{3}{2}\begin{pmatrix} 1 \\ -1 \end{pmatrix}$ である。これを正規化して $\boldsymbol{p}_2 = \dfrac{1}{\sqrt{2}}\begin{pmatrix} 1 \\ -1 \end{pmatrix}$ とすれば，$\{\boldsymbol{p}_1, \boldsymbol{p}_2\}$ は $\mathbb{R}^2$ の正規直交基底である。 ◇

$A \in M_n(\mathbb{R})$ が $A^{-1} = {}^T\!A$，つまり ${}^T\!AA = A\,{}^T\!A = E_n$ を満たすとき，A を**直交行列**という。このとき $|A\,{}^T\!A| = |A|^2 = |E_n| = 1$ より $|A| = \pm 1$ である。

さて，$A = (\boldsymbol{a}_1\ \boldsymbol{a}_2\ \cdots\ \boldsymbol{a}_n) \in M_n(\mathbb{R})$ とすると ${}^T\!AA \in M_n(\mathbb{R})$ の (i, j) 成分は標準内積を用いて $(\boldsymbol{a}_i, \boldsymbol{a}_j)$ と表せる。したがって，A が直交行列であることは $(\boldsymbol{a}_i, \boldsymbol{a}_j) = \delta_{ij}$ † と同値であり，これは $\{\boldsymbol{a}_1, \cdots, \boldsymbol{a}_n\}$ が $\mathbb{R}^n$ の正規直交基底であることを示している。さらにつぎの定理が成り立つ。

定理 1.21 (直交行列による線形変換 (直交変換))

$A = (\boldsymbol{a}_1\ \boldsymbol{a}_2\ \cdots\ \boldsymbol{a}_n) \in M_n(\mathbb{R})$ について，つぎの条件は同値である。

(1) A が直交行列である。

(2) $\{\boldsymbol{a}_1, \cdots, \boldsymbol{a}_n\}$ が $\mathbb{R}^n$ の正規直交基底である。

(3) A の表す $\mathbb{R}^n$ の線形変換は，ベクトルの内積を変えない。

(4) A の表す $\mathbb{R}^n$ の線形変換は，ベクトルの大きさ（ノルム）を変えない。

† $i = j$ のとき 1，それ以外のとき 0 であることを表す記号で，**クロネッカーのデルタ**という。

証明　(1) $\Longleftrightarrow$ (2) は上で示した。
(1) $\Longrightarrow$ (3)：任意の $\boldsymbol{x}, \boldsymbol{y}$ に対して，$(A\boldsymbol{x}, A\boldsymbol{y}) = {}^{T}(A\boldsymbol{x})\,(A\boldsymbol{y}) = \left({}^{T}\boldsymbol{x}\;{}^{T}\!A\right)(A\boldsymbol{y})$ $= {}^{T}\boldsymbol{x}\left({}^{T}\!AA\right)\boldsymbol{y} = {}^{T}\boldsymbol{x}E_n\boldsymbol{y} = {}^{T}\boldsymbol{x}\boldsymbol{y} = (\boldsymbol{x}, \boldsymbol{y})$ である。
(3) $\Longrightarrow$ (2)：$\mathbb{R}^n$ の標準基底 $\{\boldsymbol{e}_1, \cdots, \boldsymbol{e}_n\}$ について，$A\boldsymbol{e}_i = \boldsymbol{a}_i$ から $(\boldsymbol{a}_i, \boldsymbol{a}_j)$ $= (A\boldsymbol{e}_i, A\boldsymbol{e}_j) = (\boldsymbol{e}_i, \boldsymbol{e}_j) = \delta_{ij}$ である。
(3) $\Longrightarrow$ (4)：$\|A\boldsymbol{x}\|^2 = (A\boldsymbol{x}, A\boldsymbol{x}) = (\boldsymbol{x}, \boldsymbol{x}) = \|\boldsymbol{x}\|^2$ より，$\|A\boldsymbol{x}\| = \|\boldsymbol{x}\|$ である。
(4) $\Longrightarrow$ (3)：問 1.11 (2) より $(A\boldsymbol{x}, A\boldsymbol{y}) = \dfrac{1}{2}\left(\|A(\boldsymbol{x}+\boldsymbol{y})\|^2 - \|A\boldsymbol{x}\|^2 - \|A\boldsymbol{y}\|^2\right)$ $= \dfrac{1}{2}\left(\|\boldsymbol{x}+\boldsymbol{y}\|^2 - \|\boldsymbol{x}\|^2 - \|\boldsymbol{y}\|^2\right) = (\boldsymbol{x}, \boldsymbol{y})$ である。 ♠

（注意）定理 1.18 ～ 1.20 までは，そのまま $\mathbb{C}$ 上の内積空間についても成り立つ。ただし，定理 1.18 の証明には若干の修正が必要である（章末問題【6】)。定理 1.21 については，直交行列を **ユニタリー行列**（$A^{-1} = A^*$，つまり $A^*A = AA^* = E_n$ を満たす複素数成分の n 次正方行列）に，$\mathbb{R}^n$ を $\mathbb{C}^n$ に入れ替えた命題が成り立つ。なお，実ユニタリー行列が直交行列である。

1.5　固有値，固有ベクトル，および行列の対角化

本節以降では n 次元数ベクトル空間 $V = \mathbb{C}^n$，複素数成分の行列を考える†。

1.5.1　固有値，固有ベクトル，および固有空間

$A \in M_n(\mathbb{C})$ に対して，$A\boldsymbol{v} = \lambda\boldsymbol{v}$ が成り立つような零ベクトルでない $\boldsymbol{v} \in V$ と $\lambda \in \mathbb{C}$ が存在するとき，λ を A の **固有値**，$\boldsymbol{v}$ を固有値 λ に対する A の **固有ベクトル** という。また A の固有値 λ に対して，V の部分集合 V_λ を

$$V_\lambda = \{\boldsymbol{v} \in V \mid A\boldsymbol{v} = \lambda\boldsymbol{v}\} = \{\boldsymbol{v} \in V \mid (\lambda E_n - A)\,\boldsymbol{v} = \boldsymbol{0}\} \qquad (1.34)$$

で定義すると，前半の等式からこの集合は固有値 λ に対する固有ベクトル全体と $\boldsymbol{0}$ で構成されることがわかり，後半の等式から連立方程式 $(\lambda E_n - A)\,\boldsymbol{v} = \boldsymbol{0}$ の解空間であって，V の部分空間であることがわかる。そこで V_λ を A の固有値 λ に対する **固有空間** という。

† 例や例題はこれまでどおり，n 次元実ベクトル空間 $\mathbb{R}^n$ および実行列とした。

このとき，固有値および固有ベクトルの定義から $V_\lambda \neq \mathbf{0}$ であるので，定理 1.16 から $\lambda E_n - A$ は正則ではない。すなわち，固有値 λ に対して，$|\lambda E_n - A| = 0$ である。逆に $|\lambda E_n - A| = 0$ となる λ に対して，$A\boldsymbol{v} = \lambda\boldsymbol{v}$ を満たす零ベクトルでない $\boldsymbol{v}$ が存在するので，λ は固有値である。そこで，x についての n 次方程式 $|xE_n - A| = 0$ を A の **固有方程式**という。したがって，固有値とは固有方程式の解である。また，λ が 固有方程式の m 重解であるとき，固有値 λ の **重複度** は m であるという。さらに左辺の n 次多項式 $|xE_n - A|$ を A の **固有多項式** といい，本章では $\varphi_A(x)$ で表すことにする。

問 1.12　正方行列 A と，A に相似な行列 $B = P^{-1}AP$ についてつぎが成り立つことを示せ†。

(1) A と B の固有多項式は一致する。よって A と B の固有値は一致する。

(2) A と B の同じ固有値に対する固有ベクトルは一致する。

例題 1.10　$A = \begin{pmatrix} 1 & 2 \\ 3 & 2 \end{pmatrix}$ の固有値とそれに対する固有ベクトルを求めよ。

【解答】　A の固有方程式は $|xE_2 - A| = (x-1)(x-2) - 2\cdot 3 = x^2 - 3x - 4 = (x+1)(x-4) = 0$ であるから，これを解いて $x = -1, 4$。ゆえに A の固有値は $-1, 4$ である。

(i) 固有値 -1 に対する固有ベクトル $\boldsymbol{p}_1$ は，$(-E_2 - A)\boldsymbol{p}_1 = \mathbf{0}$ を解いて
$\boldsymbol{p}_1 = \alpha\begin{pmatrix} 1 \\ -1 \end{pmatrix}$ $(\alpha \neq 0)$ である。

(ii) 固有値 4 に対する固有ベクトル $\boldsymbol{p}_2$ は，$(4E_2 - A)\boldsymbol{p}_2 = \mathbf{0}$ を解いて
$\boldsymbol{p}_2 = \beta\begin{pmatrix} 2 \\ 3 \end{pmatrix}$ $(\beta \neq 0)$ である。 ◇

例題 1.10 は，A の表す線形変換が 2 種類の特別なベクトルに対してスカラー倍の変換であることを示している。実際，$\boldsymbol{p}_1$ に対しては -1 倍の変換（向きを反転する変換）であり，$\boldsymbol{p}_2$ に対しては 4 倍の変換である。

---

† これと定理 1.12 より，線形変換に対して固有値，固有ベクトルが定まることがわかる。

例題 1.11 $A = \begin{pmatrix} 1 & 1 & 3 \\ 0 & 2 & 0 \\ 0 & 0 & 2 \end{pmatrix}$ の固有値 λ とそれに対する固有空間 V_λ，およびその次元を求めよ。

【解答】 A の固有方程式は $|xE_3 - A| = (x-1)(x-2)^2 = 0$ であるから，これを解いて $x = 1, 2$(2 重解)。ゆえに A の固有値は $1, 2$(重複度 2) である。

(i) 固有値 1 に対する固有空間は，$(E_3 - A)\boldsymbol{x} = \boldsymbol{0}$ を解いて

$V_1 = \left\{ \alpha \begin{pmatrix} 1 \\ 0 \\ 0 \end{pmatrix} \middle| \, \alpha \in \mathbb{R} \right\}$ であり，$\dim V_1 = 1$ である。

(ii) 固有値 2 に対する固有空間は，$(2E_3 - A)\boldsymbol{x} = \boldsymbol{0}$ を解いて

$$V_2 = \left\{ \begin{pmatrix} \beta + 3\gamma \\ \beta \\ \gamma \end{pmatrix} \middle| \, \beta, \gamma \in \mathbb{R} \right\} = \left\{ \beta \begin{pmatrix} 1 \\ 1 \\ 0 \end{pmatrix} + \gamma \begin{pmatrix} 3 \\ 0 \\ 1 \end{pmatrix} \middle| \, \beta, \gamma \in \mathbb{R} \right\}$$

であり，$\dim V_2 = 2$ である。 ◇

相異なる固有値とその固有ベクトルに関して，つぎの定理が成り立つ。

定理 1.22

相異なる固有値に対する固有ベクトルは線形独立である。

証明 $\boldsymbol{\lambda}_1, \boldsymbol{\lambda}_2, \cdots, \boldsymbol{\lambda}_r$ を A の相異なる固有値とし，それぞれに対する固有ベクトルを $\boldsymbol{p}_1, \boldsymbol{p}_2, \cdots, \boldsymbol{p}_r$ とするとき，それらが線形従属であるとすると，非自明な線形関係式 $\displaystyle\sum_{i=1}^{r} k_i \boldsymbol{p}_i = \boldsymbol{0}$ が存在する。ここで $\boldsymbol{k}_i$ が 0 であるものを除き，番号を付け替えて

$$\sum_{i=1}^{s} k_i \boldsymbol{p}_i = \boldsymbol{0} \ (s \leqq r) \tag{1.35}$$

とする。この両辺の A による像と $\boldsymbol{\lambda}_s$ 倍との差をとると，$\boldsymbol{p}_i$ が固有値 $\boldsymbol{\lambda}_i$ に対する固有ベクトルであることから

$$\sum_{i=1}^{s-1} k_i(\lambda_i - \lambda_s)\boldsymbol{p}_i = \boldsymbol{0} \tag{1.36}$$

であり，各 λ_i は相異なるから (1.36) は $s-1$ 項の非自明な線形関係式である。

そこで，さらにこの両辺の A による像と λ_{s-1} 倍との差をとると

$$\sum_{i=1}^{s-2} k_i(\lambda_i - \lambda_s)(\lambda_i - \lambda_{s-1})\boldsymbol{p}_i = \sum_{i=1}^{s-2}\left\{k_i \prod_{j=s-1}^{s}(\lambda_i - \lambda_j)\right\}\boldsymbol{p}_i = \boldsymbol{0} \tag{1.37}$$

である。これを繰り返して $k_1\prod_{i=2}^{s}(\lambda_1 - \lambda_i)\boldsymbol{p}_1 = \boldsymbol{0}$ を得るが，$k_1\prod_{i=2}^{s}(\lambda_1 - \lambda_i) \neq 0$ より，$\boldsymbol{p}_1 = \boldsymbol{0}$ となって矛盾。

よってすべての k_i が 0 となり，$\boldsymbol{p}_1, \boldsymbol{p}_2, \cdots, \boldsymbol{p}_r$ は線形独立である。 ♠

1.5.2 行列の対角化

正方行列 A が適当な正則行列で対角行列と相似であるとき，A は **対角化可能**であるといい，対角化可能な行列 A を相似な対角行列に変形することを A を **対角化** するという。

定理 1.23 (行列の対角化)

$A \in M_n(\mathbb{C})$ の固有値 $\lambda_1, \lambda_2, \cdots, \lambda_n$ が相異なるならば，固有ベクトルを並べた $P = (\boldsymbol{p}_1\ \boldsymbol{p}_2\ \cdots\ \boldsymbol{p}_n)$ は正則で，A はつぎのように対角化できる。

$$P^{-1}AP = \begin{pmatrix} \lambda_1 & 0 & \cdots & 0 \\ 0 & \lambda_2 & \cdots & 0 \\ \vdots & \vdots & \ddots & \vdots \\ 0 & 0 & \cdots & \lambda_n \end{pmatrix} \tag{1.38}$$

証明 式 (1.38) の右辺の対角行列を $\mathrm{diag}(\lambda_1, \lambda_2, \cdots, \lambda_n)$ で表す。

$$\begin{aligned} AP &= (A\boldsymbol{p}_1\ A\boldsymbol{p}_2\ \cdots\ A\boldsymbol{p}_n) \\ &= (\lambda_1\boldsymbol{p}_1\ \lambda_2\boldsymbol{p}_2\ \cdots\ \lambda_n\boldsymbol{p}_n) \\ &= (\boldsymbol{p}_1\ \boldsymbol{p}_2\ \cdots\ \boldsymbol{p}_n)\ \mathrm{diag}(\lambda_1, \lambda_2, \cdots, \lambda_n) \\ &= P\,\mathrm{diag}(\lambda_1, \lambda_2, \cdots, \lambda_n) \end{aligned}$$

ここで，定理 1.22 より P は正則で，両辺の左から P^{-1} を掛けて結論を得る。 ♠

さらに対角化可能な条件としてつぎの定理が成り立つ†。

定理 1.24 (行列の対角化可能な条件)

$A \in M_n(\mathbb{C})$ の相異なる固有値を $\lambda_1, \cdots, \lambda_r$ とし，各 λ_i の重複度は m_i とする（したがって $\displaystyle\sum_{i=1}^{r} m_i = n$ である）。このとき，つぎの条件は同値である。

(1) A は対角化可能である。

(2) A の各固有値 λ_i に対する固有ベクトルとして，m_i 個の線形独立な固有ベクトルをとることができる。

(3) V がつぎのように A の相異なる固有値 λ_i の固有空間 $V_i = V_{\lambda_i}$ の直和に分解される。

$$V = V_1 \oplus V_2 \oplus \cdots \oplus V_r,\ \dim V_i = m_i\ (1 \leqq i \leqq r)$$

証明　(1) $\Longrightarrow$ (2)：定理 1.23 と同じ記号を用いて，A がある正則行列 $P = (\boldsymbol{p}_1 \cdots \boldsymbol{p}_n)$ を用いて $P^{-1}AP = \mathrm{diag}(\mu_1, \mu_2, \cdots, \mu_n)$ と対角化できたとする。このとき $AP = P\mathrm{diag}(\mu_1, \mu_2, \cdots, \mu_n)$ であり，これはすべての j に対して，$A\boldsymbol{p}_j = \mu_j \boldsymbol{p}_j$ を示す。ここで，P が正則であるから $\boldsymbol{p}_j \neq \boldsymbol{0}$ で，$\boldsymbol{p}_1, \cdots, \boldsymbol{p}_n$ は線形独立である。よって μ_j は固有値であり，その固有ベクトルが $\boldsymbol{p}_j$ であるから μ_j の番号を適当に付け替えて結論を得る。

(2) $\Longrightarrow$ (3)：仮定より，定理 1.7 からすべての i に対して $m_i \leqq \dim V_i$。よって $n = \displaystyle\sum_{i=1}^{r} m_i \leqq \sum_{i=1}^{r} \dim V_i$ である。さらに定理 1.7 と定理 1.22 より $\displaystyle\sum_{i=1}^{r} \dim V_i \leqq \dim V = n$ であるから，$\displaystyle\sum_{i=1}^{r} \dim V_i = \dim V$ であり，すべての i に対して $\dim V_i = m_i$ である。これは定理 1.8 よりすべての i で $\left(\displaystyle\sum_{j \neq i}^{r} V_j\right) \cap V_i = \{\boldsymbol{0}\}$ を示しており，$V = V_1 \oplus V_2 \oplus \cdots \oplus V_r$ である。

(3) $\Longrightarrow$ (1)：V の基底として各 V_i の基底 $\{\boldsymbol{p}_{i1}, \cdots, \boldsymbol{p}_{im_i}\}$ で構成された基底がとれるので，$P = \left(\boldsymbol{p}_{11} \cdots \boldsymbol{p}_{1m_1}\ \boldsymbol{p}_{21} \cdots \boldsymbol{p}_{2m_2} \cdots \boldsymbol{p}_{r1} \cdots \boldsymbol{p}_{rm_r}\right)$ とすると，定理 1.23 の証明と同様の議論により，各固有値 λ_i が対角成分として m_i 個ずつ並ん

† 一般の正方行列は対角化できないが **三角化**（三角行列に変形）できる（1.6 節参照）。

だ対角行列になる：$P^{-1}AP = \mathrm{diag}(\underbrace{\lambda_1, \cdots, \lambda_1}_{m_1\text{個}}, \underbrace{\lambda_2, \cdots, \lambda_2}_{m_2\text{個}}, \cdots, \underbrace{\lambda_r, \cdots, \lambda_r}_{m_r\text{個}})$ ♠

例 1.10 **(対角化の例)** $A = \begin{pmatrix} 1 & 1 & 3 \\ 0 & 2 & 0 \\ 0 & 0 & 2 \end{pmatrix}$ は，例題 1.11 より，定理 1.24 (2) を満たすので対角化できる。

実際，$\boldsymbol{p}_1 = {}^T(1, 0, 0)$, $\boldsymbol{p}_2 = {}^T(1, 1, 0)$, $\boldsymbol{p}_3 = {}^T(3, 0, 1)$ とし，$P = (\boldsymbol{p}_1\ \boldsymbol{p}_2\ \boldsymbol{p}_3)$ とすると，$|P| = 1 \neq 0$ より P は正則であり，$P^{-1} = \begin{pmatrix} 1 & -1 & -3 \\ 0 & 1 & 0 \\ 0 & 0 & 1 \end{pmatrix}$ である。よって $P^{-1}AP = \begin{pmatrix} 1 & 0 & 0 \\ 0 & 2 & 0 \\ 0 & 0 & 2 \end{pmatrix}$ と対角化できる。

例題 1.12 $A = \begin{pmatrix} 1 & -1 & 2 \\ 4 & -3 & -4 \\ 0 & 0 & 1 \end{pmatrix}$ は対角化可能か判定せよ。

【解答】 A の固有方程式は $|xE_3 - A| = (x-1)\{(x-1)(x+3)+4\} = (x-1)(x+1)^2 = 0$ であるから，これを解いて $x = 1, -1$(2 重解)。ゆえに A の固有値は $1, -1$(重複度 2) である。

(i) 固有値 1 に対する固有ベクトル $\boldsymbol{p}_1$ は，$(E_3 - A)\boldsymbol{p}_1 = \boldsymbol{0}$ を解いて $\boldsymbol{p}_1 = {}^T(3, 2, 1)$ をとる。

(ii) 固有値 -1 に対する固有ベクトル $\boldsymbol{p}_2$ は，$(E_3 + A)\boldsymbol{p}_2 = \boldsymbol{0}$ を解いて $\boldsymbol{p}_2 = {}^T(1, 2, 0)$ をとる。ここで $\boldsymbol{p}_2$ と線形独立な固有ベクトルはとれないので，定理 1.24 から A は対角化できない。

なお $P = (\boldsymbol{p}_1\ \boldsymbol{p}_2\ \boldsymbol{p}_3)$ が正則となるように $\boldsymbol{p}_3$ を，例えば $(E_3 + A)\boldsymbol{p}_3 = \boldsymbol{p}_2$ を解いて $\boldsymbol{p}_3 = {}^T(1, 3, 0)$ とする。つまり $P = \begin{pmatrix} 3 & 1 & 1 \\ 2 & 2 & 3 \\ 1 & 0 & 0 \end{pmatrix}$ とすると

$|P| = 1 \neq 0$ から P は正則であり，$P^{-1} = \begin{pmatrix} 0 & 0 & 1 \\ 3 & -1 & -7 \\ -2 & 1 & 4 \end{pmatrix}$ である。

このとき $P^{-1}AP = \begin{pmatrix} 1 & 0 & 0 \\ 0 & -1 & 1 \\ 0 & 0 & -1 \end{pmatrix}$ と三角化できる[†1]。　◇

また，実対称行列についてはつぎの定理が成り立つ。

定理 1.25　**(実対称行列の対角化)**

n 次実対称行列 A についてつぎが成り立つ。

(1)　A の固有値はすべて実数である。

(2)　A の相異なる固有値に対する固有ベクトルはたがいに直交する。

(3)　A は適当な直交行列 P で対角化できる[†2]。

$$P^{-1}AP = {}^{T}PAP = \begin{pmatrix} \lambda_1 & 0 & \cdots & 0 \\ 0 & \lambda_2 & \cdots & 0 \\ \vdots & \vdots & \ddots & \vdots \\ 0 & 0 & \cdots & \lambda_n \end{pmatrix} \tag{1.39}$$

ここで，$\lambda_1, \lambda_2, \cdots, \lambda_n$ は A の固有値である。

証明　A の固有値 $\boldsymbol{\lambda}_i$ に対する固有ベクトルを $\boldsymbol{v}_i$ とし，標準複素内積を考える。

(1) $(A\boldsymbol{v}_i, \boldsymbol{v}_i) = (\lambda_i \boldsymbol{v}_i, \boldsymbol{v}_i) = \overline{\lambda_i}\,(\boldsymbol{v}_i, \boldsymbol{v}_i) = \overline{\lambda_i}\|\boldsymbol{v}_i\|^2$。一方，式 (1.31) より $(A\boldsymbol{v}_i, \boldsymbol{v}_i) = (\boldsymbol{v}_i, A^*\boldsymbol{v}_i) = (\boldsymbol{v}_i, A\boldsymbol{v}_i) = (\boldsymbol{v}_i, \lambda_i\boldsymbol{v}_i) = \lambda_i\,(\boldsymbol{v}_i, \boldsymbol{v}_i) = \lambda_i\|\boldsymbol{v}_i\|^2$。ここで $\|\boldsymbol{v}_i\|^2 \neq 0$ より，$\overline{\lambda_i} = \lambda_i$。よって固有値はすべて実数である。

(2) λ_i, λ_j を異なる A の固有値とする。$(A\boldsymbol{v}_i, \boldsymbol{v}_j) = (\lambda_i\boldsymbol{v}_i, \boldsymbol{v}_j) = \overline{\lambda_i}\,(\boldsymbol{v}_i, \boldsymbol{v}_j) = \lambda_i\,(\boldsymbol{v}_i, \boldsymbol{v}_j)$。一方，$(A\boldsymbol{v}_i, \boldsymbol{v}_j) = (\boldsymbol{v}_i, A^*\boldsymbol{v}_j) = (\boldsymbol{v}_i, A\boldsymbol{v}_j) = (\boldsymbol{v}_i, \lambda_j\boldsymbol{v}_j) = \lambda_j\,(\boldsymbol{v}_i, \boldsymbol{v}_j)$。よって $\lambda_i \neq \lambda_j$ より，$(\boldsymbol{v}_i, \boldsymbol{v}_j) = 0$ となり，$\boldsymbol{v}_i \perp \boldsymbol{v}_j$ が成り立つ。

---

†1　$\boldsymbol{p}_3$ のとり方により，$P^{-1}AP$ の主対角線より上側は変わる。
†2　定理 1.20 と 定理 1.24 より同じ固有値に対する固有ベクトルとして，その重複度の数だけ直交する固有ベクトルをとることができることもわかる。

(3) $n=1$ のときは明らかなので，n に関する帰納法で証明する。A の固有値 λ_1 に対する単位固有ベクトル $\boldsymbol{p}_1$ をとると，定理 1.6 (3) と定理 1.20 から $\boldsymbol{p}_1$ を含む正規直交基底 $\mathcal{B}$ がとれる。標準基底から $\mathcal{B}$ への変換行列を P とすると，定理 1.21 より P は直交行列であり

$$P^{-1}AP = {}^{T}PAP = \left(\begin{array}{c|c} \lambda_1 & * \\ \hline O & A' \end{array}\right) \tag{1.40}$$

の形に変形できる。ただし A' は $n-1$ 次正方行列である。ここで，A が対称行列であるから ${}^{T}\left({}^{T}PAP\right) = {}^{T}P\,{}^{T}\!AP = {}^{T}PAP$ より ${}^{T}PAP$ も対称行列である。したがって，式 (1.40) の $*$ は零行列であり，A' も対称行列である。そこで帰納法の仮定より，A' はある $n-1$ 次直交行列 Q で対角化できる。つまり $Q^{-1}A'Q = {}^{T}QA'Q$ が対角行列である。このとき $P' = \left(\begin{array}{c|c} 1 & O \\ \hline O & Q \end{array}\right)$ とすると，P' も直交行列であり，また積 PP' も直交行列である。よって

$$\begin{aligned}
(PP')^{-1}A(PP') &= {}^{T}(PP')\,A\,(PP') \\
&= {}^{T}P'\left({}^{T}PAP\right)P' \\
&= \left(\begin{array}{c|c} 1 & O \\ \hline O & {}^{T}Q \end{array}\right)\left(\begin{array}{c|c} \lambda_1 & O \\ \hline O & A' \end{array}\right)\left(\begin{array}{c|c} 1 & O \\ \hline O & Q \end{array}\right) \\
&= \left(\begin{array}{c|c} \lambda_1 & O \\ \hline O & {}^{T}QA'Q \end{array}\right)
\end{aligned}$$

と対角化できる。よって定理 1.24 の証明から結論を得る。 ♠

(**注意**) $A \in M_n(\mathbb{C})$ が $A^* = A$ を満たすとき，A を **エルミート行列** という。実エルミート行列は実対称行列である。定理 1.25 の主張は，実対称行列をエルミート行列に，直交行列をユニタリー行列に入れ替えても成り立つ。

定理 1.21 から，直交変換はベクトルの大きさや，それらがなす角を変えない変換（**合同変換**）であることに注意すると，つぎのような応用がある。

例題 1.13 (**実対称行列の対角化の応用**)

方程式 $3x^2 - 2\sqrt{3}xy + 5y^2 = 6$ の表す曲線は何か答えよ。

【**解答**】 左辺の 2 次形式は対称行列 $A = \begin{pmatrix} 3 & -\sqrt{3} \\ -\sqrt{3} & 5 \end{pmatrix}$ と（標準基底に関する）

成分表示 $\boldsymbol{x} = \begin{pmatrix} x \\ y \end{pmatrix}$ を用いて ${}^T\boldsymbol{x}A\boldsymbol{x} = 3x^2 - 2\sqrt{3}xy + 5y^2$ と表示できる。この A を直交行列 P で対角化し，この図形の標準形を求めることを考える。

A の固有方程式は $|xE_2 - A| = (x-3)(x-5) - \sqrt{3}^2 = (x-2)(x-6) = 0$ であるから，これを解いて $x = 2, 6$。ゆえに A の固有値は $2, 6$ である。

固有値 2 に対する単位固有ベクトル $\boldsymbol{p}_1 = {}^T\left(\dfrac{\sqrt{3}}{2}, \dfrac{1}{2}\right)$，固有値 6 に対する単位固有ベクトル $\boldsymbol{p}_2 = {}^T\left(-\dfrac{1}{2}, \dfrac{\sqrt{3}}{2}\right)$ をとることができるから，$P = (\boldsymbol{p}_1\ \boldsymbol{p}_2)$ とすると，P は直交行列であり，$P^{-1}AP = {}^TPAP = \begin{pmatrix} 2 & 0 \\ 0 & 6 \end{pmatrix}$ である。

ここで基底 $\mathcal{B} = \{\boldsymbol{p}_1, \boldsymbol{p}_2\}$ に関する $\boldsymbol{x}$ の成分表示を $\boldsymbol{x}_{\mathcal{B}} = \begin{pmatrix} X \\ Y \end{pmatrix}_{\mathcal{B}}$ とすると，P が標準基底から基底 $\mathcal{B}$ への基底の変換行列であるから, 式 (1.16) より $\boldsymbol{x} = P\boldsymbol{x}_{\mathcal{B}}$ である。

よって ${}^T\boldsymbol{x}A\boldsymbol{x} = {}^T(P\boldsymbol{x}_{\mathcal{B}})\,A\,(P\boldsymbol{x}_{\mathcal{B}}) = \left({}^T\boldsymbol{x}_{\mathcal{B}}\,{}^TP\right)A\,(P\boldsymbol{x}_{\mathcal{B}}) = {}^T\boldsymbol{x}_{\mathcal{B}}({}^TPAP)\boldsymbol{x}_{\mathcal{B}}$

$$= (X\,Y)\begin{pmatrix} 2 & 0 \\ 0 & 6 \end{pmatrix}\begin{pmatrix} X \\ Y \end{pmatrix} = 2X^2 + 6Y^2$$

であるから，方程式は $2X^2 + 6Y^2 = 6$ であり，$\dfrac{X^2}{3} + Y^2 = 1$ である。

ゆえに図形は楕円である（図 **1.11**）。

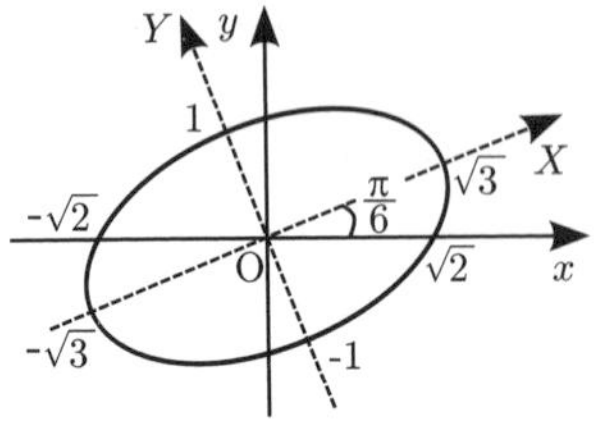

図 1.11　曲線 $3x^2 - 2\sqrt{3}xy + 5y^2 = 6$

◇

上の解答は直交行列 P による基底変換を行って，正規直交基底のひとつである標準基底を正規直交基底 $\mathcal{B}$ に変換することにより，方程式を標準形にし，図形を明からにしたのである。実際 P は 座標平面 $\mathbb{R}^2$ における原点のまわりの（反時計回りの）角 $\dfrac{\pi}{6}$ の回転を表す直交行列である（例題 1.6 参照)。

問 1.13　方程式 $x^2 - 4xy + y^2 = -3$ の表す曲線は何か答えよ。

1.6　最小多項式，一般固有空間，およびジョルダン標準形

前節ではおもに対角化可能な正方行列について考えたが，定理 1.24 と例 1.12 からもわかるように，すべての正方行列が対角化できるわけではない。本節では対角化できない正方行列も含めた標準形を考える。まず，つぎの定理が成り立つ。

定理 1.26　(行列の三角化)

$A \in M_n(\mathbb{C})$ は適当な正則行列 P で，つぎのように三角行列にできる。

$$P^{-1}AP = \begin{pmatrix} \lambda_1 & * & \cdots & * \\ 0 & \lambda_2 & \cdots & * \\ \vdots & \vdots & \ddots & \vdots \\ 0 & 0 & \cdots & \lambda_n \end{pmatrix} \tag{1.41}$$

ここで，$\lambda_1, \lambda_2, \cdots, \lambda_n$ は A の固有値である。

証明　定理 1.25 (3) の証明と同様の方法で証明できる。♠

複素数係数の d 次多項式 $f(x) = \displaystyle\sum_{i=0}^{d} a_i x^i$ と $A \in M_n(\mathbb{C})$ に対して，$f(x)$ の x に A を代入した $\displaystyle\sum_{i=0}^{d} a_i A^i \in M_n(\mathbb{C})$ を $f(A)$ と表す。ただし $A^0 = E_n$ とする。

例 1.11　(行列の多項式)　$f(x) = \displaystyle\sum_{i=0}^{d} a_i x^i$ に対して

$$f(P^{-1}AP) = \sum_{i=0}^{d} a_i (P^{-1}AP)^i = \sum_{i=0}^{d} a_i P^{-1} A^i P = P^{-1}\left(\sum_{i=0}^{d} a_i A^i\right) P$$

$= P^{-1} f(A) P$ である。

つぎの定理が成り立つ。

定理 1.27 (ケイリー–ハミルトンの定理)

$A \in M_n(\mathbb{C})$ の固有多項式 $\varphi_A(x) = |xE_n - A|$ に対して

$$\varphi_A(A) = O \tag{1.42}$$

が成り立つ。

証明 相似な行列の固有多項式は等しく (問 1.12 (1)), 例 1.11 から $\varphi_A(A) = O$ と $\varphi_{P^{-1}AP}(P^{-1}AP) = O$ は同値である。さらに定理 1.26 から A は三角化できるので, A が上三角行列であると仮定してよい。このとき A の固有値が $\{\lambda_i\}_{i=1}^n$ ならば, $\varphi_A(x) = \prod_{i=1}^n (x - \lambda_i)$ であるから $\varphi_A(A) = \prod_{i=1}^n (A - \lambda_i E_n)$ である。ここで各 $A - \lambda_i E_n$ は (i,i) 成分が 0 の上三角行列であることに注意すると, $A - \lambda_1 E_n$ の第 1 列は $\mathbf{0}$ であるから, $\prod_{i=1}^2 (A - \lambda_i E_n)$ の第 1 列と第 2 列は $\mathbf{0}$ である。さらに $\prod_{i=1}^r (A - \lambda_i E_n)$ $(r = 3, 4, \cdots, n)$ の第 1 列から第 r 列までが $\mathbf{0}$ であることを帰納的に示すことができ, $\varphi_A(A) = O$ であることが示される。 ♠

$A \in M_n(\mathbb{C})$ に対して, ケイリー–ハミルトンの定理から $f(A) = O$ を満たす最高次の係数が 1 の複素数係数の多項式 $f(x)$ [†1]が存在する。その中で次数最小の多項式を A の **最小多項式** という[†2]。本章では A の最小多項式を $p_A(x)$ で表す。なお, 多項式 $f(x)$ の次数を $\deg f$ で表す。

定理 1.28 (固有値, 固有多項式, および最小多項式)

$A \in M_n(\mathbb{C})$ について, つぎが成り立つ。

(1) $\varphi_A(x)$ は $p_A(x)$ で割り切れる。

(2) A の固有値はすべて $p_A(x) = 0$ の解である。

---

†1 このような最高次の係数が 1 の多項式を **モニック** な多項式という。

†2 A の最小多項式はただひとつ存在する。

証明 (1) 定理 1.27 から $\deg p_A \leqq \deg \varphi_A$ である。そこで $\varphi_A(x)$ を $p_A(x)$ で割った商を $q(x)$，余りを $r(x)$ $(0 \leqq \deg r < \deg p_A)$ とすると，$\varphi_A(x) = p_A(x)q(x) + r(x)$ であり，A を代入すると定理 1.27 と最小多項式の定義から $r(A) = O$ である。よって $r(x) \neq 0$ とすると $r(x)$ の最高次の係数を 1 に調整することにより，$p_A(x)$ よりも次数の低い多項式が存在することになり矛盾。ゆえに $r(x) = 0$ であり，$\varphi_A(x)$ は $p_A(x)$ で割り切れる。

(2) A の固有値 λ に対して，$p_A(x)$ を $(x-\lambda)$ で割ったときの商を $q_\lambda(x)$ とすると余りは定数 $p_A(\lambda)$ であり，$p_A(x) = (x-\lambda)q_\lambda(x)+p_A(\lambda)$ である。ここで $p_A(\lambda) \neq 0$ となる固有値が存在すると仮定すると $O = p_A(A) = (A-\lambda E_n)q_\lambda(A)+p_A(\lambda)E_n$ から $\dfrac{1}{p_A(\lambda)}(\lambda E_n - A)q_\lambda(A) = E_n$。これは $\lambda E_n - A$ が逆行列をもつことになり，λ が A の固有値であることに矛盾する。よって A の任意の固有値 λ に対して，$p_A(x)$ は $x - \lambda$ を因数にもつので，A の固有値はすべて $p_A(x) = 0$ の解である。 ♠

例題 1.14 つぎの行列の最小多項式を求めよ。

(1) $A = \begin{pmatrix} 1 & 0 & 0 \\ 0 & 2 & 0 \\ 0 & 0 & 3 \end{pmatrix}$ (2) $B = \begin{pmatrix} 1 & 0 & 0 \\ 0 & -1 & 1 \\ 0 & 0 & -1 \end{pmatrix}$

【解答】 (1) $\varphi_A(x) = (x-1)(x-2)(x-3)$ であり，定理 1.27 と定理 1.28 から $p_A(x) = (x-1)(x-2)(x-3) = \varphi_A(x)$ である。

(2) $\varphi_B(x) = (x-1)(x+1)^2$ であり，定理 1.28 より，$p_B(x) = (x-1)(x+1)$ あるいは $p_B(x) = (x-1)(x+1)^2$ である。ここで $(B-E_3)(B+E_3) \neq O$ と定理 1.27 から $p_B(x) = (x-1)(x+1)^2 = \varphi_B(x)$ である。 ♢

問 1.14 $A = \begin{pmatrix} 1 & 1 & 3 \\ 0 & 2 & 0 \\ 0 & 0 & 2 \end{pmatrix}$ の最小多項式を求めよ。

最小多項式を考えると，つぎのように対角化の判定ができる（証明は省略する。引用・参考文献 4) 参照)。

定理 1.29 (最小多項式による対角化可能性の判定)

$A \in M_n(\mathbb{C})$ が対角化可能であることと，$p_A(x) = 0$ が重解をもたないことは同値である。

例 1.12 (最小多項式による対角化の判定)　例題 1.14 で $p_A(x) = 0$ が重解をもたないので，A は対角化できる（A 自体が対角行列である）が，$p_B(x) = 0$ が 2 重解 -1 をもつから B は対角化できない。

さて，前節同様 $V = \mathbb{C}^n$ とし，$A \in M_n(\mathbb{C})$ とその固有値 λ に対して

$$\widetilde{V_\lambda} = \{\boldsymbol{v} \in V |\ \text{ある自然数}\ m\ \text{に対して},(\lambda E_n - A)^m \boldsymbol{v} = \boldsymbol{0}\} \qquad (1.43)$$

は $(\lambda E_n - A)^m$ の表す線形変換（$\lambda E_n - A$ の表す線形変換の m 回の合成変換）の核であるから V の部分空間であり，固有値 λ に対する**一般固有空間**，あるいは **広義固有空間** という。このとき，つぎの定理が成り立つ（証明は省略する。引用・参考文献 1) 参照)。

定理 1.30 (一般固有空間への分解)

A の相異なる固有値を $\lambda_1, \cdots, \lambda_r$ とするとき，V はつぎのように一般固有空間の直和に分解される。

$$V = \widetilde{V_{\lambda_1}} \oplus \widetilde{V_{\lambda_2}} \oplus \cdots \oplus \widetilde{V_{\lambda_r}} \qquad (1.44)$$

この定理は，一般固有空間の基底で構成される V の基底がとれることを意味している。特にその基底として **ジョルダン基底** という基底がとれることを利用すると，正方行列 A に関してつぎの定理が成り立つ（証明は省略する。例 1.13 と引用・参考文献 1) 参照)。

定理 1.31　(ジョルダン標準形)

つぎの r 次正方行列を，固有値 λ をもつ **ジョルダン細胞** という。

$$J_r(\lambda) = \begin{pmatrix} \lambda & 1 & 0 & \cdots & 0 \\ 0 & \lambda & 1 & \cdots & 0 \\ \vdots & \vdots & \ddots & \ddots & \vdots \\ 0 & 0 & \cdots & \lambda & 1 \\ 0 & 0 & \cdots & 0 & \lambda \end{pmatrix} \tag{1.45}$$

なお，1 次のジョルダン細胞は $J_1(\lambda) = (\lambda)$ である。

このとき，つぎが成り立つ。

(1)　任意の正方行列 A は **ジョルダン分解** 可能である。

つまり，A は対角線上にジョルダン細胞が並んだ行列に相似である。

$$A \sim \begin{pmatrix} J_{r_1}(\lambda_1) & \boldsymbol{O} & \cdots & \boldsymbol{O} \\ \boldsymbol{O} & J_{r_2}(\lambda_2) & \cdots & \boldsymbol{O} \\ \vdots & \ddots & \ddots & \vdots \\ \boldsymbol{O} & \cdots & \boldsymbol{O} & J_{r_m}(\lambda_m) \end{pmatrix} \tag{1.46}$$

この右辺を A の **ジョルダン標準形** という[†1]。

(2)　ジョルダン細胞 $J_{r_i}(\lambda_i)$ は一般固有空間 $\widetilde{V_{\lambda_i}}$ に対応し，$r_i = \dim \widetilde{V_{\lambda_i}}$ である。

例 1.13　(ジョルダン標準形の例)　例題 1.12 の A の三角化は，じつはジョルダン標準形を求めていた。つまり $\boldsymbol{p}_3$ のとり方[†2] は，$\{\boldsymbol{p}_2, \boldsymbol{p}_3\}$ が固有値 -1 の一般固有空間のジョルダン基底となるように求めていたのである。

†1　ジョルダン標準形は，ジョルダン細胞の並び方の違いを除けばただひとつに決まる。
†2　このようなとり方を **ジョルダン鎖** をつくるという（例題 1.12 参照）。

$$A = \begin{pmatrix} 1 & -1 & 2 \\ 4 & -3 & -4 \\ 0 & 0 & 1 \end{pmatrix} \sim \begin{pmatrix} 1 & 0 & 0 \\ 0 & -1 & 1 \\ 0 & 0 & -1 \end{pmatrix}$$ である。

例題 1.15　2 次正方行列 A のジョルダン標準形は $\alpha \neq \beta$ として

$$(1)\begin{pmatrix} \alpha & 0 \\ 0 & \beta \end{pmatrix} \quad (2)\begin{pmatrix} \alpha & 0 \\ 0 & \alpha \end{pmatrix} \quad (3)\begin{pmatrix} \alpha & 1 \\ 0 & \alpha \end{pmatrix}$$

のいずれかであることを示せ。

【解答】　固有多項式 $\varphi_A(x)$ にはつぎの 2 つの場合 (i) $\varphi_A(x) = (x-\alpha)(x-\beta)$, (ii) $\varphi_A(x) = (x-\alpha)^2$ がある。ここで定理 1.28 から最小多項式にはつぎの 3 つの場合がある。(i) のとき：$p_A(x) = (x-\alpha)(x-\beta)$, (ii) のとき：$p_A(x) = (x-\alpha)$ と $p_A(x) = (x-\alpha)^2$。定理 1.29 からそれぞれが (1),(2),(3) の場合である。

なお，つぎのようにも分類できる。固有値が異なる 2 つ α, β であるとき，あるいは固有値 α が重複度 2 で 2 つの固有ベクトルがとれるとき，定理 1.23 から対角化できる（それぞれ (1), (2) の場合）。残りは固有値 α が重複度 2 で 1 つだけ固有ベクトルがとれる場合で，これが (3) の場合である。　◇

（注意）A と変換行列 P を実行列だけに制限すると，虚数 $\alpha = a + b\sqrt{-1}$ $(a, b \in \mathbb{R}, b \neq 0)$ が A の固有値であるときジョルダン標準形に変形できない。しかし，α に対する固有ベクトルが $\boldsymbol{v} = \boldsymbol{u} + \sqrt{-1}\boldsymbol{w}$ $(\boldsymbol{u}, \boldsymbol{w} \in \mathbb{R}^2)$ であるとき，実行列 $P = (\boldsymbol{u}\ \boldsymbol{w})$ とすると，$P^{-1}AP = \begin{pmatrix} a & b \\ -b & a \end{pmatrix}$ という形に変形できる。

問 1.15　つぎの行列のジョルダン標準形を求めよ。

$$(1)\begin{pmatrix} 3 & -1 \\ 4 & -1 \end{pmatrix} \quad (2)\begin{pmatrix} 3 & 2 & 3 \\ 4 & -7 & -15 \\ -4 & 4 & 9 \end{pmatrix}$$

章末問題

【1】 線形写像 $f: U \to V$ に対して，f が単射であることと $\mathrm{Ker}\, f = \{\mathbf{0}_U\}$ であることは同値であることを示せ。

【2】 座標平面 $\mathbb{R}^2$ の原点のまわりの角 θ の回転は線形変換であることを示せ。

【3】 内積空間 V とその部分空間 W に対して

$$W^{\perp} = \{\boldsymbol{v} \in V |\ \text{任意の}\ \boldsymbol{w} \in W\ \text{に対して},\ (\boldsymbol{v}, \boldsymbol{w}) = 0\} \tag{1.47}$$

で V の部分集合 $W^{\perp}$ を定義するとき，つぎが成り立つことを示せ。

(1) $W^{\perp}$ は V の部分空間である。

(2) $W \cap W^{\perp} = \{\mathbf{0}\}$ であり，$V = W \oplus W^{\perp}$ である。

(以上から $W^{\perp}$ を V における W の **直交補空間** という。)

【4】 $\mathbb{R}$ 上のベクトル空間 $\mathrm{CF}_{[0,1]}$ の任意の $f, g \in \mathrm{CF}_{[0,1]}$ に対して，式 (1.27) $(f,g) = \displaystyle\int_0^1 f(x)g(x)\,dx$ とすると，これが内積の定義を満たすことを示せ。

【5】 任意の $\boldsymbol{x}, \boldsymbol{y} \in \mathbb{C}^n$ と $A \in M_n(\mathbb{C})$ に対して，式 (1.31) $(A\boldsymbol{x}, \boldsymbol{y}) = (\boldsymbol{x}, A^*\boldsymbol{y})$ が成り立つことを示せ。

【6】 $\mathbb{C}$ 上の内積空間 V の任意の $\boldsymbol{u}, \boldsymbol{v} \in V$ に対して，つぎが成り立つことを示せ。

(1) **(コーシー–シュワルツの不等式)**　$|(\boldsymbol{u}, \boldsymbol{v})| \leqq \|\boldsymbol{u}\|\,\|\boldsymbol{v}\|$　(1.48)

(2) **(三角不等式)**　$\|\boldsymbol{u}+\boldsymbol{v}\| \leqq \|\boldsymbol{u}\|+\|\boldsymbol{v}\|$　(1.49)

【7】 $A = (a_{ij}) \in M_n(\mathbb{C})$ の対角成分の和を A の **トレース** といい，$\mathrm{tr}(A)$ で表す。

$$\mathrm{tr}(A) = \sum_{i=1}^{n} a_{ii} \tag{1.50}$$

このときつぎが成り立つことを示せ。

(1) $A, B \in M_n(\mathbb{C})$ に対して，$\mathrm{tr}(AB) = \mathrm{tr}(BA)$

(2) $A \in M_n(\mathbb{C})$ と n 次正則行列 P に対して，$\mathrm{tr}(P^{-1}AP) = \mathrm{tr}(A)$

(3) $A \in M_n(\mathbb{C})$ に対して，$\mathrm{tr}(A)$ は A の固有値の和に等しい†。

【8】 3 次正方行列のジョルダン標準形を分類せよ。

---

† A の行列式 $|A|$ は A の固有値の積に等しい。

2 微分方程式

2.1 はじめに

本章では微分方程式の基礎的事項ついて解説する。微分方程式は自然科学や工学だけでなく経済学などあらゆる分野において, 現象の本質を考察し数理モデルを構築する際に頻繁に登場する。本書の 3〜5 章を学ぶ際にも微分方程式の知識は必要不可欠である。

本章の概要はつぎのとおりである。はじめに 1 階常微分方程式について, 変数分離形, 線形微分方程式の解法を取り上げる。続いて, 実数列や関数列など解析学の基礎的事項について述べる。数学を専門としない読者にとっては読みづらいかもしれないが, 微分方程式論を応用するには基礎基本をしっかり理解しておくことが望ましいと考え, ここでは ε-δ 論法を用いる。そして, これらの準備をもとにピカールの逐次近似法を用いて 1 階常微分方程式の解の存在と一意性を示す。さらに, ベクトル値関数の微分方程式, 2 階線形微分方程式について述べる。最後に級数による解法について解説し, 例としてルジャンドルの微分方程式を扱う。ベルヌーイの微分方程式やリッカチの微分方程式, オイラーの微分方程式は章末問題として取り上げる。

予備知識をあまり仮定せず, 初等関数の微積分の知識や 1 章の線形代数の知識があれば, 他の数学書を参照しなくても学習が進められるように基本的な定理にもできるだけ証明を与える。

2.2 1階常微分方程式

$y = y(x)$ を独立変数 x の関数とし，$y' = \dfrac{dy}{dx}$ をその1次導関数とする。$F(x, y)$ は x, y の2変数関数とする。

定義 2.1 (**1階常微分方程式**)

x, y, y' の関係式

$$y' = F(x, y) \tag{2.1}$$

を**1階常微分方程式**という。

式 (2.1) を満たす関数 $y = y(x)$ をこの微分方程式の**解**という。微分方程式の解を求めることを**微分方程式を解く**という。

2.2.1 変数分離形

微分方程式 (2.1) の特別な場合として，つぎの変数分離形がある。$f(x)$, $g(y)$ をそれぞれ x, y の連続関数とする。

定義 2.2 (**変数分離形**)

$$y' = f(x)g(y) \tag{2.2}$$

の形の微分方程式を**変数分離形**という。

変数分離形の微分方程式 (2.2) を解いてみよう。$g(y) \neq 0$ と仮定すると

$$\frac{y'}{g(y)} = f(x) \tag{2.3}$$

のように変形できる。式 (2.3) の両辺を x で積分すると

$$\int \frac{y'}{g(y)}\,dx = \int f(x)\,dx + C \quad (C \text{ は積分定数}) \tag{2.4}$$

となる。さらに左辺は

$$\int \frac{y'}{g(y)}\,dx = \int \frac{1}{g(y)}\,dy \tag{2.5}$$

と変形できる。そこで，$G(y) = \displaystyle\int \frac{1}{g(y)}\,dy$ とおくと，微分方程式 (2.2) の解として

$$G(y) = \int f(x)\,dx + C \tag{2.6}$$

が得られる。

例題 2.1　a を定数とする。つぎの微分方程式を解け。

$$y' = ay \tag{2.7}$$

【解答】　$y \neq 0$ と仮定すると

$$\frac{y'}{y} = a \tag{2.8}$$

と変形できる。式 (2.8) の両辺を x で積分すると

$$\int \frac{y'}{y}\,dx = \int a\,dx + C \quad (C \text{ は積分定数}) \tag{2.9}$$

となり

$$\log|y| = ax + C \tag{2.10}$$

が成り立つ。したがって

$$y = \pm e^{ax+C} \tag{2.11}$$

となり，$A = \pm e^C$ とおくと，微分方程式 (2.7) の解として

$$y = Ae^{ax} \quad (A \text{ は任意定数}) \tag{2.12}$$

が得られる。 ◇

問 2.1　つぎの微分方程式を解け。

(1) $y' = x^2y$　　(2) $y' = xy^2$　　(3) $y' = (\cos x)\,y$

2.2.2 1階線形微分方程式

微分方程式 (2.1) の特別な場合として, つぎの線形微分方程式を解いてみよう。$P(x)$, $Q(x)$ を閉区間 $I = [a, b]$ の連続関数とする。

定義 2.3 (**1階線形微分方程式**)

$$\frac{dy}{dx} + P(x)y = Q(x) \tag{2.13}$$

この形の微分方程式を**1階線形微分方程式**という。

式 (2.13) において, $Q(x) = 0$ とすると

$$\frac{dy}{dx} + P(x)y = 0 \tag{2.14}$$

となる。この形の微分方程式を**同次形**の1階線形微分方程式という。

まず, 同次形の1階線形微分方程式を解いてみよう。この方程式は変数分離形の式 (2.2) において $g(y) = y$, $f(x) = -P(x)$ とおいた式である。したがって, 同次形の微分方程式 (2.14) の解として

$$y = Ae^{-\int P(x)\,dx} \quad (A \text{ は任意定数}) \tag{2.15}$$

が得られる。つぎに, 定数 A を x の関数 $u(x)$ に置き換え

$$y = u(x)e^{-\int P(x)\,dx} \tag{2.16}$$

とおく（これを**定数変化法**という）。式 (2.16) の両辺を x で微分すると

$$y' = u'(x)e^{-\int P(x)\,dx} + u(x)e^{-\int P(x)\,dx}\{-P(x)\} \tag{2.17}$$

となる。式 (2.16) が線形微分方程式 (2.13) の解だとすると

$$u'e^{-\int P\,dx} + ue^{-\int P\,dx}\{-P\} = -Pue^{-\int P\,dx} + Q \tag{2.18}$$

が成り立たなければならない。式 (2.18) を整理すると

$$u'(x) = Q(x)e^{\int P(x)\,dx} \tag{2.19}$$

となる。式 (2.19) の両辺を x で積分することにより

$$u(x) = \int Q(x)e^{\int P(x)\,dx}\,dx + C \quad (C\text{ は積分定数}) \tag{2.20}$$

が得られる。以上より，線形微分方程式 (2.13) の解は

$$y(x) = \left\{\int Q(x)e^{\int P(x)\,dx}\,dx + C\right\}e^{-\int P(x)\,dx} \tag{2.21}$$

となる。

例題 2.2　つぎの線形微分方程式を解け。

$$y' - \frac{1}{x}y = 1 \tag{2.22}$$

【解答】　まず，同次形の微分方程式

$$y' - \frac{1}{x}y = 0 \tag{2.23}$$

の解を求める。$y \neq 0$ と仮定すると

$$\frac{1}{y}\frac{dy}{dx} = \frac{1}{x} \tag{2.24}$$

が得られる。式 (2.24) の両辺を x で積分すると

$$\int \frac{1}{y}\frac{dy}{dx}\,dx = \int \frac{1}{x}\,dx + C_1 \quad (C_1\text{は積分定数}) \tag{2.25}$$

となり

$$\log|y| = \log|x| + C_1 \tag{2.26}$$

が得られる。したがって，$y = \pm e^{C_1}x$ が成り立つ。$A = \pm e^{C_1}$ とおくと，同次形の微分方程式 (2.23) の解として

$$y = Ax \quad (A\text{ は任意定数}) \tag{2.27}$$

が得られる。つぎに，A を x の関数 $u(x)$ に置き換え

$$y = u(x)x \tag{2.28}$$

とおく。式 (2.28) の両辺を x で微分すると

$$y' = u'x + u \tag{2.29}$$

となる。式 (2.29) が線形微分方程式 (2.22) の解だとすると

$$u'x + u = \frac{1}{x}ux + 1 \tag{2.30}$$

が成り立たなければならない。これを整理すると

$$u' = \frac{1}{x} \tag{2.31}$$

となる。式 (2.31) の両辺を x で積分すると

$$u(x) = \log|x| + C \quad (C \text{ は積分定数}) \tag{2.32}$$

が得られる。以上より，線形微分方程式 (2.22) の解は

$$y(x) = (\log|x| + C)\,x \tag{2.33}$$

となる。 ◇

問 2.2 つぎの微分方程式を解け。

(1) $y' + y = x$ (2) $y' - (\cos x)\,y = e^{\sin x}$ (3) $y' - (\cos x)\,y = \cos x$

2.3 解析学の基礎的事項

本節では，微分方程式の解の存在や，一意性の証明に必要な解析学の基礎的事項について解説する。

2.3.1 実 数 列

ここでは，有界単調数列の収束は認めたうえで，実数列の基本的事項である区間縮小法，集積値，コーシー列，完備性などについて解説する。

$\{x_n\}_{n=0}^{\infty}$ を実数列とする。数列の単調性をつぎのように定義する。

定義 2.4 (単調増加, 単調減少)

$$x_0 \leqq x_1 \leqq x_2 \leqq \cdots \leqq x_n \leqq \cdots \tag{2.34}$$

が成り立つとき, 実数列 $\{x_n\}_{n=0}^{\infty}$ は**単調増加**であるという。また

$$x_0 \geqq x_1 \geqq x_2 \geqq \cdots \geqq x_n \geqq \cdots \tag{2.35}$$

が成り立つとき, 実数列 $\{x_n\}_{n=0}^{\infty}$ は**単調減少**であるという。

さらに, 実数の有界性について, つぎのように定義する。$x_n \leqq K \quad (n = 0, 1, 2, \ldots)$ が成り立つような定数 K が存在するとき, 実数列 $\{x_n\}_{n=0}^{\infty}$ は**上に有界**であるという。また $L \leqq x_n \quad (n = 0, 1, 2, \ldots)$ が成り立つような定数 L が存在するとき, 実数列 $\{x_n\}_{n=0}^{\infty}$ は**下に有界**であるという。上にも, 下にも有界な数列はたんに**有界**であるという。実数列 $\{x_n\}_{n=0}^{\infty}$ について, n を限りなく大きくしていくとき, x_n の値がある一定の数 α に限りなく近づいていくとき, つまり, $n \to \infty$ 　ならば　$|x_n - \alpha| \to 0$ が成り立つとき, 実数列 $\{x_n\}_{n=0}^{\infty}$ は極限値 α に収束するという。これを ε - δ 論法を用いて言い換えるとつぎのようになる。

定義 2.5 (数列の収束)

任意の正の数 ε に対して

$$n \geqq N_\varepsilon \quad \text{ならば} \quad |x_n - \alpha| < \varepsilon \tag{2.36}$$

が成り立つような自然数 N_ε が存在するとき, 実数列 $\{x_n\}_{n=0}^{\infty}$ は極限値 α に収束するという。

つぎは実数の重要な基本性質である。本書ではこの定理は証明なしに用いることにする（証明は例えば引用・参考文献 6) を参照)。

定理 2.1 (有界単調数列の収束)

上に有界な単調増加な数列は収束する。また, 下に有界な単調減少な数列は収束する。

実数列の収束判定につぎのコーシー列の概念を用いることが多い。

定義 2.6 (コーシー列)

$\{x_n\}_{n=0}^{\infty}$ を実数列とする。任意の正の数 ε に対して

$$n, m \geqq N_\varepsilon \quad \text{ならば} \quad |x_n - x_m| < \varepsilon \tag{2.37}$$

が成り立つような自然数 N_ε が存在するとき, 数列 $\{x_n\}_{n=0}^{\infty}$ は**コーシー列**であるという。

閉区間の列 $\{I_n\}_{n=0}^{\infty}$ が減少列であるとき, 定理 2.1 から区間縮小法の原理と呼ばれるつぎの定理が成り立つ。

定理 2.2 (区間縮小法の原理)

$I_n = [a_n, b_n] \quad (n = 0, 1, 2, \ldots)$ とおく。閉区間の列 $\{I_n\}_{n=0}^{\infty}$ はつぎの 2 つの性質を満たすと仮定する。

$$\begin{cases} (1) \quad I_0 \supset I_1 \supset I_2 \supset \cdots \supset I_n \supset \cdots \\ (2) \quad \lim_{n \to \infty} |a_n - b_n| = 0 \end{cases} \tag{2.38}$$

このとき

$$\{p\} = \bigcap_{n=0}^{\infty} I_n \tag{2.39}$$

を満たす実数 p が存在する。

証明 仮定より任意の自然数 n に対して

$$a_0 \leqq a_1 \leqq a_2 \leqq \cdots \leqq a_n \leqq b_n \leqq \cdots \leqq b_2 \leqq b_1 \leqq b_0 \tag{2.40}$$

が成り立つ。$\{a_n\}_{n=0}^{\infty}$ は単調増加な実数列で，任意の自然数 n に対して $a_n \leqq b_0$ が成り立っているので，上に有界である。また，$\{b_n\}_{n=0}^{\infty}$ は単調減少な実数列で，任意の自然数 n に対して $a_0 \leqq b_n$ が成り立っているので，下に有界である。したがって，定理 2.1 より $\{a_n\}_{n=0}^{\infty}, \{b_n\}_{n=0}^{\infty}$ はともに収束する。さらに，$\lim_{n\to\infty} |a_n - b_n| = 0$ より明らかに極限値は同じ値となる。そこで，$\lim_{n\to\infty} a_n = \lim_{n\to\infty} b_n = p$ とおくと，任意の自然数 n に対して $a_n \leqq p \leqq b_n$ となっている。つまり，$p \in I_n$ が成り立つ。したがって，$\{p\} \subset \bigcap_{n=0}^{\infty} I_n$ が示された。つぎに，$q \in \bigcap_{n=0}^{\infty} I_n$ となる $q\,(q \neq p)$ が存在したとする。$q < p$ と仮定すると，$\lim_{n\to\infty} a_n = p$ より十分大きな自然数 m をとると $q < a_m \leqq p$ となるが，これは $q \in I_m$ に矛盾する。よって $p \leqq q$ でなければならない。また，$p < q$ と仮定すると，$\lim_{n\to\infty} b_n = p$ より十分大きな自然数 l をとると $p \leqq b_l < q$ となるが，今度もこれは $q \in I_l$ に矛盾する。よって $q \leqq p$ でなければならない。したがって，$q = p$ となる。以上より $\{p\} = \bigcap_{n=0}^{\infty} I_n$ が成り立つ。 ♠

任意の正の数 ε に対して，$|x_n - \alpha| < \varepsilon$ を満たす自然数 n が無限に存在するとき，α は数列 $\{x_n\}_{n=0}^{\infty}$ の**集積値**であるという。つぎは，有界な無限数列のもつ重要な性質である。

定理 2.3　(ワイエルストラスの定理)

有界な無限数列 $\{x_n\}_{n=0}^{\infty}$ には，集積値が少なくともひとつ存在する。

証明　$\{x_n\}_{n=0}^{\infty}$ は有界なので，すべての自然数 n に対して $-K \leqq x_n \leqq K$ が成り立つような正の定数 K が存在する。$I_0 = [-K, K]$ とおく。閉区間 $[-K, 0]$，$[0, K]$ のうち少なくともひとつは無限個の n について x_n を要素とするので，それを選び I_1 と定義する。以下同様に区間を 2 等分し，I_m は無限個の n について x_n を含むようにしていく。$I_m = [a_m, b_m]$ とおくと，$|b_m - a_m| = \dfrac{K}{2^{m-1}}$　$(n = 0, 1, 2, \ldots)$ となっている。閉区間の列 $\{I_m\}_{m=0}^{\infty}$ は定理 2.2 の条件 (2.38) を満たしているので，$\{\alpha\} = \bigcap_{m=0}^{\infty} I_m$ を満たす実数 α が存在する。任意の正の数 ε に対して，$|b_m - a_m| = \dfrac{K}{2^{m-1}} < \varepsilon$ を満たすように自然数 m をとれば，I_m に含まれる実数 x はすべて $|x - \alpha| < \varepsilon$ を満たすので，$|x_n - \alpha| < \varepsilon$ 満たす自然数 n が無

限に存在する。したがって, α は無限数列 $\{x_n\}_{n=0}^{\infty}$ の集積値である。 ♠

コーシー列は有界な数列である。実際, $\{x_n\}_{n=0}^{\infty}$ をコーシー列とすると, 任意に正の数 ε に対して

$$n, m \geqq N_\varepsilon \quad \text{ならば} \quad |x_n - x_m| < \varepsilon \tag{2.41}$$

が成り立つような自然数 N_ε が存在する。このとき, $n \geqq N_\varepsilon$ ならば $|x_n - x_{N_\varepsilon}| < \varepsilon$ が成り立つので, $K = \max\{|x_0|, |x_1|, \ldots, |x_{N_\varepsilon - 1}|, |x_{N_\varepsilon}| + \varepsilon\}$ とおくと, すべての自然数 n に対して $-K \leqq x_n \leqq K \quad (n = 0, 1, 2, \ldots)$ が成り立つ。したがって, 定理 2.3 より, コーシー列 $\{x_n\}_{n=0}^{\infty}$ には集積値が少なくともひとつ存在することがわかる。つぎにこの集積値はただひとつしかないことを示す。

定理 2.4 (コーシー列の集積値の唯一性)

コーシー列 $\{x_n\}_{n=0}^{\infty}$ の集積値はただひとつである。

証明 コーシー列 $\{x_n\}_{n=0}^{\infty}$ の集積値が 2 つ存在したと仮定し, それらを α, β $(\alpha \neq \beta)$ とする。$d = |\alpha - \beta|$ とおき, $\varepsilon = \dfrac{d}{3}$ とすると, $\{x_n\}_{n=0}^{\infty}$ はコーシー列なので, 十分大きい N_ε をとると

$$n, m \geqq N_\varepsilon \quad \text{ならば} \quad |x_n - x_m| < \varepsilon \tag{2.42}$$

が成り立つ。一方, α は集積値なので

$$n \geqq N_\varepsilon \quad \text{かつ} \quad |x_n - \alpha| < \varepsilon \tag{2.43}$$

が成り立つような自然数 n が存在する。同様に β は集積値なので

$$m \geqq N_\varepsilon \quad \text{かつ} \quad |x_m - \beta| < \varepsilon \tag{2.44}$$

が成り立つような自然数 m が存在する。しかしながら

$$\begin{aligned} |\alpha - \beta| &= |(\alpha - x_n) + (x_n - x_m) + (x_m - \beta)| \\ &\leqq |\alpha - x_n| + |x_n - x_m| + |x_m - \beta| \\ &< \varepsilon + \varepsilon + \varepsilon = \frac{d}{3} + \frac{d}{3} + \frac{d}{3} = d \end{aligned} \tag{2.45}$$

となり矛盾する。よって $\alpha = \beta$, つまりコーシー列 $\{x_n\}_{n=0}^{\infty}$ の集積値はひとつでなければならない。 ♠

本節の最後に, 実数列が「収束列であること」と「コーシー列であること」は同値であることを示す。これを**実数の完備性**という。

定理 2.5 (実数の完備性)

実数列 $\{x_n\}_{n=0}^{\infty}$ が収束するための必要十分条件は, $\{x_n\}_{n=0}^{\infty}$ がコーシー列であることである。

証明　まず, 実数列 $\{x_n\}_{n=0}^{\infty}$ は極限値 α に収束する数列であると仮定する。任意の正の数 ε に対して $\varepsilon' = \dfrac{\varepsilon}{2}$ とおく。$\{x_n\}_{n=0}^{\infty}$ は α に収束する数列なので, 十分大きな $N_{\varepsilon'}$ をとると

$$n, m \geqq N_{\varepsilon'} \quad \text{ならば} \quad |x_n - \alpha| < \varepsilon' \quad \text{かつ} \quad |x_m - \alpha| < \varepsilon' \tag{2.46}$$

が成り立つ。したがって, $n, m \geqq N_{\varepsilon'}$ ならば

$$\begin{aligned} |x_n - x_m| &= |(x_n - \alpha) - (x_m - \alpha)| \\ &\leqq |x_n - \alpha| + |x_m - \alpha| < \varepsilon' + \varepsilon' = \frac{\varepsilon}{2} + \frac{\varepsilon}{2} = \varepsilon \end{aligned} \tag{2.47}$$

となり, 収束列 $\{x_n\}_{n=0}^{\infty}$ はコーシー列となっている。

つぎは逆に, 実数列 $\{x_n\}_{n=0}^{\infty}$ がコーシー列であると仮定する。コーシー列 $\{x_n\}_{n=0}^{\infty}$ の集積値を α とおく。任意の正の数 ε に対して $\varepsilon' = \dfrac{\varepsilon}{2}$ とおく。$\{x_n\}_{n=0}^{\infty}$ はコーシー列なので, 十分大きな $N_{\varepsilon'}$ をとると

$$n, m \geqq N_{\varepsilon'} \quad \text{ならば} \quad |x_n - x_m| < \varepsilon' \tag{2.48}$$

が成り立つ。一方, α は集積値なので

$$m \geqq N_{\varepsilon'} \quad \text{かつ} \quad |x_m - \alpha| < \varepsilon' \tag{2.49}$$

が成り立つような自然数 m が存在する。このとき, $n \geqq N_{\varepsilon'}$ ならば

$$\begin{aligned} |x_n - \alpha| &= |(x_n - x_m) + (x_m - \alpha)| \\ &\leqq |x_n - x_m| + |x_m - \alpha| < \varepsilon' + \varepsilon' = \frac{\varepsilon}{2} + \frac{\varepsilon}{2} = \varepsilon \end{aligned} \tag{2.50}$$

が成り立つ。つまりコーシー列 $\{x_n\}_{n=0}^{\infty}$ は極限値 α に収束する。 ♠

2.3.2 関　数　列

つぎに, 連続関数の列, および関数項の級数について, 一様収束, 絶対収束, 優級数定理などの基本的な事項を解説する。これらは, 次節以降のピカールの逐次近似法による微分方程式の解の存在定理を理解するのに必要となる。

関数 $f(x)$ は, 閉区間 $I=[a,b]$ 上で定義されているとする。関数 $f(x)$ が α で**連続**であるとは, x を α に限りなく近づけていくと, $f(x)$ の値が $f(\alpha)$ に限りなく近づいていくことをいう。つまり, $x \to \alpha$　ならば　$|f(x)-f(\alpha)| \to 0$ が成り立つとき, 関数 $f(x)$ は α において連続であるという。これも数列の収束のときと同じように, ε - δ 論法を用いて表現するとつぎのようになる。

定義 2.7 (連続関数)

$\alpha \in I$ とする。任意の正の数 ε に対して

$$|x-\alpha| < \delta_\varepsilon \quad かつ \quad x \in I \quad ならば \quad |f(x)-f(\alpha)| < \varepsilon \tag{2.51}$$

が成り立つような正の数 δ_ε が存在するとき, 関数 $f(x)$ は α において**連続**であるという。また, 区間 I のすべての点で連続であるとき, 関数 $f(x)$ は I 上の**連続関数**であるという。

閉区間 $I=[a,b]$ で定義された連続関数の列 $\{f_n(x)\}_{n=0}^{\infty}$ に対し, 一様収束を以下のように定義する。

定義 2.8 (一様収束)

$f(x)$ は I 上で定義された関数とする。つぎの 2 つの条件

(1)　I に属するすべての x に対して,

$$|f_n(x)-f(x)| \leqq M_n \quad (n=0,1,2,\ldots) \tag{2.52}$$

(2)　$\displaystyle\lim_{n\to\infty} M_n = 0$

を満たす数列 $\{M_n\}_{n=0}^{\infty}$ が存在するとき, 関数列 $\{f_n(x)\}_{n=0}^{\infty}$ は I 上 $f(x)$

に一様収束するという。

定義 2.8 における $f(x)$ を関数列 $\{f_n(x)\}_{n=0}^{\infty}$ の**極限関数**と呼ぶ。連続関数からなる関数列が一様収束するとき, 以下の定理が成り立つ。

定理 2.6 (一様収束関数の連続性)

閉区間 I 上の連続関数列 $\{f_n(x)\}_{n=0}^{\infty}$ が I 上の関数 $f(x)$ に一様収束しているならば, この極限関数 $f(x)$ は I 上の連続関数である。

証明 $\alpha \in I$ を任意にとる。任意の正の数 ε に対して, $\varepsilon' = \dfrac{\varepsilon}{3}$ とおく。$\lim_{n\to\infty} M_n = 0$ より, 正の数 ε' に対して十分大きな自然数 $N_{\varepsilon'}$ をとると

$$n \geqq N_{\varepsilon'} \quad \text{ならば} \quad M_n < \varepsilon' \tag{2.53}$$

が成り立つ。また, $n \geqq N_{\varepsilon'}$ を満たす n に対して, $f_n(x)$ は α において連続であるので

$$|x-\alpha| < \delta_{\varepsilon'} \quad \text{ならば} \quad |f_n(x) - f_n(\alpha)| < \varepsilon' \tag{2.54}$$

が成り立つような正の数 $\delta_{\varepsilon'}$ が存在する。したがって, $|x-\alpha| < \delta_{\varepsilon'}$ ならば

$$\begin{aligned} |f(x)-f(\alpha)| &= |\{f(x)-f_n(x)\} + \{f_n(x)-f_n(\alpha)\} + \{f_n(\alpha)-f(\alpha)\}| \\ &\leqq |f(x)-f_n(x)| + |f_n(x)-f_n(\alpha)| + |\{f_n(\alpha)-f(\alpha)| \\ &\leqq M_n + \varepsilon' + M_n < \frac{\varepsilon}{3} + \frac{\varepsilon}{3} + \frac{\varepsilon}{3} = \varepsilon \end{aligned} \tag{2.55}$$

となり, $f(x)$ は α において連続である。α は I から任意にとっていたので, $f(x)$ は I 上の連続関数である。 ♠

定理 2.7 (定積分の極限)

閉区間 I 上の連続関数列 $\{f_n(x)\}_{n=0}^{\infty}$ が I 上の関数 $f(x)$ に一様収束しているならば

$$\lim_{n\to\infty} \int_a^b f_n(x)\, dx = \int_a^b f(x)\, dx \tag{2.56}$$

が成り立つ。

証明 $\{f_n(x)\}_{n=0}^{\infty}$ に対して定義 2.8 の条件を満たす $\{M_n\}_{n=0}^{\infty}$ をとると

$$\left|\int_a^b f_n(x)\,dx - \int_a^b f(x)\,dx\right| \leqq \int_a^b |f_n(x) - f(x)|\,dx$$

$$\leqq \int_a^b M_n\,dx = M_n(b-a) \to 0 \quad (n \to \infty \text{ のとき}) \tag{2.57}$$

が成り立つ。 ♠

閉区間 $I = [a, b]$ で定義された連続関数の列 $\{f_n(x)\}_{n=0}^{\infty}$ に対して

$$S_N(x) = \sum_{n=0}^{N} f_n(x) = f_0(x) + f_1(x) + f_2(x) + \cdots + f_N(x) \tag{2.58}$$

とおく。$S_N(x)$ を関数列 $\{f_n(x)\}_{n=0}^{\infty}$ の第 N **部分和**と呼ぶ。各 $x(\in I)$ に対して極限値 $\lim_{N\to\infty} S_N(x)$ が存在するとき，つまり $N \to \infty$ で $\{S_N(x)\}_{N=0}^{\infty}$ が収束するとき，関数項の無限級数

$$\sum_{n=0}^{\infty} f_n(x) = f_0(x) + f_1(x) + f_2(x) + \cdots + f_n(x) + \cdots \tag{2.59}$$

は収束するという。各 $x(\in I)$ に対して極限値 $\lim_{N\to\infty} S_N(x)$ を対応させると，$I = [a, b]$ 上で定義された関数が得られる。絶対値を付けた無限級数

$$\sum_{n=0}^{\infty} |f_n(x)| = |f_0(x)| + |f_1(x)| + |f_2(x)| + \cdots + |f_n(x)| + \cdots \tag{2.60}$$

が収束するとき，無限級数 $\sum_{n=0}^{\infty} f_n(x)$ は**絶対収束**するという。絶対収束についてつぎの定理が成り立つ。

定理 2.8 (絶対収束)

無限級数 $\sum_{n=0}^{\infty} f_n(x)$ が絶対収束すれば無限級数 $\sum_{n=0}^{\infty} f_n(x)$ は収束する。

証明 N を自然数とする。$T_N(x)$ を

$$T_N(x) = \sum_{n=0}^{N} |f_n(x)| = |f_0(x)| + |f_1(x)| + |f_2(x)| + \cdots + |f_N(x)|$$

とおく。x を固定して考えると，$N \to \infty$ で $\{T_N(x)\}_{N=0}^{\infty}$ は収束する数列となるので，コーシー列である。したがって，任意の正の数 ε に対して

$$N, M \geqq N_\varepsilon \quad ならば \quad |T_N(x) - T_M(x)| < \varepsilon \tag{2.61}$$

が成り立つような自然数 N_ε が存在する。$N \geqq M$ と仮定してよい。このとき

$$\begin{aligned} |S_N(x) - S_M(x)| &= |f_N(x) + f_{N-1}(x) + \cdots + f_{M+1}(x)| \\ &\leqq |f_N(x)| + |f_{N-1}(x)| + \cdots + |f_{M+1}(x)| \\ &= |T_N(x) - T_M(x)| < \varepsilon \end{aligned} \tag{2.62}$$

が成り立つので，$\{S_N(x)\}_{N=0}^{\infty}$ もコーシー列である。よって，定理 2.4 より極限値 $\lim_{N\to\infty} S_N(x)$ が存在する。 ♠

無限級数 $\sum_{n=0}^{\infty} f_n(x)$ の収束が絶対収束であり，かつ，一様収束であるときは，**絶対一様収束**するという。

関数項の級数の収束判定に対して，つぎの優級数定理を利用することが多い。

定理 2.9 **(優級数定理)**

$\{f_n(x)\}_{n=0}^{\infty}$ は閉区間 I における連続関数の列とする。つぎの 2 つの条件

(1) $\max_{x \in I} |f_n(x)| \leqq C_n$

(2) 級数 $\sum_{n=0}^{\infty} C_n$ は収束する

を満たす数列 $\{C_n\}_{n=0}^{\infty}$ が存在すれば，無限級数 $\sum_{n=0}^{\infty} f_n(x)$ は絶対一様収束する。

証明 N を自然数とする。$T_N(x)$, $U_N(x)$ を

$$T_N(x)=\sum_{n=0}^{N}|f_n(x)| \tag{2.63}$$

$$U_N \quad =\sum_{n=0}^{N}C_n = C_0 + C_1 + \cdots + C_N \tag{2.64}$$

とおくと, 仮定より, I に属するすべての x に対して

$$T_N(x) \leqq U_N \leqq U_{N+1} \leqq U_{N+2} \leqq \cdots \leqq \sum_{n=0}^{\infty} C_n < +\infty \tag{2.65}$$

が成り立つので, $\{T_N(x)\}_{n=0}^{\infty}$ は単調増加で上に有界な数列となる。定理 2.1 より, I に属するすべての x に対して, 極限値 $\lim_{N\to\infty} T_N(x)$ が存在し, 定理 2.8 より, I に属するすべての x に対して, $\sum_{n=0}^{\infty} f_n(x) = \lim_{N\to\infty} S_N(x)$ も収束する。この極限関数を $F(x)$ とおく。さらに, $M_N = \sum_{n=N+1}^{\infty} C_n = \sum_{n=0}^{\infty} C_n - U_N$ とおくと, I に属するすべての x に対して

$$|S_N(x) - F(x)| = \left|\sum_{n=N+1}^{\infty} f_n(x)\right| \leqq \sum_{n=N+1}^{\infty}|f_n(x)| \leqq M_N \tag{2.66}$$

が成り立つ。また, 明らかに $\lim_{N\to\infty} M_N = 0$ が成り立つので, $\sum_{n=0}^{\infty} f_n(x) = \lim_{N\to\infty} S_N(x)$ の収束は一様収束である。 ♠

上の定理 2.9 の証明において, 各 N に対して $S_N(x)$ は連続関数であるので, 定理 2.6 より, 極限関数 $F(x)$ は I 上の連続関数であることを注意しておく。

連続関数についてはつぎの中間値の定理が成り立つ。

定理 2.10 (中間値の定理)

関数 $f(x)$ が閉区間 I 上連続で, $f(a) \neq f(b)$ とすると, $f(a)$ と $f(b)$ の任意の中間値 k に対して

$$f(c) = k \quad (a < c < b) \tag{2.67}$$

が成り立つような c が存在する（**図 2.1**）。

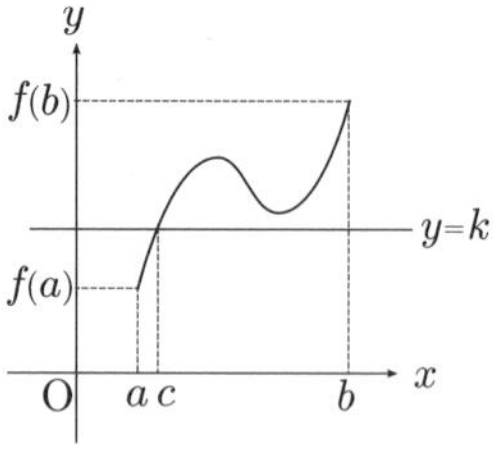

図 **2.1**　中間値の定理

定理 2.10 は証明なしで用いることとする（証明は例えば引用・参考文献 6) を参照のこと）。この中間値の定理を応用することで, つぎの積分の平均値の定理が得られる。

定理 2.11　**(積分の平均値の定理)**

関数 $f(x)$ が閉区間 $I = [a, b]$ 上で連続ならば

$$\int_a^b f(t)dt = f(c)\,(b-a) \quad (a < c < b) \tag{2.68}$$

を満たす c が存在する。

証明　閉区間 I における $f(x)$ の最大値を M, 最小値を m とおく。$f(x)$ が定数関数であるときは, 定理は明らかに成り立つ。$f(x)$ が定数関数でないと仮定すると, $m < M$ となる。閉区間 I での定積分について

$$\int_a^b m\,dt < \int_a^b f(t)dt < \int_a^b M\,dt \tag{2.69}$$

が成り立つ。したがって

$$m(b-a) < \int_a^b f(t)dt < M(b-a) \tag{2.70}$$

となり, すべての辺を $b - a$ で割ることにより

$$m < \frac{1}{b-a}\int_a^b f(t)dt < M \tag{2.71}$$

が得られる。よって, 中間値の定理 2.10 より

$$f(c) = \frac{1}{b-a}\int_a^b f(t)dt \quad (a < c < b) \tag{2.72}$$

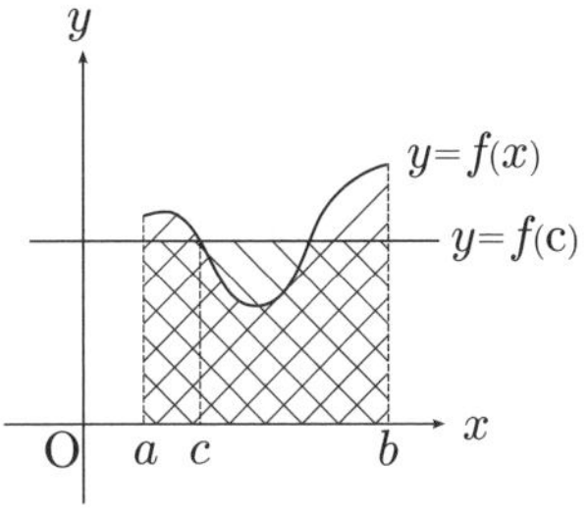

図 2.2　積分の平均値の定理

を満たす c が存在する（**図 2.2**）。 ♠

積分の平均値の定理（定理 2.11）を用いることで，つぎの微積分学の基本定理を示す。

定理 2.12　**(微積分学の基本定理)**

x_0 を開区間 (a,b) から任意にとる。閉区間 $I=[a,b]$ 上の連続関数 $f(x)$ に対して

$$F(x)=\int_{x_0}^{x} f(t)dt \tag{2.73}$$

と定義すると，$F(x)$ は開区間 (a,b) において微分可能であり，$F'(x)=f(x)$ が成り立つ。

証明　x を開区間 (a,b) から任意にとると

$$\begin{aligned}\frac{F(x+h)-F(x)}{h} &= \frac{1}{h}\left(\int_{x_0}^{x+h} f(t)dt-\int_{x_0}^{x} f(t)dt\right)\\ &= \frac{1}{h}\int_{x}^{x+h} f(t)dt \end{aligned}\tag{2.74}$$

が成り立つ。定理 2.11 より

$$f(c)=\frac{1}{h}\int_{x}^{x+h} f(t)dt \quad (|x-c|<|h|) \tag{2.75}$$

を満たす c が存在する。$h\to 0$ のとき $c\to x$ となり，$f(x)$ は連続関数なので，$f(c)\to f(x)$ となる。よって

$$\lim_{h\to 0}\frac{F(x+h)-F(x)}{h}=f(x) \tag{2.76}$$

が成り立つ。$F(x)$ は微分可能であり, その導関数は $f(x)$ である。 ♠

2.4　1階常微分方程式の解の存在と一意性

前節までに述べたことをもとに, 本節では1階の常微分方程式の解の存在と一意性について解説する。

2.4.1　1階線形微分方程式の解の存在と一意性

ここでは, ピカールの**逐次近似法**を用いて1階線形微分方程式の解の存在と一意性を示す。

定理 2.13 (線形微分方程式の解の存在と一意性)

$P(x)$, $Q(x)$ は閉区間 $I = [a, b]$ で連続とする。I に属する x_0 をとり固定する。任意に y_0 を与えると, 微分方程式 (2.13)

$$\frac{dy}{dx} + P(x)y = Q(x)$$

に対して, 初期条件 $y(x_0) = y_0$ を満たす解 $y = y(x)$ が I 上で, ただひとつ存在する。

証明　$y_0(x) = y_0$ とおく。

$$y_1(x) = y_0 + \int_{x_0}^{x} \{-P(t)y_0 + Q(t)\}\, dt \tag{2.77}$$

と定義し, 以下, 帰納的に $k = 0, 1, 2, \ldots$ に対して

$$y_{k+1}(x) = y_0 + \int_{x_0}^{x} \{-P(t)y_k(t) + Q(t)\}\, dt \tag{2.78}$$

と定義する。$M = \max_{x \in [a,b]} \{|P(x)|, |Q(x)|\}$, $m = \max\{|y_0|, 1\}$ とおくと

$$\begin{aligned}|y_1(x) - y_0| &= \left|\int_{x_0}^{x} \{-P(t)y_0 + Q(t)\}\, dt\right| \\ &\leqq \left|\int_{x_0}^{x} |-P(t)y_0 + Q(x)|\, dt\right| \leqq \left|\int_{x_0}^{x} 2mM dt\right| = 2mM\,|x - x_0|\end{aligned} \tag{2.79}$$

が成り立つ。さらに, 式 (2.79) を用いて

$$
\begin{aligned}
|y_2(x) - y_1(x)| &= \left| \int_{x_0}^{x} \{-P(t)\} \{y_1(t) - y_0\} \, dt \right| \\
&\leqq \left| \int_{x_0}^{x} |P(t)| \, |y_1(t) - y_0| \, dt \right| \leqq 2mM^2 \left| \int_{x_0}^{x} |t - x_0| \, dt \right| \\
&= \frac{2mM^2}{2!} |x - x_0|^2
\end{aligned}
\tag{2.80}
$$

が成り立つ。同様の議論で, 以下, 帰納的に $k = 0, 1, 2, \ldots$ に対して

$$
\begin{aligned}
|y_{k+1}(x) - y_k(x)| &= \left| \int_{x_0}^{x} \{-P(t)\} \{y_k(t) - y_{k-1}(t)\} \, dt \right| \\
&\leqq \left| \int_{x_0}^{x} |P(t)| \, |y_k(t) - y_{k-1}(t)| \, dt \right| \leqq \frac{2mM^{k+1}}{k!} \left| \int_{x_0}^{x} |t - x_0|^k \, dt \right| \\
&= \frac{2mM^{k+1}}{(k+1)!} |x - x_0|^{k+1}
\end{aligned}
\tag{2.81}
$$

が成り立つ。したがって, $|x - x_0| \leqq |b - a|$ より

$$
\begin{aligned}
\sum_{k=0}^{\infty} |y_{k+1}(x) - y_k(x)| &\leqq \sum_{k=0}^{\infty} \frac{2m}{(k+1)!} (M|b-a|)^{k+1} \\
&= 2m \left(e^{M|b-a|} - 1 \right) < +\infty
\end{aligned}
\tag{2.82}
$$

となるので, 定理 2.9 より無限級数 $\displaystyle\sum_{k=0}^{\infty} \{y_{k+1}(x) - y_k(x)\}$ は絶対一様収束する。

したがって, $y_n(x) = \displaystyle\sum_{k=0}^{n-1} \{y_{k+1}(x) - y_k(x)\} + y_0$ も $n \to \infty$ のとき, I 上のある連続関数 $y(x)$ に一様収束する。つまり

$$
y(x) = \sum_{k=0}^{\infty} \{y_{k+1}(x) - y_k(x)\} + y_0 \tag{2.83}
$$

となる。関数列 $\{y_n(x)\}_{n=0}^{\infty}$ が $y(x)$ に一様収束しているとき, 関数列 $\{-P(x)y_n(x) + Q(x)\}_{n=0}^{\infty}$ も $-P(x)y(x) + Q(x)$ に一様収束することは容易に確かめることができる。式 (2.78) より

$$
y_n(x) = y_0 + \int_{x_0}^{x} \{-P(t)y_{n-1}(t) + Q(t)\} \, dt \tag{2.84}
$$

であり, 式 (2.84) の両辺に対して $n \to \infty$ の極限を考えると, 定理 2.7 より

$$
y(x) = y_0 + \int_{x_0}^{x} \{-P(t)y(t) + Q(t)\} \, dt \tag{2.85}
$$

が成り立つ。定理 2.6 より $-P(x)y(x)+Q(x)$ は I 上の連続関数であり, 定理 2.12 より式 (2.85) の右辺は微分可能である。したがって, $y(x)$ は微分可能な関数であることがわかる。式 (2.85) において, $x=x_0$ を代入することと, 両辺を x で微分することにより

$$\begin{cases} y'(x) &= -P(x)y(x)+Q(x) \\ y(x_0) &= y_0 \end{cases} \tag{2.86}$$

となり, 初期条件を満たす微分方程式 (2.13) の解が得られた。

つぎに, 微分方程式 (2.13) に対して, 初期条件を満たす解がこの $y(x)$ のほかに存在したと仮定してみよう。その解を $z(x)$ とおく。$z'(x)=-P(x)z(x)+Q(x)$ の両辺を x_0 から x まで積分し, $z(x_0)=y_0$ に注意すると

$$z(x)=y_0+\int_{x_0}^{x}\{-P(t)z(t)+Q(t)\}\,dt \tag{2.87}$$

が得られる。ここで, $K=\max_{x\in[a,b]}\{|y(x)-z(x)|\}$ とおく。このとき

$$\begin{aligned}|y(x)-z(x)| &= \left|\int_{x_0}^{x}\{-P(t)\}\{y(t)-z(t)\}\,dt\right| \\ &\leqq \left|\int_{x_0}^{x}|P(t)|\,|y(t)-z(t)|\,dt\right| \leqq \left|\int_{x_0}^{x}MK\,dt\right| = MK\,|x-x_0| \end{aligned} \tag{2.88}$$

が成り立つ。また, 式 (2.88) を用いると

$$\begin{aligned}|y(x)-z(x)| &= \left|\int_{x_0}^{x}\{-P(t)\}\{y(t)-z(t)\}\,dt\right| \\ &\leqq \left|\int_{x_0}^{x}|P(t)|\,|y(t)-z(t)|\,dt\right| \leqq \left|\int_{x_0}^{x}M\cdot MK\,|t-x_0|\,dt\right| \\ &\leqq M^2K\left|\int_{x_0}^{x}|t-x_0|\,dt\right| = \frac{M^2K}{2!}\,|x-x_0|^2 \end{aligned} \tag{2.89}$$

が成り立つ。以下, 同様に式変形を繰り返すと, 任意の自然数 n に対して

$$|y(x)-z(x)| \leqq \frac{M^nK}{n!}\,|x-x_0|^n = \frac{K}{n!}\,(M\,|x-x_0|)^n \tag{2.90}$$

が得られる。$n\to\infty$ の極限を考えると

$$|y(x)-z(x)| \leqq \frac{K}{n!}\,(M\,|x-x_0|)^n \to 0 \tag{2.91}$$

となり, $y(x)=z(x)$ が得られる（問 2.3 参照）。よって, 初期条件を満たす微分方程式 (2.13) の解は一意的に存在する。 ♠

定理 2.13 で得られた線形微分方程式の解 $y(x)$ は, 閉区間 $[a,b]$ において存在し, 開区間 (a,b) において微分可能な関数であることを注意しておく。

問 2.3　任意の実数 x に対して，$\lim_{n\to\infty}\dfrac{x^n}{n!}=0$ を示せ。

例題 2.3　つぎの微分方程式をピカールの逐次近似法を用いて解け。

$$\begin{cases} y'(x) = x^2 y(x) \\ y(0) = 1 \end{cases} \tag{2.92}$$

【解答】 $y_0=1$ とおく。

$$y_1(x)=1+\int_0^x t^2dt=1+\frac{1}{3}x^3 \tag{2.93}$$

と定義する。$y_2(x)$ は

$$\begin{aligned} y_2(x) &= 1+\int_0^x t^2y_1(t)dt=1+\int_0^x t^2\left(1+\frac{1}{3}t^3\right)dt \\ &= 1+\frac{1}{3}x^3+\frac{1}{18}x^6=1+\frac{1}{3}x^3+\frac{1}{2!}\left(\frac{x^3}{3}\right)^2 \end{aligned} \tag{2.94}$$

と定義する。以下，帰納的に定義していくと

$$\begin{aligned} y_{k+1}(x) &= 1+\int_0^x t^2y_k(t)dt \\ &= 1+\int_0^x t^2\left\{1+\frac{1}{3}t^3+\cdots+\frac{1}{k!}\left(\frac{t^3}{3}\right)^k\right\}dt \\ &= 1+\frac{1}{3}x^3+\frac{1}{2!}\left(\frac{x^3}{3}\right)^2+\cdots+\frac{1}{(k+1)!}\left(\frac{x^3}{3}\right)^{k+1} \end{aligned} \tag{2.95}$$

となり，関数列

$$y_n(x)=\sum_{k=0}^{n}\frac{1}{k!}\left(\frac{x^3}{3}\right)^k \quad (n=0,1,2,\ldots) \tag{2.96}$$

が得られる。式 (2.96) において $n\to\infty$ の極限を考えると

$$y(x)=\lim_{n\to\infty}y_n(x)=e^{\frac{x^3}{3}} \tag{2.97}$$

が成り立つ。この極限関数 $y(x)$ が求める解である。 ◇

2.4.2　リプシッツ条件を満たす 1 階微分方程式の解の存在と一意性

つぎに, より一般の微分方程式の解の存在と一意性について考えることにする。xy 平面の点 (x_0, y_0) をひとつ取り固定して考える。正の定数 r, s に対して 2 つの閉区間を $I(x_0, r) = \{x \in \mathbb{R} \mid |x - x_0| \leqq r\}$, $I(y_0, s) = \{y \in \mathbb{R} \mid |y - y_0| \leqq s\}$ とおく。さらに, $I(x_0, r)$ と $I(y_0, s)$ の直積集合を $D = I(x_0, r) \times I(y_0, s)$ とおく（図 **2.3**）。D は横が $2r$, 縦が $2s$ の長方形である。

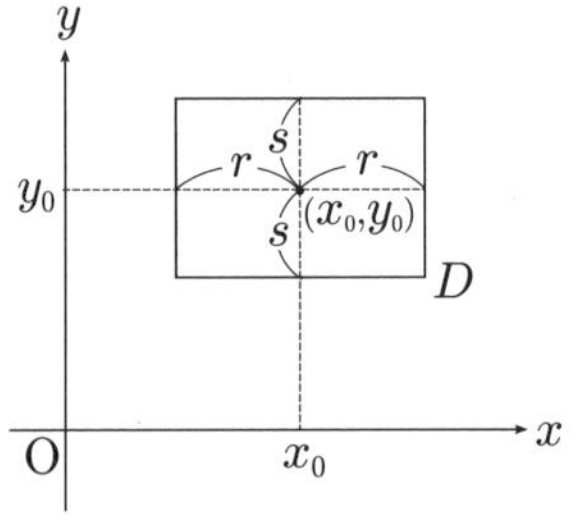

図 **2.3**　長方形 D

定義 2.9　(リプシッツ条件)

$F(x, y)$ は, 長方形 D において定義されている 2 変数の連続関数とする。D 内の任意の 2 点 (x, y_1), (x, y_2) に対して

$$|F(x, y_2) - F(x, y_1)| \leqq L|y_2 - y_1| \tag{2.98}$$

が成り立つような定数 L が存在するとき, $F(x, y)$ は D において**リプシッツ連続**であるといい, リプシッツ連続な $F(x, y)$ を用いた微分方程式 (2.1) は**リプシッツ条件**を満たすという。

線形微分方程式 (2.13) において, $F(x, y) = -P(x)y + Q(x)$ とおくと, $F(x, y)$ はリプシッツ連続である。線形微分方程式 (2.13) には $P(x)$, $Q(x)$ がともに連続である範囲で解の存在が示されたが, 一般の微分方程式では解の存在範囲に制限がつく。D における $|F(x, y)|$ の最大値を $M = \max_{(x,y) \in D} \{|F(x, y)|\}$, r と

$\dfrac{s}{M}$ の小さいほうの数を $r' = \min\left\{r, \dfrac{s}{M}\right\}$ とする。さらに, 区間 $I(x_0, r')$ と $I(y_0, s)$ の直積集合を D' とする。このとき, つぎの定理が成り立つ。

定理 2.14 (リプシッツ条件を満たす微分方程式の解の存在と一意性)

微分方程式 (2.1)

$$y' = F(x, y)$$

において $F(x, y)$ がリプシッツ条件 (2.98) を満たすとき, 初期条件 $y(x_0) = y_0$ を満たす解 $y = y(x)$ が区間 $I(x_0, r')$ において, ただひとつ存在する。

証明 $|x - x_0| \leqq r'$ とする。

$$y_0(x) = y_0,\ y_1(x) = y_0 + \int_{x_0}^{x} F(t, y_0)dt \tag{2.99}$$

と定義し, 以下, 帰納的に

$$y_{k+1}(x) = y_0 + \int_{x_0}^{x} F(t, y_k(t))dt \tag{2.100}$$

と定義する。このとき

$$\begin{aligned} |y_1(x) - y_0| &= \left|\int_{x_0}^{x} F(t, y_0)dt\right| \leqq \left|\int_{x_0}^{x} |F(t, y_0)|\, dt\right| \\ &\leqq \left|\int_{x_0}^{x} M dt\right| = M\,|x - x_0| \end{aligned} \tag{2.101}$$

となる。ここで, $|x - x_0| \leqq \dfrac{s}{M}$ より $|y_1(x) - y_0| \leqq s$ が成り立ち, $|x - x_0| \leqq r'$ を満たす x に対して, $y_2(x)$ は問題なく定義されている。また, $|y_k(x) - y_0| \leqq s$ を仮定すると

$$\begin{aligned} |y_{k+1}(x) - y_0| &= \left|\int_{x_0}^{x} F(t, y_k(t))dt\right| \leqq \left|\int_{x_0}^{x} |F(t, y_k(t))|\, dt\right| \\ &\leqq \left|\int_{x_0}^{x} M dt\right| = M\,|x - x_0| \leqq s \end{aligned} \tag{2.102}$$

となるので, 帰納的にすべての自然数 n に対して $y_n(x)$ は問題なく定義されている (図 **2.4**)。また, 式 (2.102) を用いると

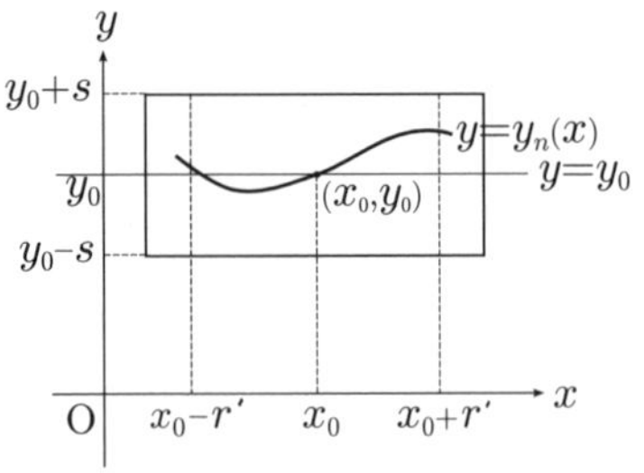

図 **2.4**　リプシッツ条件

$$
\begin{aligned}
|y_2(x)-y_1(x)| &= \left|\int_{x_0}^{x}\{F(t,y_1(t))-F(t,y_0)\}\,dt\right| \\
&\leqq \left|\int_{x_0}^{x}|F(t,y_1(t))-F(t,y_0)|\,dt\right| \leqq \left|\int_{x_0}^{x}L\,|y_1(t)-y_0|\,dt\right| \\
&\leqq ML\left|\int_{x_0}^{x}|t-x_0|\,dt\right| = \frac{1}{2!}ML\,|x-x_0|^2 \leqq \frac{1}{2!}MLr'^2
\end{aligned}
\tag{2.103}
$$

が成り立つ。以下, 同様の式変形を繰り返すことにより

$$
\begin{aligned}
|y_{k+1}(x)-y_k(x)| &= \left|\int_{x_0}^{x}F(t,y_k(t))-F(t,y_{k-1}(t))dt\right| \\
&\leqq \left|\int_{x_0}^{x}|F(t,y_k(t))-F(t,y_{k-1}(t))|\,dt\right| \leqq \left|\int_{x_0}^{x}L\,|y_k(t)-y_{k-1}(t)|\,dt\right| \\
&\leqq \left|\int_{x_0}^{x}\frac{ML^k}{k!}\,|t-x_0|^k\,dt\right| = \frac{ML^k}{(k+1)!}\,|x-x_0|^{k+1} \\
&\leqq \frac{M}{L}\frac{(Lr')^{k+1}}{(k+1)!}
\end{aligned}
\tag{2.104}
$$

が得られる。したがって

$$
\begin{aligned}
\sum_{k=0}^{\infty}|y_{k+1}(x)-y_k(x)| &\leqq \sum_{k=0}^{\infty}\frac{M}{L}\frac{(Lr')^{k+1}}{(k+1)!} \\
&= \frac{M}{L}\left(e^{Lr'}-1\right) < +\infty
\end{aligned}
\tag{2.105}
$$

が成り立つので, 定理 2.9 より無限級数 $\displaystyle\sum_{k=0}^{\infty}\{y_{k+1}(x)-y_k(x)\}$ が絶対一様収束することがわかる。したがって, $y_n(x)=\displaystyle\sum_{k=0}^{n-1}\{y_{k+1}(x)-y_k(x)\}+y_0$ も $I(x_0,r')$ 上のある極限関数 $y(x)$ に一様収束する。仮定より $F(x,y)$ はリプシッツ連続であるので, 関数列 $\{F(x,y_n(x))\}_{n=0}^{\infty}$ も $F(x,y(x))$ に一様収束する（問 2.4 参照）。

$$
y_n(x) = y_0 + \int_{x_0}^{x}F(t,y_{n-1}(t))\,dt \tag{2.106}
$$

の両辺に対して, $n \to \infty$ の極限をとることにより, 極限関数 $y(x)$ は

$$y(x) = y_0 + \int_{x_0}^{x} F(t, y(t))dt \tag{2.107}$$

を満たす。式 (2.107) 右辺を見ると, $F(t, y(t))$ は t についての連続関数なので, 定理 2.12 より $y(x)$ は微分可能であることがわかる。式 (2.107) の両辺を x で微分すると, $y'(x) = F(x, y(x))$ かつ $y(x_0) = y_0$ が成り立ち, これが求める微分方程式 (2.1) の解である。

つぎに一意性を示す。微分方程式 (2.1) に対して, $z(x_0) = y_0$ を満たすもうひとつの解 $z(x)$ が存在したと仮定する。$z'(x) = F(x, z(x))$ の両辺を x_0 から x まで積分し, $z(x_0) = y_0$ に注意すると

$$z(x) = y_0 + \int_{x_0}^{x} F(t, z(t))\, dt \tag{2.108}$$

が得られる。$K = \max_{x \in I(x_0, r')} \{|y(x) - z(x)|\}$ とおく。このとき

$$\begin{aligned} |y(x) - z(x)| &= \left| \int_{x_0}^{x} \{F(t, y(t)) - F(t, z(t))\}\, dt \right| \\ &\leqq \left| \int_{x_0}^{x} L\, |y(t) - z(t)|\, dt \right| \leqq \left| \int_{x_0}^{x} KL\, dt \right| = KL\, |x - x_0| \end{aligned} \tag{2.109}$$

が成り立つ。また, 式 (2.109) を用いると

$$\begin{aligned} |y(x) - z(x)| &= \left| \int_{x_0}^{x} \{F(t, y(t)) - F(t, z(t))\}\, dt \right| \\ &\leqq \left| \int_{x_0}^{x} L\, |y(t) - z(t)|\, dt \right| \leqq \left| \int_{x_0}^{x} KL^2\, |t - x_0|\, dt \right| \\ &= \frac{KL^2}{2!}\, |x - x_0|^2 \end{aligned} \tag{2.110}$$

が成り立つ。以下, 帰納的に同様の式変形をすることにより, 任意の自然数 n に対して

$$|y(x) - z(x)| \leqq \frac{KL^n}{n!}\, |x - x_0|^n = \frac{K}{n!}\, (L\, |x - x_0|)^n \tag{2.111}$$

が得られる。$n \to \infty$ の極限を考えると

$$|y(x) - z(x)| \leqq \frac{K}{n!}\, (L\, |x - x_0|)^n \to 0 \tag{2.112}$$

となり, $y(x) = z(x)$ が得られる。よって, 初期条件 $y(x_0) = y_0$ を満たす微分方程式 (2.1) の解は一意的に存在する。 ♠

問 2.4 $F(x, y)$ はリプシッツ連続であるとする。$\{y_n(x)\}_{n=0}^{\infty}$ が $y(x)$ に一

様収束すれば, 関数列 $\{F(x,y_n(x))\}_{n=0}^{\infty}$ も $F(x,y(x))$ に一様収束することを示せ。

2.5　ベクトル値関数の微分方程式

本節ではベクトル値関数の微分方程式について解説する。

2.5.1　2 次元のベクトル値関数の微分方程式

2 次元の縦ベクトル全体を $\mathbb{R}^2 = \left\{ \begin{pmatrix} u \\ v \end{pmatrix} \middle| u \in \mathbb{R}, v \in \mathbb{R} \right\}$ とおく。$\mathbb{R}^2$ のベクトル $\boldsymbol{u} =^T (u,v)$ に対して, $\|\boldsymbol{u}\| = \sqrt{u^2+v^2}$ を**ノルム**という（1.4 節参照)。このノルムについてつぎの不等式が成り立つ。

$$|u| \leqq \|\boldsymbol{u}\|, \qquad |v| \leqq \|\boldsymbol{u}\| \tag{2.113}$$

このノルムを用いて, $\mathbb{R}^2$ における $\boldsymbol{u}$ と $\boldsymbol{v}$ の**距離** $d(\boldsymbol{u},\boldsymbol{v})$ を

$$d(\boldsymbol{u},\boldsymbol{v}) = \|\boldsymbol{u}-\boldsymbol{v}\| \tag{2.114}$$

で定義する。$y(x), z(x)$ を独立変数 x についての関数とし, $\boldsymbol{y}(x) =^T (y(x), z(x))$ の形に表せる $\boldsymbol{y}(x)$ を 2 次元の**ベクトル値関数**という。ベクトル値関数の 1 階の導関数を

$$\frac{d}{dx}\boldsymbol{y}(x) =^T (y'(x), z'(x)) \tag{2.115}$$

と定義する。ベクトル値関数 $\boldsymbol{u}(t) =^T (u(t), v(t))$ に対して, 定積分を

$$\int_a^b \boldsymbol{u}(t)\,dt =^T \left(\int_a^b u(t)\,dt, \int_a^b v(t)\,dt \right) \tag{2.116}$$

と定義する。このとき, つぎの定理が成り立つ。

定理 2.15　(三角不等式)

$a \leqq b$ とする。このとき, 不等式

$$\left\| \int_a^b \boldsymbol{u}(t)\, dt \right\| \leqq \int_a^b \|\boldsymbol{u}(t)\|\, dt \tag{2.117}$$

が成り立つ。

証明　$i = \sqrt{-1}$ を虚数単位とする。実変数 t の複素数値連続関数 $f(t)$ の定積分を

$$\int_a^b f(t)\, dt = \int_a^b \mathrm{Re}\,(f(t))\, dt + i \int_a^b \mathrm{Im}\,(f(t))\, dt \tag{2.118}$$

で定義する。ここで, $\mathrm{Re}\,(f(t))$, $\mathrm{Im}\,(f(t))$ はそれぞれ, $f(t)$ の実部, 虚部である。さて, $u(t)$ と $v(t)$ を用いて複素数値連続関数 $f(t)$ を $f(t) = u(t) + iv(t)$ と定義すると, $f(t)$ の定積分は

$$\int_a^b f(t)\, dt = \int_a^b u(t)\, dt + i \int_a^b v(t)\, dt \tag{2.119}$$

となる。$\displaystyle\int_a^b f(t)\, dt$ の偏角を θ　$(0 \leqq \theta < 2\pi)$ とおくと

$$\begin{aligned}
&\left\| \int_a^b \boldsymbol{u}(t)\, dt \right\| = \left| \int_a^b f(t)\, dt \right| = e^{-i\theta} \int_a^b f(t)\, dt \\
&= \int_a^b e^{-i\theta} f(t)\, dt = \int_a^b \mathrm{Re}\left(e^{-i\theta} f(t)\right)\, dt \\
&\leqq \int_a^b \left|e^{-i\theta} f(t)\right|\, dt = \int_a^b |f(t)|\, dt = \int_a^b \|\boldsymbol{u}(t)\|\, dt
\end{aligned} \tag{2.120}$$

が成り立つ（複素関数については引用・参考文献 25) を参照)。 ♠

$\mathbb{R}^2$ のベクトル $\boldsymbol{y}_0 = {}^T(y_0, z_0)$ に対して, $\boldsymbol{B}(\boldsymbol{y}_0, s) = \left\{ \boldsymbol{y} \in \mathbb{R}^2 \,\middle|\, \|\boldsymbol{y} - \boldsymbol{y}_0\| \leqq s \right\}$ を中心 $\boldsymbol{y}_0$, 半径 s の閉円という。$I(x_0, r)$ と $\boldsymbol{B}(\boldsymbol{y}_0, s)$ の直積集合を $\boldsymbol{D} = I(x_0, r) \times \boldsymbol{B}(\boldsymbol{y}_0, s)$ とおく。$\boldsymbol{D}$ 上で定義されている 2 つの実数値関数 $F_1(x, \boldsymbol{y}) = F_1(x, y, z)$ と $F_2(x, \boldsymbol{y}) = F_2(x, y, z)$ は連続とする。ここで

$$\boldsymbol{F}(x, y, z) = {}^T(F_1(x, y, z), F_2(x, y, z)) \tag{2.121}$$

とおくと, $\boldsymbol{F}(x,\boldsymbol{y}) = \boldsymbol{F}(x,y,z)$ は $\boldsymbol{D}$ 上で定義されている連続なベクトル値関数となる。

$$\frac{d}{dx}\boldsymbol{y}(x) = \boldsymbol{F}(x,\boldsymbol{y}) \quad (= \boldsymbol{F}(x,y,z)) \tag{2.122}$$

をベクトル値関数の**1 階常微分方程式**という。式 (2.122) を成分で表示すると

$$\begin{pmatrix} y'(x) \\ z'(x) \end{pmatrix} = \begin{pmatrix} F_1(x,y,z) \\ F_2(x,y,z) \end{pmatrix} \tag{2.123}$$

となる。前節と同様にベクトル値関数についてもつぎのようにリプシッツ条件を与える。

定義 2.10 (リプシッツ条件)

$\boldsymbol{F}(x,\boldsymbol{y})$ は $\boldsymbol{D}$ 上で定義された連続なベクトル値関数とする。$\boldsymbol{D}$ 内の任意の 2 点 $(x,\boldsymbol{u})$, $(x,\boldsymbol{v})$ に対して

$$\|\boldsymbol{F}(x,\boldsymbol{u}) - \boldsymbol{F}(x,\boldsymbol{v})\| \leqq L\|\boldsymbol{u} - \boldsymbol{v}\| \tag{2.124}$$

が成り立つような定数 L が存在するき, $\boldsymbol{F}(x,\boldsymbol{y})$ は $\boldsymbol{D}$ において**リプシッツ連続**であるといい, 微分方程式 (2.122) は**リプシッツ条件**を満たすという。

$\boldsymbol{D}$ における $\|\boldsymbol{F}(x,\boldsymbol{y})\|$ の最大値を $M = \max_{(x,\boldsymbol{y})\in\boldsymbol{D}} \{\|\boldsymbol{F}(x,\boldsymbol{y})\|\}$ とする。また, r と $\dfrac{s}{M}$ の小さいほうの値を $r' = \min\left\{r, \dfrac{s}{M}\right\}$ とする。このとき, つぎの定理が成り立つ。

定理 2.16 (ベクトル値関数の微分方程式の解の存在と一意性)

$\boldsymbol{F}(x,\boldsymbol{y})$ が $\boldsymbol{D}$ において条件 (2.124) を満たすとき, 微分方程式

$$\frac{d}{dx}\boldsymbol{y}(x) = \boldsymbol{F}(x,\boldsymbol{y}) \tag{2.125}$$

に対して, 初期条件

$$\boldsymbol{y}(x_0) = \boldsymbol{y}_0 \tag{2.126}$$

を満たす解 $\boldsymbol{y}(x)$ が $|x - x_0| \leqq r'$ を満たす範囲で，ただひとつ存在する。

証明 まず，$\boldsymbol{y}_0(x) = \boldsymbol{y}_0 = (y_0, z_0)$ と定義し

$$\boldsymbol{y}_1(x) = \boldsymbol{y}_0 + \int_{x_0}^{x} \boldsymbol{F}(t, \boldsymbol{y}_0)dt \tag{2.127}$$

と定義する。式 (2.127) を成分で表示すると

$$\begin{pmatrix} y_1(x) \\ z_1(x) \end{pmatrix} = \begin{pmatrix} y_0 \\ z_0 \end{pmatrix} + \begin{pmatrix} \displaystyle\int_{x_0}^{x} F_1(t, \boldsymbol{y}_0)dt \\ \displaystyle\int_{x_0}^{x} F_2(t, \boldsymbol{y}_0)dt \end{pmatrix} \tag{2.128}$$

となる。以下，帰納的に $k = 0, 1, 2, \ldots$ に対して

$$\boldsymbol{y}_{k+1}(x) = \boldsymbol{y}_0 + \int_{x_0}^{x} \boldsymbol{F}(t, \boldsymbol{y}_k(t))dt \tag{2.129}$$

と定義する。式 (2.129) を成分で表示すると

$$\begin{pmatrix} y_{k+1}(x) \\ z_{k+1}(x) \end{pmatrix} = \begin{pmatrix} y_0 \\ z_0 \end{pmatrix} + \begin{pmatrix} \displaystyle\int_{x_0}^{x} F_1(t, \boldsymbol{y}_k(t))dt \\ \displaystyle\int_{x_0}^{x} F_2(t, \boldsymbol{y}_k(t))dt \end{pmatrix} \tag{2.130}$$

となる。$|x - x_0| \leqq r'$ とすると，定理 2.15 を用いて

$$\begin{aligned} \|\boldsymbol{y}_1(x) - \boldsymbol{y}_0\| &= \left\| \int_{x_0}^{x} \boldsymbol{F}(t, \boldsymbol{y}_0)\, dt \right\| \leqq \left| \int_{x_0}^{x} \|\boldsymbol{F}(t, \boldsymbol{y}_0)\|\, dt \right| \\ &\leqq \left| \int_{x_0}^{x} M\, dt \right| = M\, |x - x_0| \leqq s \end{aligned} \tag{2.131}$$

が成り立つことがわかる。$I(x_0, r')$ において，$\|\boldsymbol{y}_k(x) - \boldsymbol{y}_0\| \leqq s$ が成り立つと仮定すると，再び定理 2.15 を用いて

$$\begin{aligned} \|\boldsymbol{y}_{k+1}(x) - \boldsymbol{y}_0\| &= \left\| \int_{x_0}^{x} \boldsymbol{F}(t, \boldsymbol{y}_k(t))dt \right\| \leqq \left| \int_{x_0}^{x} \|\boldsymbol{F}(t, \boldsymbol{y}_k(t))\|\, dt \right| \\ &\leqq \left| \int_{x_0}^{x} M\, dt \right| = M\, |x - x_0| \leqq s \end{aligned} \tag{2.132}$$

が成り立つので，帰納的にすべての自然数 n に対して，$\boldsymbol{y}_n(x)$ は $I(x_0, r')$ において問題なく定義されていることがわかる。また，定理 2.15 および式 (2.132) を用いて

$$\begin{aligned}
\|\boldsymbol{y}_2(x) - \boldsymbol{y}_1(x)\| &= \left\| \int_{x_0}^{x} \{\boldsymbol{F}(t, \boldsymbol{y}_1(t)) - \boldsymbol{F}(t, \boldsymbol{y}_0)\} dt \right\| \\
&\leqq \left| \int_{x_0}^{x} \|\boldsymbol{F}(t, \boldsymbol{y}_1(t)) - \boldsymbol{F}(t, \boldsymbol{y}_0)\| dt \right| \leqq \left| \int_{x_0}^{x} L \|\boldsymbol{y}_1(t) - \boldsymbol{y}_0\| dt \right| \\
&\leqq ML \left| \int_{x_0}^{x} |t - x_0| dt \right| = \frac{M}{2!} L |x - x_0|^2 \leqq \frac{M}{2!} L r'^2 \qquad (2.133)
\end{aligned}$$

が成り立つ。以下, 同様の議論を繰り返すことにより

$$\begin{aligned}
\|\boldsymbol{y}_{k+1}(x) - \boldsymbol{y}_k(x)\| &= \left\| \int_{x_0}^{x} \{\boldsymbol{F}(t, \boldsymbol{y}_k(t)) - \boldsymbol{F}(t, \boldsymbol{y}_{k-1}(t))\} dt \right\| \\
&\leqq \left| \int_{x_0}^{x} \|\boldsymbol{F}(t, \boldsymbol{y}_k(t)) - \boldsymbol{F}(t, \boldsymbol{y}_{k-1})\| dt \right| \leqq \left| \int_{x_0}^{x} L \|\boldsymbol{y}_k(t) - \boldsymbol{y}_{k-1}(t)\| dt \right| \\
&\leqq \left| \int_{x_0}^{x} \frac{ML^k}{k!} |t - x_0|^k dt \right| = \frac{M}{(k+1)!} L^k |x - x_0|^{k+1} \\
&\leqq \frac{M}{L} \frac{(Lr')^{k+1}}{(k+1)!} \qquad (2.134)
\end{aligned}$$

が得られる。したがって

$$\begin{aligned}
\sum_{k=0}^{\infty} \|\boldsymbol{y}_{k+1}(x) - \boldsymbol{y}_k(x)\| &\leqq \sum_{k=0}^{\infty} \frac{M}{L} \frac{(Lr')^{k+1}}{(k+1)!} \\
&= \frac{M}{L} \left(e^{Lr'} - 1 \right) < +\infty \qquad (2.135)
\end{aligned}$$

が成り立つので, 定理 2.9 より, 無限級数 $\sum_{k=0}^{\infty} \|\boldsymbol{y}_{k+1}(x) - \boldsymbol{y}_k(x)\|$ は一様収束する。各成分を見ると

$$\sum_{k=0}^{\infty} |y_{k+1}(x) - y_k(x)| \leqq \sum_{k=0}^{\infty} \|\boldsymbol{y}_{k+1}(x) - \boldsymbol{y}_k(x)\| < +\infty \qquad (2.136)$$

$$\sum_{k=0}^{\infty} |z_{k+1}(x) - z_k(x)| \leqq \sum_{k=0}^{\infty} \|\boldsymbol{y}_{k+1}(x) - \boldsymbol{y}_k(x)\| < +\infty \qquad (2.137)$$

が成り立つので, 定理 2.9 より

$$y_n(x) = \sum_{k=0}^{n-1} \{y_{k+1}(x) - y_k(x)\} + y_0, \qquad (2.138)$$

$$z_n(x) = \sum_{k=0}^{n-1} \{z_{k+1}(x) - z_k(x)\} + z_0 \qquad (2.139)$$

は $n \to \infty$ のとき, それぞれ絶対一様収束することがわかる。極限関数をそれぞれ

$$y(x)=\lim_{n\to\infty} y_n(x) = \sum_{k=0}^{\infty}\{y_{k+1}(x) - y_k(x)\} + y_0, \tag{2.140}$$

$$z(x)=\lim_{n\to\infty} z_n(x) = \sum_{k=0}^{\infty}\{z_{k+1}(x) - z_k(x)\} + z_0 \tag{2.141}$$

とおくと, 定理 2.6 より $y(x)$, $z(x)$ はともに $\boldsymbol{I}(x_0, r')$ における連続関数である。

$$\boldsymbol{y}(x) = \lim_{n\to\infty} \boldsymbol{y}_n = \lim_{n\to\infty} \sum_{k=0}^{n-1}\left\{\boldsymbol{y}_{k+1}(x) - \boldsymbol{y}_k(x)\right\} + \boldsymbol{y}_0 \tag{2.142}$$

とおく。

$$\boldsymbol{y}_n(x) = \boldsymbol{y}_0 + \int_{x_0}^{x} \boldsymbol{F}(t, \boldsymbol{y}_{n-1}(t))dt \tag{2.143}$$

の両辺の $n\to\infty$ の極限をとることにより

$$\boldsymbol{y}(x) = \boldsymbol{y}_0 + \int_{x_0}^{x} \boldsymbol{F}(t, \boldsymbol{y}(t))dt \tag{2.144}$$

が成り立つ。式 (2.144) を成分で表示すると

$$\begin{pmatrix} y(x) \\ z(x) \end{pmatrix} = \begin{pmatrix} y_0 \\ z_0 \end{pmatrix} + \begin{pmatrix} \displaystyle\int_{x_0}^{x} F_1(t, \boldsymbol{y}(t))dt \\ \displaystyle\int_{x_0}^{x} F_2(t, \boldsymbol{y}(t))dt \end{pmatrix} \tag{2.145}$$

となり, $F_1(t, \boldsymbol{y}(t))$, $F_2(t, \boldsymbol{y}(t))$ はともに連続関数であるから, 定理 2.12 より, $y(x)$, $z(x)$ はともに x について微分可能であることがわかる。式 (2.144) において $x = x_0$ を代入することと, 両辺を x で微分することにより

$$\begin{cases} \boldsymbol{y}'(x) &= \boldsymbol{F}(x, \boldsymbol{y}(x)) \\ \boldsymbol{y}(x_0) &= \boldsymbol{y}_0 \end{cases} \tag{2.146}$$

が成り立ち, 条件 (2.126) を満たす微分方程式 (2.125) の解が得られた。一意性の証明は定理 2.14 と同様に示すことができるので, ここでは省略する。 ♠

例題 2.4 閉区間 $I = [a, b]$ から x_0 を任意に取り固定する。任意に実数 y_0, z_0 与えると, $y(x_0) = y_0$, $z(x_0) = z_0$ を満たすつぎの連立微分方程式の解が区間 I で, ただひとつ存在することを示せ。

$$\begin{cases} y'(x) &= p(x)y(x) + q(x)z(x) \\ z'(x) &= r(x)y(x) + s(x)z(x) \end{cases} \tag{2.147}$$

（ただし, $p(x)$, $q(x)$, $r(x)$, $s(x)$ を閉区間 I における連続関数とする。）

【解答】

$$\begin{cases} F_1(x,y,z) &= p(x)y + q(x)z \\ F_2(x,y,z) &= r(x)y + s(x)z \end{cases} \tag{2.148}$$

とおく。

$$\boldsymbol{y}(x) = \begin{pmatrix} y(x) \\ z(x) \end{pmatrix}, \quad \boldsymbol{F}(x,y,z) = \begin{pmatrix} F_1(x,y,z) \\ F_2(x,y,z) \end{pmatrix} \tag{2.149}$$

とおくと, 連立微分方程式 (2.147) は

$$\frac{d}{dx}\boldsymbol{y}(x) = \boldsymbol{F}(x,\boldsymbol{y}) \quad (= \boldsymbol{F}(x,y,z)) \tag{2.150}$$

のようにベクトル値関数の 1 階の微分方程式で表せる。任意に 2 つのベクトル

$$\boldsymbol{u} = \begin{pmatrix} u_1 \\ u_2 \end{pmatrix}, \quad \boldsymbol{v} = \begin{pmatrix} v_1 \\ v_2 \end{pmatrix} \tag{2.151}$$

をとる。$M = \max_{x \in I} \{|p(x)|, |q(x)|, |r(x)|, |s(x)|\}$ とおくと

$$\begin{aligned} &|F_1(x,\boldsymbol{u}) - F_1(x,\boldsymbol{v})| = |\{p(x)u_1 + q(x)u_2\} - \{p(x)v_1 + q(x)v_2\}| \\ =&|p(x)(u_1 - v_1) - q(x)(u_2 - v_2)| \leqq |p(x)(u_1 - v_1)| + |q(x)(u_2 - v_2)| \\ \leqq& 2M\,\|\boldsymbol{u} - \boldsymbol{v}\| \end{aligned}$$

が成り立つ。同様にして, $|F_2(x,\boldsymbol{u}) - F_2(x,\boldsymbol{v})| \leqq 2M\,\|\boldsymbol{u} - \boldsymbol{v}\|$ が成り立つことがわかる。よって, 閉区間 I の任意の x と任意の $\boldsymbol{u}$, $\boldsymbol{v}$ に対して

$$\|\boldsymbol{F}(x,\boldsymbol{u}) - \boldsymbol{F}(x,\boldsymbol{v})\| \leqq 2\sqrt{2}M\|\boldsymbol{u} - \boldsymbol{v}\| \tag{2.152}$$

が成り立つので, 微分方程式 (2.150) はリプシッツ条件 (2.124) を満たしている。したがって, 定理 2.16 とその証明から, 微分方程式 (2.150) には 閉区間 I 上で定義された解が一意的に存在する。 ◇

例題 2.4 において, 定理 2.16 の解の存在証明にならって, $y_0(x) = y_0$, $z_0(x) = z_0$, $\boldsymbol{y}_n(x) =^T (y_n(x), z_n(x))$ とおくと, $\boldsymbol{y}_n(x)$ は漸化式

$$\boldsymbol{y}_{k+1}(x) = \boldsymbol{y}_0 + \int_{x_0}^{x} \boldsymbol{F}(t, \boldsymbol{y}_k(t))dt \tag{2.153}$$

により帰納的に定義される。これを成分で表示すると

$$\begin{cases} y_{k+1}(x) &= y_0 + \displaystyle\int_{x_0}^{x} \{p(t)y_k(t) + q(t)z_k(t)\}dt \\ z_{k+1}(x) &= z_0 + \displaystyle\int_{x_0}^{x} \{r(t)y_k(t) + s(t)z_k(t)\}dt \end{cases} \tag{2.154}$$

となっている。

2.5.2　高階の微分方程式

ベクトル値関数の微分方程式の解の存在にはつぎのような応用がある。

$y = y(x)$ の 2 次導関数を y'' とする。

定義 2.11　(**2 階常微分方程式**)

x, y, y', y'' の関係式

$$y'' = F(x, y, y') \tag{2.155}$$

を **2 階の常微分方程式**という。

$z(x) = y'(x)$ とおくと $z'(x) = y''(x)$ となり，ベクトル値関数の 1 階の微分方程式

$$\begin{pmatrix} y'(x) \\ z'(x) \end{pmatrix} = \begin{pmatrix} z \\ F(x, y, z) \end{pmatrix} \tag{2.156}$$

が得られる。ベクトル値関数の微分方程式 (2.156) がリプシッツ条件 (2.124) を満たせば，定理 2.16 より微分方程式 (2.156) の解が一意的に得られる。したがって，2 階の微分方程式 (2.155) の解が一意的に存在することがわかる。

本節では，2 次元のベクトル値関数の 1 階常微分方程式の解の存在について議論し，それを 2 階の常微分方程式の解の存在に応用したが，一般の n 次元のベ

クトル値関数の 1 階常微分方程式の解の存在も同様に示すことができ, それを応用すると, n 階の常微分方程式

$$y^{(n)} = F(x, y, y', \ldots, y^{(n-1)}) \tag{2.157}$$

の解の存在と, 一意性がいえることを注意しておく（ここで, $y^{(k)}$ は $y(x)$ の k 次導関数である)。

2.6 2 階線形微分方程式

本節では 2 階線形微分方程式について解説する。

2.6.1 2 階同次線形微分方程式

$P(x)$, $Q(x)$, $R(x)$ は閉区間 $I = [a, b]$ で連続な関数とする。

定義 2.12 (2 階線形微分方程式)

y を未知の関数として, $\dfrac{d^2y}{dx^2}$ と $\dfrac{dy}{dx}$ と y の関係式

$$\frac{d^2y}{dx^2} + P(x)\frac{dy}{dx} + Q(x)y = R(x) \tag{2.158}$$

を **2 階線形微分方程式**という。

式 (2.158) において, $R(x) = 0$ のときは

$$\frac{d^2y}{dx^2} + P(x)\frac{dy}{dx} + Q(x)y = 0 \tag{2.159}$$

となり, **同次形**であるという。 まず, 同次形の線形微分方程式の解の存在と一意性を示す。

定理 2.17　(2 階同次線形微分方程式の解の存在と一意性)

$P(x)$, $Q(x)$, $R(x)$ は閉区間 $I=[a,b]$ で連続な関数とする。区間 I から x_0 を任意にとる。微分方程式 (2.159)

$$\frac{d^2y}{dx^2}+P(x)\frac{dy}{dx}+Q(x)y=0$$

の解 $y=y(x)$ で, 任意に与えられた y_0, z_0 に対し, 初期条件

$$\begin{cases} y(x_0) & = & y_0 \\ y'(x_0) & = & z_0 \end{cases} \tag{2.160}$$

を満たすものが区間 I でただひとつ存在する。

証明　$y'(x)=z(x)$ とおくと, 微分方程式 (2.159) は連立微分方程式

$$\begin{cases} y'(x) & = & z(x) \\ z'(x) & = & -Q(x)y(x)-P(x)z(x) \end{cases} \tag{2.161}$$

となる。これは, 例題 2.4 の式 (2.147) において

$$p(x)=0, q(x)=1, r(x)=-Q(x), s(x)=-P(x) \tag{2.162}$$

とおいた式であるので, 連立微分方程式 (2.161) には, 任意に与えられた y_0, z_0 に対し

$$\begin{cases} y(x_0) & = & y_0 \\ z(x_0) & = & z_0 \end{cases} \tag{2.163}$$

を満たす解が一意的に存在する。 ♠

定理 2.18

微分方程式 (2.159) の解を $y(x)$ とする。区間 I から任意にとった x_0 に対し

$$\begin{cases} y(x_0) & = & 0 \\ y'(x_0) & = & 0 \end{cases} \tag{2.164}$$

を満たすならば, 区間 I において恒等的に $y(x)=0$ である。

証明 定数関数として $y_1(x)=0$ とおくと, 明らかに, $y_1(x)=0$, $y_1'(x)=0$ となり, $y_1(x)=0$ は微分方程式 (2.159) の解で, 条件

$$\begin{cases} y_1(x_0) &= 0 \\ y_1'(x_0) &= 0 \end{cases} \tag{2.165}$$

を満たしている。定理 2.17 の解の一意性より, 恒等的に $y(x)=y_1(x)=0$ でなければならない。 ♠

2.6.2 2 階同次線形微分方程式の解がつくるベクトル空間

区間 I 上で定義された関数全体の集合は自然にベクトル空間の構造をもつ。$y_1(x)$, $y_2(x)$ をともに微分方程式 (2.159) の解であるとしよう。c_1, c_2 を任意の定数として, $y(x)=c_1y_1(x)+c_2y_2(x)$ とおくと, $y'(x)=c_1y_1'(x)+c_2y_2'(x)$, $y''(x)=c_1y_1''(x)+c_2y_2''(x)$ となるので

$$\begin{aligned}
&y''(x)+P(x)y'(x)+Q(x)y(x) \\
=&\{c_1y_1''+c_2y_2''\}+P(x)\{c_1y_1'+c_2y_2'\}+Q(x)\{c_1y_1+c_2y_2\} \\
=&c_1\{y_1''+P(x)y_1'+Q(x)y_1\}+c_2\{y_2''+P(x)y_2'+Q(x)y_2\} \\
=&0
\end{aligned} \tag{2.166}$$

が成り立つ。つまり, 同次形の線形微分方程式 (2.159) の解となる関数の集合は I 上で定義された関数全体の集合の中で, 部分ベクトル空間の構造をもっていることがわかる。結論からいうと, この部分ベクトル空間の次元は 2 次元である。それを調べてみよう。まず, 1 章にならい関数の 1 次独立性の定義を与える。

定義 2.13 (1 次独立)

n を自然数とする。$y_1(x), y_2(x), \ldots, y_n(x)$ は区間 I で定義された関数とする。$c_1, c_2, \ldots, c_n$ を定数として, 区間 I 上で恒等的に

$$c_1y_1(x)+c_2y_2(x)+\cdots+c_ny_n(x)=0 \tag{2.167}$$

が成り立つのが $c_1 = c_2 = \cdots = c_n = 0$ のときに限るとき，関数の組 $\{y_1(x), y_2(x), \ldots, y_n(x)\}$ は**1 次独立**であるという。また，1 次独立でないときは**1 次従属**であるという。

区間 I から x_0 を任意にとり固定する。${}^T(a_1, a_2)$, ${}^T(b_1, b_2)$ は 2 つの 1 次独立なベクトルとする。定理 2.17 において

$$\begin{cases} y(x_0) &= a_1 \\ y'(x_0) &= a_2 \end{cases}, \quad \begin{cases} y(x_0) &= b_1 \\ y'(x_0) &= b_2 \end{cases} \tag{2.168}$$

を満たす微分方程式 (2.159) の解をそれぞれ $y_1(x)$, $y_2(x)$ とし，$y(x) = c_1 y_1(x) + c_2 y_2(x)$ おく。恒等的に $y(x) = 0$ と仮定すると，$y'(x) = 0$ となる。特に x に x_0 を代入すると

$$\begin{cases} y(x_0) &= c_1 y_1(x_0) + c_2 y_2(x_0) = 0 \\ y'(x_0) &= c_1 y_1'(x_0) + c_2 y_2'(x_0) = 0 \end{cases} \tag{2.169}$$

となる。これを行列で表示すると

$$\begin{pmatrix} a_1 & b_1 \\ a_2 & b_2 \end{pmatrix} \begin{pmatrix} c_1 \\ c_2 \end{pmatrix} = \begin{pmatrix} 0 \\ 0 \end{pmatrix} \tag{2.170}$$

となる。行列 $\begin{pmatrix} a_1 & b_1 \\ a_2 & b_2 \end{pmatrix}$ は正則行列であるので，$\begin{pmatrix} c_1 \\ c_2 \end{pmatrix} = \begin{pmatrix} 0 \\ 0 \end{pmatrix}$ でなければならない。つまり，$\{y_1(x), y_2(x)\}$ は 1 次独立となり，同次 2 階線形微分方程式 (2.159) の 1 次独立な 2 つの解が得られる。

定義 2.14 (**基本解と一般解**)

微分方程式 (2.159) の 1 次独立な 2 つの解 $y_1(x)$, $y_2(x)$ を**基本解**という。また，c_1, c_2 を任意定数として，基本解の線形結合

$$y(x) = c_1 y_1(x) + c_2 y_2(x) \tag{2.171}$$

で表される解を**一般解**という。

2.6.3 ロンスキアン

ここで, ロンスキアンの定義を与える。

定義 2.15 (ロンスキアン)

$$W(y_1, y_2)(x) = \begin{vmatrix} y_1 & y_2 \\ y_1' & y_2' \end{vmatrix} = y_1(x)y_2'(x) - y_1'(x)y_2(x) \quad (2.172)$$

を**ロンスキアン**という。

問 2.5　つぎの $y_1(x)$, $y_2(x)$ に対するロンスキアン $W(y_1, y_2)$ を計算せよ。

(1) $y_1(x) = e^{2x}, \quad y_2(x) = e^{3x}$　　(2) $y_1(x) = \cos x, \quad y_2(x) = \sin x$

(3) $y_1(x) = e^{2x}, \quad y_2(x) = xe^{2x}$

ロンスキアンは 2 つの関数の組 $\{y_1(x), y_2(x)\}$ の 1 次独立性を判定するのに用いられる。

定理 2.19 (**1** 次独立性とロンスキアン)

$y_1(x)$ と $y_2(x)$ が 1 次従属ならば, 区間 I 上恒等的に $W(y_1, y_2) = 0$ が成り立つ。

証明　$y_1(x)$ と $y_2(x)$ が 1 次従属ならば, 区間 I 上恒等的に $c_1y_1(x)+c_2y_2(x) = 0$ が成り立つような定数 c_1, c_2 $\bigl((c_1, c_2) \neq (0, 0)\bigr)$ が存在する。$c_1 \neq 0$ としてよい。このとき, $y_1(x) = -\dfrac{c_2}{c_1}y_2(x)$ となる。よって

$$\begin{aligned} W(y_1, y_2) &= y_1y_2' - y_1'y_2 \\ &= \left(-\frac{c_2}{c_1}y_2\right)y_2' - \left(-\frac{c_2}{c_1}y_2'\right)y_2 = 0 \end{aligned} \quad (2.173)$$

が恒等的に成り立つ。 ♠

同次形線形微分方程式の基本解のロンスキアンに対しつぎの定理が成り立つ。

定理 2.20 (解とロンスキアン)

同次形線形微分方程式 (2.159) の 2 つの解を $y_1(x)$, $y_2(x)$ とする。このとき, ロンスキアン $W = W(y_1, y_2)$ は

$$W = Ce^{-\int P(x)\,dx} \tag{2.174}$$

を満たす。ただし, C は定数である。

証明 ロンスキアンを変数 x で微分すると

$$\begin{aligned}\frac{dW}{dx} &= \frac{d}{dx}\left(y_1y_2' - y_1'y_2\right) = \left(y_1'y_2' + y_1y_2''\right) - \left(y_1''y_2 + y_1'y_2'\right)\\ &= y_1y_2'' - y_1''y_2 = y_1\left(-Py_2' - Qy_2\right) - \left(-Py_1' - Qy_1\right)y_2\\ &= -P\left(y_1y_2' - y_1'y_2\right) = -PW\end{aligned} \tag{2.175}$$

が得られる。よって

$$\begin{aligned}\frac{d}{dx}\{We^{\int P(x)\,dx}\} &= \frac{dW}{dx}\cdot e^{\int P(x)\,dx} + W\cdot e^{\int P(x)\,dx}\left(\int P(x)\,dx\right)'\\ &= \{-P(x)W\}\cdot e^{\int P(x)\,dx} + W\cdot e^{\int P(x)\,dx}P(x) = 0\end{aligned} \tag{2.176}$$

が恒等的に成り立つので, $We^{\int P(x)\,dx} = C$ (C は定数) と表せる。したがって, $W = Ce^{-\int P(x)\,dx}$ が成り立つ。 ♠

さらに, つぎの定理が成り立つ。

定理 2.21 (1 次従属性とロンスキアン)

同次形の線形微分方程式 (2.159) の 2 つの解を $y_1(x)$, $y_2(x)$ とする。このとき, 区間 I のある x_1 で

$$W(y_1, y_2)(x_1) = y_1(x_1)y_2'(x_1) - y_1'(x_1)y_2(x_1) = 0 \tag{2.177}$$

が成り立てば, $\{y_1(x), y_2(x)\}$ は 1 次従属である。

証明 行列表示の連立 1 次方程式

$$\begin{pmatrix} y_1(x_1) & y_2(x_1) \\ y_1'(x_1) & y_2'(x_1) \end{pmatrix} \begin{pmatrix} c_1 \\ c_2 \end{pmatrix} = \begin{pmatrix} 0 \\ 0 \end{pmatrix} \tag{2.178}$$

を考えると, 係数行列 $\begin{pmatrix} y_1(x_1) & y_2(x_1) \\ y_1'(x_1) & y_2'(x_1) \end{pmatrix}$ の行列式は仮定より 0 であるので, 連立 1 次方程式 (2.178) には自明でない解 $\begin{pmatrix} c_1 \\ c_2 \end{pmatrix} \neq \begin{pmatrix} 0 \\ 0 \end{pmatrix}$ が存在する。この c_1, c_2 を用いて, $y(x) = c_1 y_1(x) + c_2 y_2(x)$ と定義すると, $y(x)$ は微分方程式 (2.159) の解であり

$$\begin{cases} y(x_1) &= c_1 y_1(x_1) + c_2 y_2(x_1) = 0 \\ y'(x_1) &= c_1 y_1'(x_1) + c_2 y_2'(x_1) = 0 \end{cases} \tag{2.179}$$

が成り立つので, 定理 2.18 より $y(x)$ は恒等的に 0 である。したがって, $\{y_1(x), y_2(x)\}$ は 1 次従属である。 ♠

定理 2.20 と定理 2.21 より, 微分方程式 (2.159) の 2 つの解 $y_1(x)$, $y_2(x)$ のロンスキアンについて, $W(y_1, y_2)(x) = 0$ となる x がひとつでも存在すれば, 1 次従属となり, ロンスキアンは恒等的に 0 となることがわかる。したがって, $y_1(x)$, $y_2(x)$ が基本解であれば, 区間 I の任意の x に対してロンスキアンは 0 にならない。

つぎに, 2 階同次線形微分方程式 (2.159) には一般解以外には解をもたないことを示す。

定理 2.22

微分方程式 (2.159) の基本解を $y_1(x)$, $y_2(x)$ とする。このとき, 微分方程式 (2.159) の任意の解 $y(x)$ に対して

$$y(x) = c_1 y_1(x) + c_2 y_2(x)$$

となるような定数 c_1, c_2 が一意的に存在する。

証明　区間 I の点 x_0 を任意にとり固定する。

$$\begin{pmatrix} y_1(x_0) & y_2(x_0) \\ y_1'(x_0) & y_2'(x_0) \end{pmatrix} \begin{pmatrix} c_1 \\ c_2 \end{pmatrix} = \begin{pmatrix} y(x_0) \\ y'(x_0) \end{pmatrix} \tag{2.180}$$

とおく。$y_1(x)$, $y_2(x)$ のロンスキアンは区間 I の任意の x に対して 0 にならないので, $W(y_1, y_2)(x_0) \neq 0$ となる。したがって, 式 (2.180) を満たすベクトル $\begin{pmatrix} c_1 \\ c_2 \end{pmatrix}$ がただひとつ存在する。この c_1, c_2 を用いて, 区間 I 上の関数を $z(x) = c_1 y_1(x) + c_2 y_2(x)$ と定義すると, $z(x)$ は微分方程式 (2.159) の解であり

$$\begin{cases} z(x_0) &= y(x_0) \\ z'(x_0) &= y'(x_0) \end{cases} \tag{2.181}$$

を満たす。解の一意性（定理 2.17）より, 恒等的に $y(x) = z(x)$ が成り立つ。♠

定理 2.22 より, 区間 I 上定義された 2 階同次線形微分方程式の解のつくるベクトル空間は実数体 $\mathbb{R}$ 上 2 次元であることが示された。

2.6.4　定数係数 2 階線形微分方程式

例題 2.5　a を実数の定数とする。つぎの微分方程式を解け。

$$y'' = ay \tag{2.182}$$

【解答】　$y'(x) = z(x)$ とおくと, 微分方程式 (2.182) は連立微分方程式

$$\begin{cases} y'(x) &= z(x) \\ z'(x) &= ay(x) \end{cases} \tag{2.183}$$

と表せる。式 (2.183) を行列表示すると

$$\begin{pmatrix} y'(x) \\ z'(x) \end{pmatrix} = \begin{pmatrix} 0 & 1 \\ a & 0 \end{pmatrix} \begin{pmatrix} y(x) \\ z(x) \end{pmatrix} \tag{2.184}$$

となる。$\boldsymbol{y}(x) = \begin{pmatrix} y(x) \\ z(x) \end{pmatrix}$,　$A = \begin{pmatrix} 0 & 1 \\ a & 0 \end{pmatrix}$ とおくと, 式 (2.184) は

$$\frac{d}{dx}\boldsymbol{y}(x) = A\,\boldsymbol{y}(x) \tag{2.185}$$

となる。1 章の行列の対角化の手法を用いて微分方程式 (2.185) を解いてみよう。

(1)　[$a > 0$ のとき] 行列 A の固有値は $\sqrt{a}$, $-\sqrt{a}$ であり, 固有ベクトルとしてそれぞれ, $\begin{pmatrix} 1 \\ \sqrt{a} \end{pmatrix}$,　$\begin{pmatrix} 1 \\ -\sqrt{a} \end{pmatrix}$ をとり, $P = \begin{pmatrix} 1 & 1 \\ \sqrt{a} & -\sqrt{a} \end{pmatrix}$ とおく。

$$\begin{pmatrix} y(x) \\ z(x) \end{pmatrix} = P \begin{pmatrix} u(x) \\ v(x) \end{pmatrix} \tag{2.186}$$

とおくと

$$\begin{pmatrix} y'(x) \\ z'(x) \end{pmatrix} = P \begin{pmatrix} u'(x) \\ v'(x) \end{pmatrix} \tag{2.187}$$

が成り立つ。式 (2.186), (2.187) より 式 (2.184) は

$$P \begin{pmatrix} u'(x) \\ v'(x) \end{pmatrix} = AP \begin{pmatrix} u(x) \\ v(x) \end{pmatrix} \tag{2.188}$$

となり, さらに, 式 (2.188) の両辺に左から P^{-1} を掛けると

$$\begin{pmatrix} u'(x) \\ v'(x) \end{pmatrix} = P^{-1}AP \begin{pmatrix} u(x) \\ v(x) \end{pmatrix} \tag{2.189}$$

となり

$$\begin{pmatrix} u'(x) \\ v'(x) \end{pmatrix} = \begin{pmatrix} \sqrt{a} & 0 \\ 0 & -\sqrt{a} \end{pmatrix} \begin{pmatrix} u(x) \\ v(x) \end{pmatrix} \tag{2.190}$$

が得られる。つまり

$$\begin{cases} u'(x) = \sqrt{a}\,u(x) \\ v'(x) = -\sqrt{a}\,v(x) \end{cases} \tag{2.191}$$

となるが, これは u, v についての 1 階の変数分離形微分方程式であり, 例題 2.1 より, C_1, C_2 を任意定数として

$$u(x) = C_1 e^{\sqrt{a}x}, \quad v(x) = C_2 e^{-\sqrt{a}x} \tag{2.192}$$

が成り立つ。式 (2.186) より

$$y(x) = C_1 e^{\sqrt{a}x} + C_2 e^{-\sqrt{a}x} \tag{2.193}$$

が得られる。

(2) [$a < 0$のとき] 行列 A の固有値は $\sqrt{-a}\,i$, $-\sqrt{-a}\,i$ であり, 固有ベクトルとしてそれぞれ, $\begin{pmatrix} 1 \\ \sqrt{-a}\,i \end{pmatrix}$, $\begin{pmatrix} 1 \\ -\sqrt{-a}\,i \end{pmatrix}$ をとり, $P = \begin{pmatrix} 1 & 1 \\ \sqrt{-a}\,i & -\sqrt{-a}\,i \end{pmatrix}$ とおく。(1) と同様の議論で

$$\begin{pmatrix} y(x) \\ z(x) \end{pmatrix} = \begin{pmatrix} 1 & 1 \\ \sqrt{-a}\,i & -\sqrt{-a}\,i \end{pmatrix} \begin{pmatrix} u(x) \\ v(x) \end{pmatrix} \tag{2.194}$$

とおき, 行列 A を対角化することで $u(x)$, $v(x)$ を求めると, C_1, C_2 を任意定数として

$$u(x) = C_1 e^{\sqrt{-a}\,ix}, \quad v(x) = C_2 e^{-\sqrt{-a}\,ix} \tag{2.195}$$

が得られる。したがって

$$y(x) = C_1 e^{\sqrt{-a}\,ix} + C_2 e^{-\sqrt{-a}\,ix} \tag{2.196}$$

となる。$C = C_1 + C_2$, $D = i(C_1 - C_2)$ とおき, **オイラーの公式**

$$e^{i\theta} = \cos\theta + i\sin\theta \quad (\theta\text{は実数}) \tag{2.197}$$

を用いて, 式 (2.196) を書き換えると, 微分方程式 (2.182) の解として

$$y(x) = C\cos(\sqrt{-a}\,x) + D\sin(\sqrt{-a}\,x) \tag{2.198}$$

が得られる。

(3) [$a = 0$ のとき] 微分方程式 (2.182) は $y''(x) = 0$ となるので, この場合には C, D を任意定数として, $y(x) = Cx + D$ が解となる。 ◇

例題 2.6　a, b を実数の定数とする。つぎの微分方程式を解け。

$$y'' + ay' + by = 0 \tag{2.199}$$

【解答】　微分方程式 (2.199) の解を $y(x)$ とする。$y(x) = u(x)v(x)$ とおくと

$$y'(x) = u'(x)v(x) + u(x)v'(x) \tag{2.200}$$

$$y''(x) = u''(x)v(x) + 2u'(x)v'(x) + u(x)v''(x) \tag{2.201}$$

となる。$y(x)$ が微分方程式 (2.199) の解だと仮定したので

$$\begin{aligned} & y'' + ay' + by \\ =& \left(u''v + 2u'v' + uv''\right) + a\left(u'v + uv'\right) + buv \\ =& uv'' + \left(2u' + au\right)v' + \left(u'' + au' + bu\right)v = 0 \end{aligned} \tag{2.202}$$

が成り立たなければならない。ここで, $2u'(x)+au(x)=0$ となるように, $u(x)=e^{-\frac{a}{2}x}$ とおくと（例題 2.1 参照）, 式 (2.202) は

$$e^{-\frac{a}{2}x}v''(x)+\left\{\left(-\frac{a}{2}\right)^2+a\left(-\frac{a}{2}\right)+b\right\}e^{-\frac{a}{2}x}v(x)=0 \tag{2.203}$$

となる。したがって, $v(x)$ は

$$v''(x)-\frac{a^2-4b}{4}v(x)=0 \tag{2.204}$$

を満たせばよい。したがって, 例題 2.5 より, $v(x)$ は A,B を任意定数として以下のように得られる（ここでは, 指数関数 e^t を $\exp(t)$ と表すことにする）。

(1)　[$a^2-4b>0$ のとき]

$$v(x)=A\exp\left(\frac{\sqrt{a^2-4b}}{2}x\right)+B\exp\left(-\frac{\sqrt{a^2-4b}}{2}x\right) \tag{2.205}$$

(2)　[$a^2-4b<0$ のとき]

$$v(x)=A\cos\left(\frac{\sqrt{4b-a^2}}{2}x\right)+B\sin\left(\frac{\sqrt{4b-a^2}}{2}x\right) \tag{2.206}$$

(3)　[$a^2-4b=0$ のとき]

$$v(x)=Ax+B \tag{2.207}$$

以上より, 微分方程式 (2.199) の解 $y(x)$ は以下のように得られる。

(1′)　[$a^2-4b>0$ のとき]

$$y(x)=A\exp\left(\frac{-a+\sqrt{a^2-4b}}{2}x\right)+B\exp\left(\frac{-a-\sqrt{a^2-4b}}{2}x\right) \tag{2.208}$$

(2′)　[$a^2-4b<0$ のとき]

$$y(x)=\exp\left(-\frac{a}{2}x\right)\left\{A\cos\left(\frac{\sqrt{4b-a^2}}{2}x\right)+B\sin\left(\frac{\sqrt{4b-a^2}}{2}x\right)\right\} \tag{2.209}$$

(3′)　[$a^2-4b=0$ のとき]

$$y(x)=\exp\left(-\frac{a}{2}x\right)(Ax+B) \tag{2.210}$$

◇

問　2.6　つぎの微分方程式を解け。

(1)　$y''+4y'-5y=0$　(2)　$y''+4y'+5y=0$　(3)　$y''+4y'+4y=0$

微分方程式 (2.159) の恒等的には 0 ではない解 $y_1(x)$ がひとつ見つかったとし, 区間 I の点 x_0 に対して $y_1(x_0) \neq 0$ とする。この y_1 に対して $y_2(x) = u(x)y_1(x)$ とおき, この $y_2(x)$ が微分方程式 (2.159) の別の解だと仮定する。$y_2' = u'y_1 + uy_1'$, $y_2'' = u''y_1 + 2u'y_1' + uy_1''$ となるので, 式 (2.159) に代入して整理すると

$$
\begin{aligned}
&(u''y_1 + 2u'y_1' + uy_1'') + P(x)\,(u'y_1 + uy_1') + Q(x)uy_1 \\
=&y_1u'' + \{2y_1' + P(x)y_1\}\,u' + u\,\{y_1'' + P(x)y_1' + Q(x)y_1\} \\
=&y_1u'' + \{2y_1' + P(x)y_1\}\,u' = 0
\end{aligned} \tag{2.211}
$$

が得られる。よって u' はつぎの u' についての 1 階微分方程式を解けば求めることができる。

$$
u'' + \left\{2\left(\frac{y_1'}{y_1}\right) + P(x)\right\}u' = 0 \tag{2.212}
$$

u' を求めると, C_1 を任意定数として

$$
u'(x) = \frac{C_1}{{y_1(x)}^2}e^{-\int_{x_0}^{x} P(s)ds} \tag{2.213}
$$

となる。式 (2.212) の両辺を x で積分すると

$$
u(x) = \int_{x_0}^{x} \frac{C_1}{{y_1(t)}^2}e^{-\int_{x_0}^{t} P(s)ds}\,dt \,+\, C_2 \quad (C_2\text{は積分定数}) \tag{2.214}
$$

となる。よって, 微分方程式 (2.159) の解として

$$
y_2(x) = \left\{\int_{x_0}^{x} \frac{C_1}{{y_1(t)}^2}e^{-\int_{x_0}^{t} P(s)ds}\,dt \,+\, C_2\right\} y_1(x) \tag{2.215}
$$

が得られる。$C_1 \neq 0$ とすると, $u'(x)$ は恒等的に 0 にはならないので, $u(x)$ は定数関数ではない。したがって, $\{y_1(x), y_2(x)\}$ は 1 次独立となり, x_0 の近くでは同次 2 階線形微分方程式 (2.159) の基本解が得られる。つまり, 同次 2 階線形微分方程式 (2.159) はひとつ解が見つかれば, 1 階微分方程式 (2.212) を解くことによりすべての解が得られることを注意しておく。

問 2.7　つぎの微分方程式について，ひとつの解 $y_1(x)$ を利用して，それと1次独立な解 $y_2(x)$ を求めて基本解を構成せよ。

(1) $y'' + y = 0$；$y_1(x) = \cos x$　　　(2) $y'' - 4y' + 4y = 0$；$y_1(x) = e^{2x}$

2.6.5　非同次の2階線形微分方程式

非同次の2階線形微分方程式について考察する。微分方程式のひとつの解が見つかったとき，その解を**特殊解**という。

定理 2.23　(**2階非同次線形微分方程式の解**)

閉区間 $I = [a, b]$ において，$P(x)$, $Q(x)$, $R(x)$ は連続関数とする。微分方程式 (2.158)

$$\frac{d^2y}{dx^2} + P(x)\frac{dy}{dx} + Q(x)y = R(x)$$

の特殊解を $\varphi(x)$ とする。また，同次微分方程式 (2.159) の基本解を $y_1(x)$, $y_2(x)$ とする。非同次微分方程式 (2.158) の任意の解 $y(x)$ に対して

$$y(x) = c_1y_1(x) + c_2y_2(x) + \varphi(x) \tag{2.216}$$

となるような定数 c_1, c_2 が一意的に存在する。

証明　2つの解の差を考え，$z(x) = y(x) - \varphi(x)$ とおくと，$z(x)$ は同次微分方程式 (2.159) の解となる。定理 2.22 より，$z(x) = c_1y_1(x) + c_2y_2(x)$ となるような定数 c_1, c_2 が一意的に存在する。したがって，この c_1, c_2 を用いると，$y(x) = c_1y_1(x) + c_2y_2(x) + \varphi(x)$ と表せる。　♠

つぎに，同次微分方程式 (2.159) の基本解 $y_1(x)$, $y_2(x)$ から非同次微分方程式 (2.158) の解を求めてみよう。同次微分方程式 (2.159) の一般解は c_1, c_2 を定数として，$y = c_1y_1(x) + c_2y_2(x)$ と表せるが，非同次の場合は

$$y(x) = u(x)y_1(x) + v(x)y_2(x) \tag{2.217}$$

とおいて解を求めてみよう。この方法を**定数変化法**という。式 (2.217) を x で微分すると

$$y' = uy_1' + u'y_1 + vy_2' + v'y_2 \tag{2.218}$$

ここで

$$u'y_1 + v'y_2 = 0 \tag{2.219}$$

と仮定すると, 式 (2.218) は

$$y' = uy_1' + vy_2' \tag{2.220}$$

となる。式 (2.220) を x で微分すると

$$y'' = uy_1'' + vy_2'' + u'y_1' + v'y_2' \tag{2.221}$$

が得られる。式 (2.217), (2.220), (2.221) を式 (2.158) に代入すると

$$(uy_1'' + vy_2'' + u'y_1' + v'y_2') + P(uy_1' + vy_2') + Q(uy_1 + vy_2) = R \tag{2.222}$$

となるが, $y_1(x)$, $y_2(x)$ は同次微分方程式 (2.159) の解であるので整理すると

$$u'y_1' + v'y_2' = R(x) \tag{2.223}$$

が得られる。式 (2.219), (2.223) を行列表示すると

$$\begin{pmatrix} y_1(x) & y_2(x) \\ y_1'(x) & y_2'(x) \end{pmatrix} \begin{pmatrix} u'(x) \\ v'(x) \end{pmatrix} = \begin{pmatrix} 0 \\ R(x) \end{pmatrix} \tag{2.224}$$

が得られる。$y_1(x)$, $y_2(x)$ は基本解であるので, 区間 I のすべての x に対してロンスキアン $W(y_1, y_2)$ は 0 にはならない。したがって

$$\begin{pmatrix} u'(x) \\ v'(x) \end{pmatrix} = \frac{1}{W} \begin{pmatrix} y_2'(x) & -y_2(x) \\ -y_1'(x) & y_1(x) \end{pmatrix} \begin{pmatrix} 0 \\ R(x) \end{pmatrix} \tag{2.225}$$

となる。よって

$$\begin{pmatrix} u'(x) \\ v'(x) \end{pmatrix} = \frac{1}{W}\begin{pmatrix} -y_2(x)R(x) \\ y_1(x)R(x) \end{pmatrix} \tag{2.226}$$

が得られる。x で積分することにより

$$u = \int \frac{-y_2 R}{W}\,dx + C_1, \quad v = \int \frac{y_1 R}{W}\,dx + C_2 \tag{2.227}$$

が得られる。ここで, C_1, C_2 はそれぞれ積分定数である。したがって, 非同次微分方程式 (2.158) の一般解は

$$y(x) = y_1 \int \frac{-y_2 R}{W}\,dx + y_2 \int \frac{y_1 R}{W}\,dx + C_1 y_1 + C_2 y_2 \tag{2.228}$$

と表される。

問 2.8　つぎの微分方程式の一般解を求めよ。

(1)　$y'' - y = x$　　(2)　$y'' + y = \dfrac{1}{\cos x}$

2.7　級数による解法

2.7.1　級数による解法の基礎

与えられた微分方程式の解が

$$y(x) = a_0 + a_1 x + a_2 x^2 + \cdots + a_n x^n + \cdots \tag{2.229}$$

のようにべき級数展開可能であると仮定する。さらに項別微分可能だとして式 (2.229) を項別微分をすると

$$y'(x) = a_1 + 2a_2 x + 3a_3 x^2 + \cdots + n a_n x^{n-1} + \cdots \tag{2.230}$$

が得られる。さらに項別微分すると

$$y''(x) = 2a_2 + 6a_3 x + 12a_4 x^2 + \cdots + n(n-1)a_n x^{n-2} + \cdots \tag{2.231}$$

が得られる。式 (2.229)～(2.231) を与えられた微分方程式に代入し, べき級数

の係数 $\{a_n\}_{n=0}^{\infty}$ を求めることによって解 $y(x)$ を得る方法を**級数による解法**という。

例題 2.7　つぎの微分方程式を級数による解法を用いて解け。

$$y' = x^2 y \tag{2.232}$$

【解答】　この微分方程式の解 $y(x)$ がべき級数展開可能だと仮定して, 式 (2.229), (2.230) を式 (2.232) に代入することにより

$$\begin{aligned} y'(x) &= x^2 y(x) \\ &= x^2(a_0 + a_1 x + a_2 x^2 + \cdots + a_n x^n + \cdots) \\ &= a_0 x^2 + a_1 x^3 + a_2 x^4 + \cdots + a_n x^{n+2} + \cdots \end{aligned} \tag{2.233}$$

式 (2.230), (2.233) の右辺の係数を比較すると, 順に

$$a_1 = 0, 2a_2 = 0, 3a_3 = a_0, 4a_4 = a_1, 5a_5 = a_2, 6a_6 = a_3, \cdots \tag{2.234}$$

となる。したがって, 係数の漸化式

$$na_n = a_{n-3} \quad (n = 3, 4, 5, \ldots) \tag{2.235}$$

が得られる。よって

$$\begin{cases} a_{3k} = \dfrac{1}{k!}\left(\dfrac{1}{3}\right)^k a_0 & (k = 0, 1, 2, \ldots) \\ a_{3k+1} = 0 & (k = 0, 1, 2, \ldots) \\ a_{3k+2} = 0 & (k = 0, 1, 2, \ldots) \end{cases} \tag{2.236}$$

となり

$$\begin{aligned} y(x) &= a_0 \left\{1 + \left(\frac{x^3}{3}\right) + \frac{1}{2!}\left(\frac{x^3}{3}\right)^2 + \frac{1}{3!}\left(\frac{x^3}{3}\right)^3 + \cdots\right\} \\ &= a_0 e^{\frac{x^3}{3}} \end{aligned} \tag{2.237}$$

が微分方程式 (2.232) の解である。　◇

2.7.2 級数による解法では解けない例

級数による解法では解けない微分方程式があることを注意しなければならない。つぎにそのような例をあげる。

例題 2.8 つぎの微分方程式は級数による解法では解けないことを確認せよ。

$$xy' = y + x \tag{2.238}$$

【解答】 級数による解法により微分方程式 (2.238) の解が得られると仮定すると，式 (2.238) の左辺は

$$\begin{aligned} xy'(x) &= x(a_1 + 2a_2x + 3a_3x^2 + \cdots + na_nx^{n-1} + \cdots) \\ &= a_1x + 2a_2x^2 + 3a_3x^3 + \cdots + na_nx^n + \cdots \end{aligned} \tag{2.239}$$

となる。一方，式 (2.238) の右辺は

$$\begin{aligned} y(x) + x &= (a_0 + a_1x + a_2x^2 + \cdots + a_nx^n + \cdots) + x \\ &= a_0 + (a_1 + 1)x + a_2x^2 + \cdots + a_nx^n + \cdots \end{aligned} \tag{2.240}$$

となる。ここで，式 (2.239)，(2.240) における x の係数を比較すると

$$a_1 = a_1 + 1 \tag{2.241}$$

となり，矛盾する。したがって，微分方程式 (2.238) は級数による解法では解は得られない。なお，微分方程式 (2.238) の解は例題 2.2 で得られた

$$y(x) = (\log|x| + C)\,x$$

である。この関数は $x = 0$ で連続になるように定義できるが，$x = 0$ で微分可能ではなく，$x = 0$ を中心としたべき級数には展開できない。 ◇

2.7.3 ルジャンドルの微分方程式

例題 2.9 (ルジャンドルの微分方程式)

N を定数とする。つぎの微分方程式を級数による解法を用いて解け。

$$(1-x^2)\frac{d^2y}{dx^2}-2x\frac{dy}{dx}+N(N+1)y=0 \tag{2.242}$$

【解答】 この微分方程式の解 $y(x)$ がべき級数展開可能だと仮定して，式 (2.229)～(2.231) を式 (2.242) に代入し，両辺の x^n の係数を比較することにより，漸化式

$$(n+2)(n+1)a_{n+2}-n(n-1)a_n-2na_n+N(N+1)a_n=0 \tag{2.243}$$

が得られる。この漸化式 (2.243) を整理して変形すると

$$a_{n+2}=-\frac{(N+n+1)(N-n)}{(n+2)(n+1)}a_n \tag{2.244}$$

が得られる。$y(0)=1,\ y'(0)=0$ の解を $y_1(x)$ とすると

$$\begin{aligned} y_1(x) &= 1-\frac{(N+1)N}{2!}x^2+\frac{(N+1)(N+3)N(N-2)}{4!}x^4 \\ &\quad -\frac{(N+1)(N+3)(N+5)N(N-2)(N-4)}{6!}x^6+\cdots \end{aligned} \tag{2.245}$$

が得られる。また，$y(0)=0,\ y'(0)=1$ の解を $y_2(x)$ とすると

$$\begin{aligned} y_2(x) &= x-\frac{(N+2)(N-1)}{3!}x^3 \\ &\quad +\frac{(N+2)(N+4)(N-1)(N-3)}{5!}x^5-\cdots \end{aligned} \tag{2.246}$$

が得られる。ルジャンドルの微分方程式 (2.242) の任意の解 $y(x)$ は

$$y(x)=y(0)y_1(x)+y'(0)y_2(x) \tag{2.247}$$

と表せる。 ◇

例題 2.9 において，N が非負整数のとき，N が偶数ならばルジャンドルの微分方程式の解 $y_1(x)$ が，N が奇数ならば $y_2(x)$ が N 次の多項式となる。この多項式を定数倍することで，x^N の係数を $\dfrac{(2N)!}{2^N(N!)^2}$ としたものを N 次の**ルジャンドル多項式**という。

問 2.9 N 次の ルジャンドル多項式を $P_N(x)$ とする。

(1) $N=0,2,4$ に対して $P_N(x)$ を求めよ。

(2) $N=1,3,5$ に対して $P_N(x)$ を求めよ。

章 末 問 題

【1】 つぎの 1 階の微分方程式

$$\frac{dy}{dx} + P(x)y = Q(x)y^N \tag{2.248}$$

を**ベルヌーイの微分方程式**という。$u(x) = y^{1-N}$ とおくと，式 (2.248) は u についての線形微分方程式

$$\frac{du}{dx} + \{(1-N)P(x)\}u = (1-N)Q(x) \tag{2.249}$$

となることを示せ。

【2】 つぎのベルヌーイの微分方程式を解け。

(1) $\dfrac{dy}{dx} + \dfrac{1}{x}y = -y^2$

(2) $\dfrac{dy}{dx} + xy = xy^3$

【3】 つぎの 1 階微分方程式

$$\frac{dy}{dx} = a(x) + b(x)y + c(x)y^2 \tag{2.250}$$

を**リッカチの微分方程式**という。以下の問に答えよ。

(1)$u(x) = e^{-\int c(x)y(x)\,dx}$ とおくと，式 (2.250) は u についての 2 階線形微分方程式

$$\frac{d^2u}{dx^2} - \left\{b(x) + \frac{c'(x)}{c(x)}\right\}\frac{du}{dx} + a(x)c(x)u = 0 \tag{2.251}$$

となることを示せ。

(2) 式 (2.250) の解 $y_1(x)$ がひとつ見つかったとする。式 (2.250) の任意の解 $y(x)$ に対して，$v(x) = y(x) - y_1(x)$ とおくと，v についてベルヌーイの微分方程式

$$\frac{dv}{dx} - \{b(x) + 2c(x)y_1(x)\}v = c(x)v^2 \tag{2.252}$$

が成り立つことを示せ。

【4】 つぎのリッカチの微分方程式を解け。

(1) $\dfrac{dy}{dx} = 2 + 3y + y^2$

(2) $\dfrac{dy}{dx} = -\dfrac{1}{x^2} + \dfrac{1}{x}y - y^2$

【5】 同次形の2階線形微分方程式

$$\frac{d^2y}{dx^2} + P(x)\frac{dy}{dx} + Q(x)y = 0 \tag{2.253}$$

は $y = u(x)\, e^{-\frac{1}{2}\int P(x)\, dx}$ とおくと, u についての微分方程式は

$$\frac{d^2u}{dx^2} + \left\{Q(x) - \frac{1}{2}P'(x) - \frac{1}{4}P(x)^2\right\}u = 0 \tag{2.254}$$

となることを示せ。

【6】 つぎの微分方程式の一般解を求めよ。

(1) $\dfrac{d^2y}{dx^2} + 2x\dfrac{dy}{dx} + x^2y = 0$

(2) $\dfrac{d^2y}{dx^2} + 2x\dfrac{dy}{dx} + (x^2 + 2)y = 0$

【7】 つぎの2階線形微分方程式（**オイラーの微分方程式**）

$$x^2\frac{d^2y}{dx^2} + (a+1)x\frac{dy}{dx} + by = R(x) \tag{2.255}$$

は, $x = e^t$ と変数変換することで, 定数係数の2階線形微分方程式

$$\frac{d^2y}{dt^2} + a\frac{dy}{dt} + by = R(e^t) \tag{2.256}$$

となることを示せ。

【8】 つぎの微分方程式の一般解を求めよ。

(1) $x^2\dfrac{d^2y}{dx^2} + 2x\dfrac{dy}{dx} - 6y = 0$

(2) $x^2\dfrac{d^2y}{dx^2} + 2x\dfrac{dy}{dx} - 6y = \log x$

3 解析力学入門

3.1 はじめに

本章以降はおもに物理の分野についての解説となる。よく知られているように，17世紀にニュートンにより発見された力学はあらゆる理工学の基礎であり，今日ニュートン力学または古典力学と呼ばれている。力学に代表されるような一般に時間発展する対象（系）を**力学系**と呼ぶ。力学系を理解する，あるいは知るということは，運動方程式である微分方程式の解のうち，与えられた条件を満たす解を見いだすことだといえる（多くの場合，初期時刻の条件である**初期条件**，または考えている領域の境界での条件である**境界条件**が課される）。微分方程式の解法には形によってじつに多くの解法が存在するが，特に2章では変数分離法や級数による解法などについて学んだ。初学者は解ける問題ばかりを学習することにより，微分方程式は解くことができるものだとの考えに陥りやすい。ただし，ほとんどの微分方程式は一般に求積法で解くことができないということは注意しておくべき点である。力学系の立場からは，解ける力学系と解けない力学系があることに注意を払ってほしい。

さて，解くことができないときはその力学対象をどのように扱えばいいのか。もちろん，コンピュータにより数値的に微分方程式を解き，近似値である数値計算結果から対象を考察することもひとつの方法である。他方，運動方程式の解を得ることができなくても，つまり微分方程式が解けなくても，解のもつ性質を調べることにより力学対象を理解しようというのが，力学系解析の立場である。そこで本章では力学系の入門としてまた解析力学へのつながりとして，まず連立線形微分方程式について解説する。連立線形微分方程式は力学系の相空間での解析に不可欠である。さらに，力学系の例を工学の各分野から例示するとともに自由度1の力学系の解析法を示す。また，多自由度力学系を導入するために汎関数および変分法について解説する。つぎに，多自由度の力学系を一般的に扱う方法としてのラグランジュ力学とハミルトン力学について述べる。ここでは，座標変換についてラグランジュ力学とハミルトン力学の特徴を理解していただきたい。

3.2 連立線形微分方程式

本節では，微分方程式の中でも力学系を系統的に解析し取り扱う場合に重要な高階の定数係数線形微分方程式について述べる。線形代数学の応用としても重要であり，1章と2章のひとつの合流点でもある。微分方程式なのでラプラス変換との関係にも少し触れる。

3.2.1 行列の指数関数

まず，つぎの微分方程式を考えよう。ここで，$a(\neq 0)$ と b は定数とする。

$$\frac{dx}{dt} = ax + b \tag{3.1}$$

この方程式は1階の線形非同次の微分方程式であり，その解はよく知られているように，指数関数と任意定数 c を用いて

$$x = ce^{at} - \frac{b}{a} \tag{3.2}$$

となる。

また，次式で与えられる2階の定数係数線形微分方程式を考えよう。ここで，$a(\neq 0), b, c$ は定数とする。

$$a\frac{d^2x}{dt^2}+b\frac{dx}{dt}+cx=f(t) \tag{3.3}$$

さて，新しい未知関数 $x_1(t), x_2(t)$ をつぎのように定義する。

$$x_1(t)=x, \qquad x_2(t)=\frac{dx}{dt} \tag{3.4}$$

微分方程式 (3.3) は，$x_1(t), x_2(t)$ を用いてつぎのような連立線形微分方程式にまとめられる。

$$\begin{pmatrix} \dfrac{dx_1}{dt} \\ \dfrac{dx_2}{dt} \end{pmatrix} = \begin{pmatrix} 0 & 1 \\ -\dfrac{c}{a} & -\dfrac{b}{a} \end{pmatrix} \begin{pmatrix} x_1 \\ x_2 \end{pmatrix} + \begin{pmatrix} 0 \\ \dfrac{1}{a}f(t) \end{pmatrix} \tag{3.5}$$

一般に，高階の定数係数線形微分方程式は，式 (3.3) が変換 (3.4) を通して，連立線形微分方程式 (3.5) が導かれるのと同様に，行列を用いた形で表すことができる。そこで，今後は n 個の未知関数を n 項列ベクトル (以下，n 次元縦ベクトルともいう) としてつぎのように表すこととする。ここで，上付き添え字 T は転置を表す。

$$\boldsymbol{x}={}^T(x_1(t), x_2(t), \ldots, x_n(t)) \tag{3.6}$$

また，成分を実数とする n 次正方行列 A と n 次元縦ベクトル $\boldsymbol{b}$ をそれぞれつぎのようにおく。

$$A=\begin{pmatrix} a_{11} & a_{12} & \cdots & a_{1n} \\ a_{21} & a_{22} & \cdots & a_{2n} \\ \vdots & \vdots & \ddots & \vdots \\ a_{n1} & a_{n2} & \cdots & a_{nn} \end{pmatrix} \tag{3.7}$$

$$\boldsymbol{b}={}^T(b_1(t), b_2(t), \ldots, b_n(t)) \tag{3.8}$$

このとき，式 (3.5) を拡張して連立線形微分方程式の一般形として

$$\frac{d\boldsymbol{x}}{dt}=A\boldsymbol{x}+\boldsymbol{b} \tag{3.9}$$

を考えることとする。ただし，式 (3.9) の左辺のベクトルは

$$\frac{d\boldsymbol{x}}{dt} = {}^T\!\left(\frac{dx_1(t)}{dt}, \frac{dx_2(t)}{dt}, \ldots, \frac{dx_n(t)}{dt}\right)$$

である。ここで，注意すべき点は，方程式 (3.9) が方程式 (3.1) の n 次元への拡張になっていることである。特に，式 (3.9) において $\boldsymbol{b} = \boldsymbol{0}$ のときは，つぎの連立同次線形微分方程式となる。

$$\frac{d\boldsymbol{x}}{dt} = A\boldsymbol{x} \tag{3.10}$$

もちろん，未知関数 $x_1(t), x_2(t)$ を式 (3.4) とは異なった定義をすれば，微分方程式 (3.3) から導かれる連立線形微分方程式の行列 A もベクトル $\boldsymbol{b}$ も式 (3.5) とは異なってくる。

問 3.1 つぎの微分方程式を行列形式の微分方程式 (3.9) の形で表せ。

(1) $\dfrac{d^3x}{dt^3} + 6\dfrac{d^2x}{dt^2} - \dfrac{dx}{dt} + 5x = 3\sin(2t)$ (2) $\dfrac{d^2x}{dt^2} - 3x = 4e^{-2t}$

行列を用いて表された微分方程式の解を組織的に求めることができるように，行列の指数関数を定義する。これを用いると，指数関数で表された解 (3.2) の拡張形を導くことができる。

定義 3.1 (行列の指数関数)

n 次の正方行列 A に対する指数関数 e^{At} はつぎの式で定義される n 次の正方行列である。ここで t はパラメータである。ただし， A^0 は n 次の単位行列 E_n とする。

$$e^{At} = \sum_{k=0}^{\infty} \frac{t^k}{k!} A^k \tag{3.11}$$

任意の定数行列 A に対して，式 (3.11) は収束し，行列の指数関数 e^{At} が定義できるが，ここでは証明は省略する。証明については，引用・参考文献 11) を参照されたい。

例 3.1 (**零行列の指数関数**)　定数行列として n 次零行列 $A = O$ のときの指数関数 e^{At} を求める。つぎの計算から e^{Ot} は n 次単位行列 E_n となる。

$$e^{At} = e^{Ot} = E_n + \sum_{k=1}^{\infty} \frac{t^k}{k!} O^k = E_n \tag{3.12}$$

つぎに, 行列の指数関数を求めるときに有用な対角行列の指数関数を求めよう。

例 3.2 (**対角行列の指数関数**)　対角成分が $d_1, d_2, \ldots, , d_n$ の n 次対角行列 D

$$D = \begin{pmatrix} d_1 & 0 & \ldots & 0 \\ 0 & d_2 & \ldots & 0 \\ \vdots & \vdots & \ddots & \vdots \\ 0 & 0 & \ldots & d_n \end{pmatrix} \tag{3.13}$$

の指数関数 e^{Dt} は，式 (3.11) の各成分を具体的に計算することにより

$$e^{Dt} = \sum_{k=0}^{\infty} \frac{t^k}{k!} D^k = \begin{pmatrix} e^{d_1 t} & 0 & \ldots & 0 \\ 0 & e^{d_2 t} & \ldots & 0 \\ \vdots & \vdots & \ddots & \vdots \\ 0 & 0 & \ldots & e^{d_n t} \end{pmatrix} \tag{3.14}$$

のように，対角成分が $e^{d_1 t}, e^{d_2 t}, \ldots, e^{d_n t}$ の対角行列となる。つまり，対角行列にすれば行列の指数関数の計算は容易であることがわかる。

問 3.2　つぎの行列 A の指数関数 e^{At} を求めよ。

(1) $A = \begin{pmatrix} 0 & -1 \\ 1 & 0 \end{pmatrix}$　　(2) $A = \begin{pmatrix} 1 & 2 \\ 0 & 0 \end{pmatrix}$

連立線形微分方程式 (3.9) を解く前に，行列の指数関数 e^{At} の性質をまとめておく。

定理 3.1 (行列の指数関数の性質)

n 次正方行列 A の指数関数 e^{At} についての基本性質を以下に示す。

(1) つぎの式が成立する。

$$\frac{d}{dt}e^{At} = Ae^{At} \tag{3.15}$$

(2) $AB = BA$ は，$e^{(A+B)t} = e^{At}e^{Bt}$ が任意の t について成立するための必要十分条件である。

(3) 指数関数 e^{At} は正則行列であり，逆行列はつぎのようになる。

$$\left(e^{At}\right)^{-1} = e^{-At} \tag{3.16}$$

(4) P を正則行列とするときつぎの式が成立する。

$$e^{P^{-1}APt} = P^{-1}e^{At}P \tag{3.17}$$

(5) 行列の転置作用 T についてはつぎの式が成立する。

$${}^{T}\left(e^{At}\right) = e^{({}^{T}A)t} \tag{3.18}$$

(6) 行列 A の行列式 $|A|$ とトレース $\mathrm{tr}(A)$ について，つぎの式が成立する。

$$\left|e^{At}\right| = e^{\mathrm{tr}(At)} \tag{3.19}$$

証明 ここでは，簡単な証明を与えることとする。

(1) 行列の指数関数の定義式 (3.11) の無限級数は，項別微分可能であり（引用・参考文献 11））

$$\frac{d}{dt}e^{At} = \sum_{k=1}^{\infty} k\frac{t^{k-1}}{k!}A^k = A\sum_{k=1}^{\infty}\frac{t^{k-1}}{(k-1)!}A^{k-1} = Ae^{At} \tag{3.20}$$

となるので，式 (3.15) が成立する。

(2) $AB = BA$ は，$e^{(A+B)t} = e^{At}e^{Bt}$ が成立するための必要条件であることをまず示す。$e^{(A+B)t}$ の無限級数展開の t^2 の項は，$\frac{1}{2}(A+B)^2t^2$ である。他方 $e^{At}e^{Bt}$ を無限級数展開した結果の t^2 の項は $\frac{1}{2}(A^2+2AB+B^2)t^2$ である。

t の恒等式として，$e^{(A+B)t} = e^{At}e^{Bt}$ が成立するためには，$AB = BA$ でなければならない。逆に，$AB = BA$ が成立するとする。このとき，m を任意の負でない整数として，$e^{(A+B)t}$ を無限級数展開した結果の t^m の項は，行列 A と B が交換可能であることから，積の順序を考慮する必要がない。つまり，$\frac{1}{m!}(A+B)^m t^m = \frac{1}{m!}\sum_{k=0}^{m}\binom{m}{k}A^k B^{m-k}t^m$ とまとめられる。この結果は，$e^{At}e^{Bt}$ の無限級数展開の

$$\left(E_n + At + \frac{1}{2!}A^2t^2 + \frac{1}{3!}A^3t^3 + \cdots\right)\left(E_n + Bt + \frac{1}{2!}B^2t^2 + \frac{1}{3!}B^3t^3 + \cdots\right)$$

において t^m の項 $\frac{1}{m!}B^m t^m + At\frac{1}{(m-1)!}B^{m-1}t^{m-1} + \cdots + \frac{1}{m!}A^m t^m$ を整理した結果と一致する。したがって，$AB = BA$ が十分条件であることも示された。

(3)2 つの行列 A と $(-A)$ は $A(-A) = (-A)A$ より交換可能である。例 3.1 の結果と本定理の (2) より $e^{At}e^{-At} = e^{(A-A)t} = E_n$ が成立することから，行列 e^{-At} は e^{At} の逆行列となる。つまり，$\left(e^{At}\right)^{-1} = e^{-At}$ が成立する。

(4) k を負でない整数とするとき，$(P^{-1}AP)^k = P^{-1}A^kP$ が成り立つ。したがって

$$e^{P^{-1}APt} = \sum_{k=0}^{\infty}\frac{t^k}{k!}(P^{-1}AP)^k \quad = P^{-1}\left(\sum_{k=0}^{\infty}\frac{t^k}{k!}(A)^k\right)P = P^{-1}e^{At}P$$

が成立する。

(5) 行列 A, B に対して ${}^T(AB) = {}^TB\,{}^TA$ が成立する。k を負でない整数として，転置作用 T と行列のべき乗作用は交換可能で ${}^T(\mathrm{A}^k) = ({}^TA)^k$ となる。つまり

$${}^T\left(e^{At}\right) = {}^T\left(\sum_{k=0}^{\infty}\frac{t^k}{k!}(A)^k\right) = \left(\sum_{k=0}^{\infty}\frac{t^k}{k!}({}^TA)^k\right) = e^{({}^TA)t}$$

が成立する。

(6) 行列 A が対角化可能な場合を証明する。正則行列 P を用いて

$$P^{-1}AP = \begin{pmatrix} \lambda_1 & 0 & \ldots & 0 \\ 0 & \lambda_2 & \ldots & 0 \\ \vdots & \vdots & \ddots & \vdots \\ 0 & 0 & \ldots & \lambda_n \end{pmatrix}$$

と対角化されるとする。対角行列 $P^{-1}AP$ を D とおくと

$$e^{Dt} = e^{P^{-1}APt} = \begin{pmatrix} e^{\lambda_1 t} & 0 & \dots & 0 \\ 0 & e^{\lambda_2 t} & \dots & 0 \\ \vdots & \vdots & \ddots & \vdots \\ 0 & 0 & \dots & e^{\lambda_n t} \end{pmatrix}$$

となる。そこで，本定理の (4) を用いると $Pe^{Dt}P^{-1} = P(e^{P^{-1}APt})P^{-1} = e^{At}$ となるので e^{At} の行列式は

$$\left|e^{At}\right| = \left|Pe^{Dt}P^{-1}\right| = |P|\left|e^{Dt}\right|\left|P^{-1}\right| = e^{(\sum_{j=1}^{n}\lambda_j)t} = e^{\mathrm{tr}Dt}$$

となる。他方， $\mathrm{tr}(At) = \mathrm{tr}(PDP^{-1}t) = \mathrm{tr}(DP^{-1}Pt) = \mathrm{tr}(Dt)$ であるので，定理の主張

$$\left|e^{At}\right| = e^{(\sum_{j=1}^{n}\lambda_j)t} = e^{\mathrm{tr}(Dt)} = e^{\mathrm{tr}(At)}$$

が成立する。 ♠

具体的な行列の指数関数の数値例を示そう。

例 3.3 (行列の指数関数) つぎに与えられる 2 次の正方行列 A に対する指数関数 e^{At}，逆行列 $(e^{At})^{-1}$ および行列式 $\left|e^{At}\right|$ を求めよう。

$$A = \begin{pmatrix} 2 & 1 \\ 1 & 2 \end{pmatrix} \tag{3.21}$$

行列 A は対称行列なので, 1.5 節で述べたように直交行列で対角化できる。まず, 対称行列 A の固有方程式 $|\lambda E_2 - A| = 0$ より固有値は $\lambda = 3, 1$ となる。固有値 $\lambda = 3, 1$ に対するそれぞれの固有ベクトル $\boldsymbol{l}_1, \boldsymbol{l}_2$ は $|\boldsymbol{l}_1| = |\boldsymbol{l}_2| = 1$ として

$$\boldsymbol{l}_1 = {}^T\left(\frac{1}{\sqrt{2}}, \frac{1}{\sqrt{2}}\right) \qquad \boldsymbol{l}_2 = {}^T\left(\frac{1}{\sqrt{2}}, -\frac{1}{\sqrt{2}}\right)$$

と求められる。そこで，2 つの固有ベクトル $\boldsymbol{l}_1, \boldsymbol{l}_2$ を並べて直交行列 P を

$$P = (\boldsymbol{l}_1 \ \boldsymbol{l}_2) = \begin{pmatrix} \frac{1}{\sqrt{2}} & \frac{1}{\sqrt{2}} \\ \frac{1}{\sqrt{2}} & -\frac{1}{\sqrt{2}} \end{pmatrix}$$

で定義する。このとき，行列 P について $P^{-1} = {}^tP = P$ が成立する。最初の等号は，P が直交行列であることから成り立ち，2 番目の等号は P が対称行列であることから成立する。したがって，行列 A はつぎのように対角化される。

$$D = P^{-1}AP = \begin{pmatrix} 3 & 0 \\ 0 & 1 \end{pmatrix}$$

求める行列の指数関数 e^{At} は

$$e^{At} = P\begin{pmatrix} e^{3t} & 0 \\ 0 & e^{t} \end{pmatrix}P^{-1} = \begin{pmatrix} \dfrac{e^{3t}+e^{t}}{2} & \dfrac{e^{3t}-e^{t}}{2} \\ \dfrac{e^{3t}-e^{t}}{2} & \dfrac{e^{3t}+e^{t}}{2} \end{pmatrix}$$

となる。また，逆行列 $(e^{At})^{-1}$ と行列式 $\left|e^{At}\right|$ はそれぞれつぎのようになる。

$$(e^{At})^{-1} = e^{-At} = \begin{pmatrix} \dfrac{e^{-3t}+e^{-t}}{2} & \dfrac{e^{-3t}-e^{-t}}{2} \\ \dfrac{e^{-3t}-e^{-t}}{2} & \dfrac{e^{-3t}+e^{-t}}{2} \end{pmatrix}$$

$$\left|e^{At}\right| = e^{\mathrm{tr}(At)} = e^{4t}$$

問 3.3　問 3.2 の (1) で与えられる行列 A の指数関数 e^{At} を，行列の対角化の方法を用いて求めよ。

3.2.2　ラプラス変換による解法

定理 3.1 の (1) から，定数列ベクトル $\boldsymbol{x_0}$ を用いた関数 $e^{At}\boldsymbol{x_0}$ は微分方程式 (3.10) の解であることがわかる。$t = 0$ における初期条件 $\boldsymbol{x}(0) = \boldsymbol{c}$ を課せば，$\boldsymbol{x}(t) = e^{At}\boldsymbol{c}$ が初期条件を満たす解であることがわかる。そこで，ラプラス変換 (引用・参考文献 25)) による e^{At} の計算方法について注意しておく。$\boldsymbol{x}(t)$ のラプラス変換を $\boldsymbol{X}(s) = L\left[\boldsymbol{x}(t)\right]$ とおく。微分方程式 (3.10) の両辺をラプラス変換すると

$$s\mathbf{X}(s) - \boldsymbol{x}(0) = A\mathbf{X}(s)$$

となる。したがって，$\boldsymbol{X}(s)$ について解くと次式となる。

$$\boldsymbol{X}(s) = (sE_n - A)^{-1}\,\boldsymbol{x}(0) \tag{3.22}$$

つまり，$L\left[e^{At}\right] = (sE_n - A)^{-1}$ となるので，求める行列 A の指数関数 e^{At} は逆ラプラス変換を用いて，つぎのようになる。

$$e^{At} = L^{-1}\left[(sE_n - A)^{-1}\right] \tag{3.23}$$

行列の指数関数 e^{At} は，システム工学の分野では**状態遷移行列**または**基本行列** と呼ばれる重要な行列である。

例 3.4 (行列の指数関数とラプラス変換)　例 3.3 の行列 A の指数関数 e^{At} をラプラス変換を用いて求める。

$$(sE_2 - A) = \begin{pmatrix} s-2 & -1 \\ -1 & s-2 \end{pmatrix}$$

だから

$$(sE_2 - A)^{-1} = \begin{pmatrix} \dfrac{s-2}{s^2-4s+3} & \dfrac{1}{s^2-4s+3} \\ \dfrac{1}{s^2-4s+3} & \dfrac{s-2}{s^2-4s+3} \end{pmatrix}$$

となる。したがって

$$L^{-1}\left[\frac{s-2}{s^2-4s+3}\right] = L^{-1}\left[\frac{1/2}{s-3} + \frac{1/2}{s-1}\right] = \frac{e^{3t}+e^{t}}{2}$$

および

$$L^{-1}\left[\frac{1}{s^2-4s+3}\right] = L^{-1}\left[\frac{1/2}{s-3} - \frac{1/2}{s-1}\right] = \frac{e^{3t}-e^{t}}{2}$$

の結果から例 3.3 の結果と一致することがわかる。

さて，連立微分方程式 (3.9) の一般解を導出しよう。$\boldsymbol{b} = \boldsymbol{0}$ の同次微分方程式 (3.10) の一般解は，定理 3.1 を用いると $\boldsymbol{x} = e^{At}\boldsymbol{c}$ となる。ここで，$\boldsymbol{c}$ は n 次元の定数列ベクトルである。定数変化法より $\boldsymbol{c}$ を独立変数 t の関数と見なして，方程式 (3.9) に代入して整理し積分することにより

$$\boldsymbol{c}(t) = \int e^{-At}\boldsymbol{b}(t)dt$$

を得る。つまり，連立微分方程式 (3.9) の解として次式が得られる。

$$\boldsymbol{x} = e^{At}\int_0^t e^{-Au}\boldsymbol{b}(u)du + e^{At}\boldsymbol{c} \tag{3.24}$$

上式の第 1 項が方程式 (3.9) の特殊解であり，第 2 項が同次微分方程式 (3.10) の一般解である。特に，$\boldsymbol{b}$ が定数ベクトルで，行列 A が正則行列ならば

$$\frac{d}{dt}\left(-A^{-1}e^{-At}\right) = e^{-At}$$

が成立するので，一般解 (3.24) はつぎのようになる。

$$\boldsymbol{x} = -A^{-1}\boldsymbol{b} + e^{At}\boldsymbol{c} \tag{3.25}$$

この結果は，式 (3.2) の拡張になっていることが容易にわかる。以上の結果を定理としてまとめておく。

定理 3.2　(連立微分方程式の解)

つぎの連立微分方程式

$$\frac{d\boldsymbol{x}}{dt} = A\boldsymbol{x} + \boldsymbol{b}$$

の一般解は，$\boldsymbol{c}$ を任意の定数列ベクトル (積分定数) として

$$\boldsymbol{x} = e^{At}\int_0^t e^{-Au}\boldsymbol{b}(u)du + e^{At}\boldsymbol{c}$$

で与えられる。特に，$\boldsymbol{b}$ が定数列ベクトルで行列 A が正則行列ならば, 一般解はつぎのようになる。

$$\boldsymbol{x} = -A^{-1}\boldsymbol{b} + e^{At}\boldsymbol{c}$$

問 3.4　連立微分方程式 (3.9) の未知関数 $\boldsymbol{x}$ が $\boldsymbol{y} = P^{-1}\boldsymbol{x}$ の変換を受けるとき，$\boldsymbol{y}$ についての方程式を導いてその解を求めよ。ただし，行列 P は $P^{-1}AP$ が対角行列 D となるような正則行列とする。

3.3 力学系の例

本節では，おもに機械工学や電気工学などの分野から力学系の例を示す。前述のように，時間発展をする系を一般に力学系と呼ぶので，ここでは時間変数 t を独立変数とする，微分方程式で記述される系を示すこととなる。さて，力学系の**自由度**とは，力学系の配位を決めるために，必要かつ十分な変数の数のことをいう。例えば，x, y, z の座標軸が与えられた 3 次元空間内を運動する 1 個の質点は，x, y, z 座標を与えるとその配位（位置）が決定されるので，自由度は 3 である。また，x, y 座標軸が与えられた平面上を 2 個の質点が運動するときは，各質点の平面座標 x, y を与えると配位が決まるので，自由度は 4 である。

問 3.5　3 次元空間に置かれた 1 個の剛体が固定点をもたずに運動するときの自由度はいくらか。また，球面上を運動する質点を考えるとき，自由度はいくらか。

3.3.1 工学分野からの例

以下の力学系の例では，基本的に力学系の運動方程式を例示するにとどめる。

例 3.5 **(単振動)**　**図 3.1** のように，摩擦のない床に質量 m の物体が，ばね定数 k のばねにつながれて，1 次元の運動をしている。釣り合いの位置からの変位を x とするときの運動の様子を調べる。この力学系は，変数 x

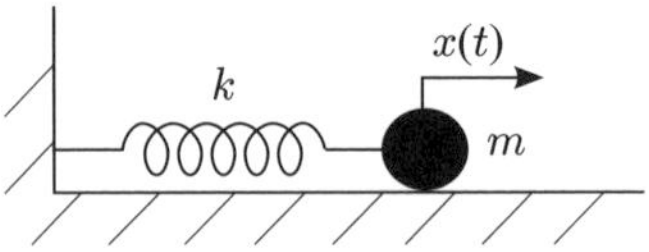

図 **3.1**　単振動

で記述されるので自由度 1 の力学系である。運動を表す微分方程式は，ばねの復元力が kx であるので

$$m\frac{d^2x}{dt^2} = -kx \tag{3.26}$$

となる。この微分方程式は，定数係数 2 階線形微分方程式であり，しかも同次形である。微分方程式は容易に解けて

$$x(t) = A\cos(\omega t) + B\sin(\omega t) \tag{3.27}$$

となる。ここで，A, B は定数であり，$\omega = \sqrt{\dfrac{k}{m}}$ は**角振動数**を表している。初期条件を $x(0) = \alpha, \dot{x}(0) = \beta$ とするとき，式 (3.27) およびその導関数に $t = 0$ を代入して，$A = \alpha$, $B\omega = \beta$ となる。したがって，式 (3.27) の定数は $A = \alpha, B = \dfrac{\beta}{\omega}$ となる。式 (3.26) で記述される力学系の運動は，**単振動**または**調和振動子**と呼ばれる。これは，最も基本的な力学系のひとつである。微分方程式と線形代数の言葉で表すならば，線形作用素である微分作用素 $\dfrac{d^2}{dt^2}$ の固有値 $-\dfrac{k}{m}$ に対する固有関数が，$\sin\left(\sqrt{\dfrac{k}{m}}\,t\right)$ や $\cos\left(\sqrt{\dfrac{k}{m}}\,t\right)$ であることを本例は示しているといえる。もちろん単振動の周波数は，$f = \dfrac{1}{2\pi}\sqrt{\dfrac{k}{m}}$ となる。5 章の量子力学においても引用される基本的な系である。

つぎに，機械工学からの例として，機械力学や振動工学に現れる基本の振動である減衰振動および強制振動について示す。

例 3.6　**(減衰振動と強制振動)**　先の例 3.5 の単振動する系に，ダッシュポットとよばれる減衰器をばねと並列につないだ系を考える (**図 3.2** 参照)。

ただし，物体はばねとダッシュポットで天井から吊るされているとする。また，重力加速度を g，ダッシュポットの減衰力は速度に比例するとして

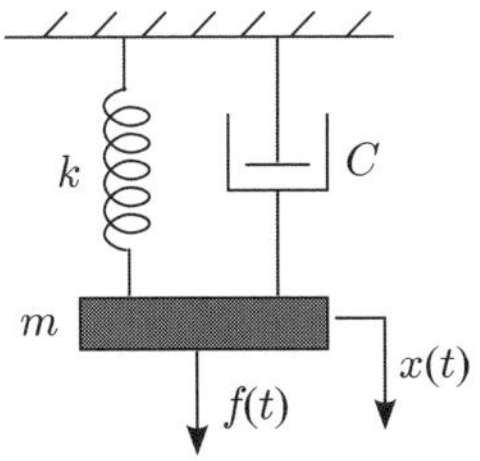

図 3.2 減衰振動と強制振動

その係数を c，外力を $f(t)$ とする。まず，外力を $f(t) = 0$ として釣り合いの状態を調べる。ばねが δ だけ自然長から伸びて釣り合ったとすると，$mg = k\delta$ が成立する。ここで，δ を**静ひずみ**という。つぎに，釣り合い状態からの下方への変位を x とすると運動を表す微分方程式は，ばねの復元力 $-k(x+\delta)$ と粘性減衰力 $-c\dfrac{dx}{dt}$ および外力 $f(t)$ を考慮すれば

$$\frac{d^2x}{dt^2} = -k(x+\delta) - c\frac{dx}{dt} + mg + f(t) \tag{3.28}$$

となる。ここで，$mg = k\delta$ を用いると

$$m\frac{d^2x}{dt^2} = -kx - c\frac{dx}{dt} + f(t) \tag{3.29}$$

となる。外力を $f = 0$ とすると，定数係数 2 階線形微分方程式は同次系となる。この微分方程式で表される運動は，**減衰振動**と呼ばれる。また，外力は**強制力**ともいわれ，$f \neq 0$ のときは，運動を表す微分方程式は非同次系となりその運動は**強制振動**といわれる。$f = 0$ の同次系の場合の一般解は，2 章の結果を適用すると定数 A, B を用いて以下のようになる。

$$x(t) = e^{-\frac{c}{2m}t}\left\{A\cos\left(\frac{\sqrt{4mk - c^2}}{2m}t\right) + B\sin\left(\frac{\sqrt{4mk - c^2}}{2m}t\right)\right\} \tag{3.30}$$

ただし，$4mk > c^2$ とする。

例 3.7　(**単振り子**)　例 3.5 と例 3.6 は線形振動の例であったが，**図 3.3** の長さ L の**単振り子**は非線形振動となる。振れ角を θ とすると運動方程式はつぎのようになる。ここで，m はおもりの質量，g は重力加速度を表す。

$$mL\frac{d^2\theta}{dt^2} = -mg\sin(\theta) \tag{3.31}$$

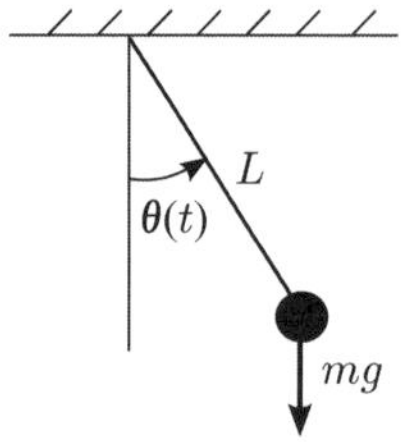

図 3.3　非線形振動の単振り子

特に，式 (3.31) で $\sin(\theta) \approx \theta$ と近似すると例 3.5 の単振動となる。また，$\sin(\theta) \approx \theta - \dfrac{\theta^3}{3!}$ と $\sin(\theta)$ を近似し，さらに速度に比例した減衰力 $\bigl(-c(d\theta/dt)\bigr)$ や外力 $\bigl(f(t)\bigr)$ を考慮した方程式

$$mL\frac{d^2\theta}{dt^2} = -mg\theta + mg\frac{\theta^3}{6} - c\frac{d\theta}{dt} + f(t) \tag{3.32}$$

を**デュフィングの方程式**という。

つぎに電気工学分野からの例として ***RLC* 回路** を考える。

例 3.8　(***RLC* 回路**)　**図 3.4** に示す抵抗 R，自己インダクタンス L のコイル，容量 C のコンデンサからなる回路に流れる主電流 I の満たす微積分

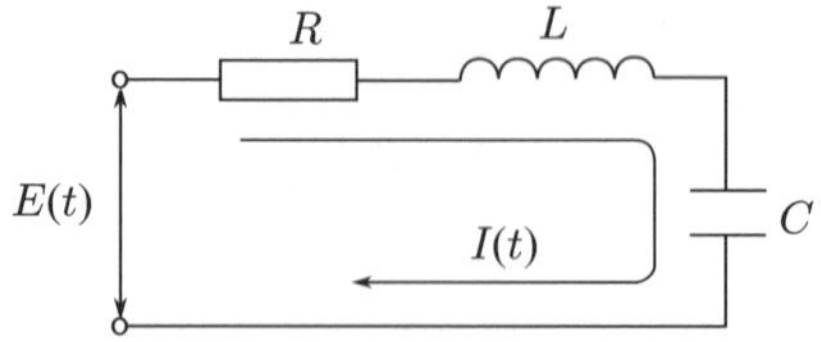

図 3.4　*RLC* 回路

方程式は入力電圧を E とするとき，つぎのようになる。

$$L\frac{dI(t)}{dt}+RI(t)+\frac{1}{C}\int I(t)dt=E(t) \tag{3.33}$$

両辺を t で微分すると，$I(t)$ についての定数係数 2 階線形微分方程式

$$L\frac{dI^2(t)}{dt^2}+R\frac{dI(t)}{dt}+\frac{I(t)}{C}=\frac{dE(t)}{dt} \tag{3.34}$$

を得る。

また，電気工学分野では発信回路の研究から，$\varepsilon>0$ を定数として得られるつぎの方程式

$$\frac{d^2x}{dt^2}=\varepsilon(1-x^2)\frac{dx}{dt}-x+f(t) \tag{3.35}$$

は**ファン・デル・ポールの方程式** と呼ばれるよく知られた方程式である。ここで，注意すべきは，$1-x^2>0$ の範囲では負の抵抗が作用して，$1-x^2<0$ の範囲では正の抵抗が作用しているということである。

問 3.6　つぎの連立微分方程式は**ボルテラ方程式**と呼ばれ，2 つの個体 X, Y（例えば，ウサギと牧草）の数を x, y と表すときその変化の様子を記述している。ただし，a, b, c, d, e, f は定数である。

$$\frac{dx}{dt}=Mx,\quad \frac{dy}{dt}=Ny, ただし, M=a+bx+cy, N=d+ex+fy$$

ここで，$a>0, b=0, c<0, d>0, e<0, f=0$ として，さらに y の初期値 $y(0)$ を十分小さいとして，x, y の変化の様子について調べよ。

3.3.2 ケプラー運動

本節の最後に，力学系の基本問題としての地位を保っている天体力学からの例を示しておく。

例 3.9　(ケプラー運動)　**図 3.5** に示すように質量 m と M の 2 つ天体が，万有引力のもとで運動しているとする。3 次元空間の原点からのそれぞれの天体の位置ベクトルを $\boldsymbol{r}_m$ と $\boldsymbol{r}_M$ とおき，万有引力定数を G_0 とおくとき，各天体に関する運動方程式は

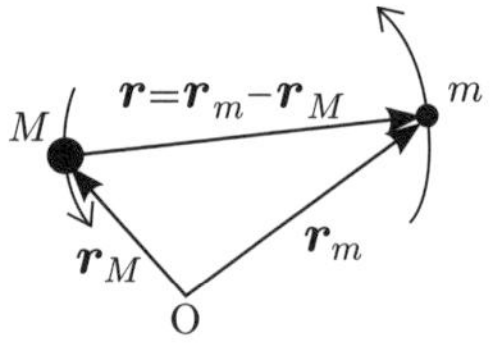

図 **3.5**　ケプラー運動

$$m\frac{d^2\boldsymbol{r}_m}{dt^2} = -\frac{G_0 Mm(\boldsymbol{r}_m - \boldsymbol{r}_M)}{|\boldsymbol{r}_m - \boldsymbol{r}_M|^3} \tag{3.36}$$

$$M\frac{d^2\boldsymbol{r}_M}{dt^2} = -\frac{G_0 Mm(\boldsymbol{r}_M - \boldsymbol{r}_m)}{|\boldsymbol{r}_m - \boldsymbol{r}_M|^3} \tag{3.37}$$

となる。質量中心の位置ベクトル $\boldsymbol{r}_G = \dfrac{m\boldsymbol{r}_m + M\boldsymbol{r}_M}{m+M}$ の加速度は式 (3.36) および (3.37) より

$$\frac{d^2\boldsymbol{r}_G}{dt^2} = \boldsymbol{0} \tag{3.38}$$

となる。 また，$\boldsymbol{r} = \boldsymbol{r}_m - \boldsymbol{r}_M$ とおくとき，式 (3.36)，(3.37) から

$$\frac{d^2\boldsymbol{r}}{dt^2} = -G_0\,(M+m)\,\frac{\boldsymbol{r}}{r^3} \tag{3.39}$$

となる。ただし，$r = |\boldsymbol{r}|$ である。式 (3.39) は，当初の 2 体問題が 1 体問題に帰着されることを示しており，必要であれば各位置ベクトルは

$$\boldsymbol{r}_m = \boldsymbol{r}_G + \frac{M}{m+M}\boldsymbol{r}, \qquad \boldsymbol{r}_M = \boldsymbol{r}_G - \frac{m}{m+M}\boldsymbol{r} \tag{3.40}$$

で求められる。さて，改めて式 (3.39) において定数 $k = G(M+m) > 0$ を用いると運動方程式は

$$\frac{d^2\boldsymbol{r}}{dt^2} = -\frac{k}{r^2}\frac{\boldsymbol{r}}{r} \tag{3.41}$$

となる。式 (3.41) で記述される運動は**ケプラー運動**と呼ばれる力学系のひとつである。

つぎに，ケプラー運動について解軌道が楕円軌道となることを見ておこう。ここで，式 (3.41) の運動方程式は単位質量の物体に距離の 2 乗に逆比例した大

きさ $\dfrac{k}{r^2}$ で，原点 $(\boldsymbol{r}=\boldsymbol{0})$ に向かう向きの力が作用する力学系（中心力系）であることに注意しておく。

問 3.7　例 3.9 のケプラー運動の式 (3.41) に沿って，つぎの 2 つのベクトルは一定であることを示せ。

$$\boldsymbol{J}=\boldsymbol{r}\times\frac{d\boldsymbol{r}}{dt},\qquad \boldsymbol{R}=\frac{d\boldsymbol{r}}{dt}\times\boldsymbol{J}-k\frac{\boldsymbol{r}}{r} \tag{3.42}$$

問 3.7 の保存ベクトルは $\boldsymbol{J}$ を**角運動量ベクトル**，$\boldsymbol{R}$ を**ルンゲ–レンツ ベクトル**という。さて $\boldsymbol{r}$ と $\boldsymbol{J}$ の内積は $\boldsymbol{r}\cdot\boldsymbol{J}=0$ となることから，角運動量ベクトル $\boldsymbol{J}$ に垂直な平面上に軌道は存在することがわかる。つぎに，ルンゲ–レンツ ベクトル $\boldsymbol{R}$ は $\boldsymbol{J}$ に垂直であり軌道平面上に存在することがわかる。位置ベクトル $\boldsymbol{r}$ との内積をとれば

$$\boldsymbol{R}\cdot\boldsymbol{r}=Rr\cos(\theta)=|\boldsymbol{J}|^2-kr \tag{3.43}$$

となる。ここで，$R=|\boldsymbol{R}|$ で，θ は 2 つのベクトル $\boldsymbol{R}$ と $\boldsymbol{r}$ のなす角を表す。ここで，ケプラー運動の全エネルギーを E で表すと，運動方程式 (3.41) より

$$E=\frac{1}{2}\left(\frac{d\boldsymbol{r}}{dt}\right)^2-\frac{k}{r} \tag{3.44}$$

となる。

問 3.8　ルンゲ–レンツ ベクトルの大きさ R と全エネルギー E との間にはつぎの関係が成立することを示せ。

$$R^2=2E\,|\boldsymbol{J}|^2+k^2 \tag{3.45}$$

問 3.8 の結果から軌道の式 (3.43) は

$$r=\frac{|\boldsymbol{J}|^2}{k+R\cos(\theta)}=\frac{|\boldsymbol{J}|^2/k}{1+\sqrt{1+\dfrac{2E\,|\boldsymbol{J}|^2}{k^2}}\cos(\theta)} \tag{3.46}$$

となり，**離心率** $\varepsilon_0=\sqrt{1+\dfrac{2E\,|\boldsymbol{J}|^2}{k^2}}$ の円すい曲線の式を表していることがわかる。つまり，全エネルギー $E>0$ のとき $\varepsilon_0>1$ となり軌道は双曲線，全エ

ネルギー $E=0$ で $\varepsilon_0=1$ となり軌道は放物線，さらに全エネルギー $E<0$ のとき $\varepsilon_0<1$ となり，軌道は楕円軌道となる。

以上，2 体問題から導かれた自由度 3 の運動であるケプラー運動はその軌道が円すい曲線となることを示すことができた。ここでの解析は，微分方程式を独立変数 t について解き出すのではなく，直接解の軌道の様子を調べることにより円すい曲線をなすことを見いだした。しかし，一般の n 体問題はどうであろうか。**図 3.6** に示すように（図では 3 体）j 番目の天体の質量を m_j，位置ベクトルを $\boldsymbol{r}_j$ とおくとき，運動方程式は

$$m_j\frac{d^2\boldsymbol{r}_j}{dt^2}=-\sum_{k=1(k\neq j)}^{n}\frac{G_0m_jm_k(\boldsymbol{r}_j-\boldsymbol{r}_k)}{|\boldsymbol{r}_j-\boldsymbol{r}_k|^3}\qquad(j=1,2,\cdots,n)\qquad(3.47)$$

となる。n 体の質量中心（重心）に関する議論は 2 体問題と同様に成立する。ただし，天体間の相対運動については，2 体問題のように保存ベクトルが存在しないのでケプラー運動のように解の様子を導くことができない。

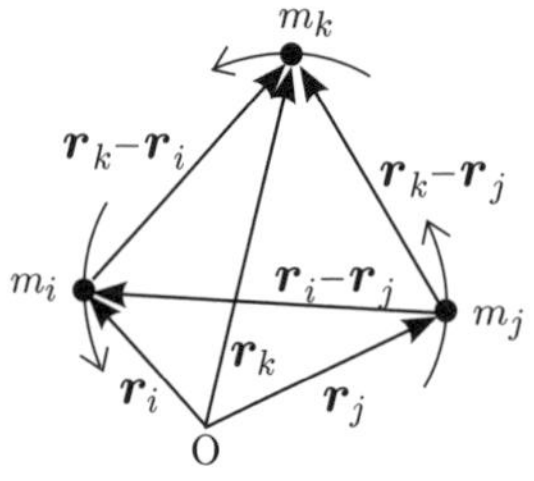

図 **3.6**　n 体問題

3.4　相空間と平衡点

本節では，力学系を考察する舞台である相空間と力学系のもつ特徴を表す平衡点について述べる。併せて，自由度 1 の力学系の解析例を示すことで後節で解説する多自由度の解析の側面を見ることとする。さらに，力学系の基本事項であるベクトル場，第 1 積分などについても述べる。

3.4.1 相 空 間

これまで見てきたのと同様に力学系の運動方程式は，n 個の従属変数 $\boldsymbol{x}(t) = {}^T(x_1(t), x_2(t), \cdots, x_n(t))$ に対してつぎの式 (3.48) に示す 1 階の連立微分方程式系で記述される。前節 3.3 の力学系の例では，おもに 2 階の微分方程式系で記述されていたが，3.2 節でも述べたように，従属変数を増やすことにより 1 階の微分方程式系として扱うことができる。

$$\frac{d\boldsymbol{x}(t)}{dt} = \boldsymbol{f}(\boldsymbol{x}(t), t) = {}^T\Big(f_1(\boldsymbol{x}(t), t), f_2(\boldsymbol{x}(t), t), \cdots, f_n(\boldsymbol{x}(t), t)\Big) \tag{3.48}$$

さて，関数 $\boldsymbol{f}(\boldsymbol{x}(t), t)$ が，時間変数 t を陽に含まないとき，微分方程式系を**自律系** という。自律系でない微分方程式系は**非自律系**という。以下，本章では自律系を主として扱う。

力学系を幾何学的に解析するためには，**ベクトル場**の考え方が重要であるが，ベクトル場については 4 章で詳説されるのでここでは，簡単な系の例示にとどめることとする。3.3 節の例 3.5 の単振動を再度考える。運動方程式は ω を定数として

$$\frac{d^2}{dt^2}x(t) = -\omega^2 x(t) \tag{3.49}$$

であった。ここで，速度 $v(t) = \dfrac{dx(t)}{dt}$ を導入すると

$$\frac{d}{dt}x(t) = v(t), \qquad \frac{d}{dt}v(t) = -\omega^2 x(t) \tag{3.50}$$

と 1 階の連立微分方程式となり式 (3.48) の例となっている。しかも単振動は自律系であることもわかる。ここで変数 x と導入した変数 v を加えた (x, v) の 2 変数空間を**相平面**と呼ぶ。3 変数以上の場合は**相空間**と呼ぶ。力学系を相空間で考察するときの微分方程式の一般形が式 (3.48) である。さて，式 (3.50) の左辺は，$x(t)$ および $v(t)$ の導関数を表すので，相平面における点 $(x = a, v = b)$ にベクトル $(\dfrac{dx}{dt}, \dfrac{dv}{dt})$ の値 $(b, -\omega^2 a)$ を対応させる図（ベクトル場）が作成できる。単振動 (3.50) において，$\omega^2 = \dfrac{1}{2}$ の場合のベクトル場を**図 3.7** に示す。

相平面上の各点にベクトル（有向線分）を対応させることを，ベクトル場を

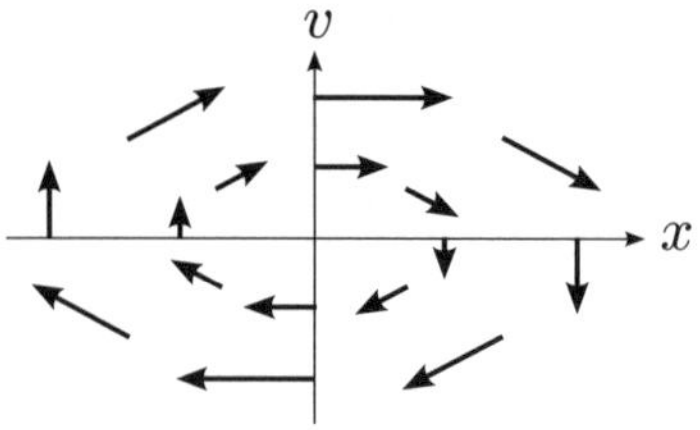

図 **3.7**　単振動のベクトル場

与えるという。さらに，ベクトルに沿った曲線を**相曲線**と呼び相曲線は力学系の解軌道となる。相曲線に記された矢印は時間発展の方向を示す。微分方程式を積分した曲線でもあるので，**積分曲線**とも呼ばれる。上記の単振動の例では，つぎのような楕円を示す曲線となる。

$$\frac{1}{2}v^2 + \frac{1}{2}\omega^2 x^2 = E \tag{3.51}$$

ここで，E は定数であるが物理的には全エネルギーを表している。明らかに，相曲線より運動範囲は $-\sqrt{2E}/\omega \leqq x \leqq \sqrt{2E}/\omega$ の有界領域に収まることもわかる。相空間で考えることにより，微分方程式を解くことなく力学系の振る舞いの様子を把握することができる。2 章で見たように微分方程式の解の一意性から相曲線は決して交わることはない。交点が存在すれば，その点で一意性がくずれるからである。

3.4.2 保存力学系

つぎに，応用上重要な保存力学系について述べる。3.3 節で例として示した単振動やケプラー運動は保存力学系である。一般に，自由度 n の力学系の配位を表す変数を $x_1, x_2, \cdots, x_n$ として，運動方程式がつぎの式で表される系を考える。

$$\frac{d^2}{dt^2}x_j(t) = f_j(x_1, x_2, \cdots, x_n) \quad (j = 1, 2, \cdots, n) \tag{3.52}$$

このとき右辺の力に該当する n 個の関数 $f_1, f_2, \cdots, f_n$ が，ある 1 個の関数 $U(x_1, x_2, \cdots, x_n)$ の勾配を用いて以下のように表せるとき，**保存力学系**という。

$$f_j(x_1, x_2, \cdots, x_n) = -\frac{\partial}{\partial x_j}U \qquad (j = 1, 2, \cdots, n) \tag{3.53}$$

このとき，関数 $U(x_1, x_2, \cdots, x_n)$ を**ポテンシャル関数**または**位置エネルギー**といい，式 (3.53) の左辺の力 $\boldsymbol{f} = (f_1, f_2, \cdots, f_n)$ を**保存力**という。

例 3.10 (保存力学系) 自由度 n の力学系の運動方程式が定数 k を用いてつぎの式で与えられるとする。

$$\frac{d^2}{dt^2}x_j(t) = -kx_j \qquad (j = 1, 2, \cdots, n) \tag{3.54}$$

この力学系は**等方的調和振動子**と呼ばれ，ポテンシャル関数を

$$U(x_1, x_2, \cdots, x_n) = \frac{1}{2}k\sum_{j=1}^{n} {x_j}^2 \tag{3.55}$$

とする保存力学系であり，n 次元の単振動と見なすことができる。

問 3.9 式 (3.41) で与えられるケプラー運動のポテンシャル関数を求めよ。ただし，$\boldsymbol{r} = (x, y, z)$ とする。

自由度 1 の力学系は $U(x_1) = -\displaystyle\int f_1(x_1)dx_1$ とおくことで，保存力学系であることがわかる。自由度 n の保存力学系の運動方程式 (3.52) の両辺に $\dfrac{dx_j}{dt}$ を掛けて，t で積分すると以下の式が成立する。

$$\frac{1}{2}\left(\frac{dx_j}{dt}\right)^2 = -\int \frac{\partial}{\partial x_j}U(x_1, x_2, \cdots, x_n)\frac{dx_j}{dt}dt \tag{3.56}$$

上式を $j = 1$ から n まで総和をとることで

$$\frac{1}{2}\sum_{j=1}^{n}\left(\frac{dx_j}{dt}\right)^2 + U(x_1, x_2, \cdots, x_n) = E \tag{3.57}$$

が成立する。ここで，定数 E は**全エネルギー**であり，**運動エネルギー**とポテンシャル関数の和で表されており運動に沿って一定の量である。運動に沿って一定の量は**保存量**，**第 1 積分**，**運動の恒量**などと呼ばれる。すでに，ケプラー運動で現れた角運動量ベクトルやルンゲ–レンツベクトルも第 1 積分である。

さて，保存力学系である自由度 1 の力学系の可動領域について述べる。$x(t) = x_1(t)$, $v(t) = \dfrac{dx_1(t)}{dt}$ とおき，式 (3.57) から

$$\frac{1}{2}v^2 + U(x) = E$$

となるが，$v^2 \geqq 0$ より $E - U(x) \geqq 0$ である。

例 3.11 (運動の可動領域)　つぎのポテンシャル関数のもとで $x > 0$ の範囲で運動する自由度 1 の力学系を考える。

$$U(x) = -\frac{2}{x} + \frac{1}{x^2} \tag{3.58}$$

このとき，$y = U(x)$ のグラフは**図 3.8** のようになるので，条件 $E \geqq U(x)$ より可動領域は全エネルギー E の条件より以下のようにまとめられる。

1. $E < -1$ のとき，可動領域は存在しない。
2. $-1 \leqq E < 0$ のとき，可動領域は $\dfrac{-1+\sqrt{1+E}}{E} \leqq x \leqq \dfrac{-1-\sqrt{1+E}}{E}$
3. $E = 0$ のとき，可動領域は $\dfrac{1}{2} \leqq x$
4. $0 < E$ のとき，可動領域は $\dfrac{-1+\sqrt{1+E}}{E} \leqq x$

有界運動するのは，上記の 2 の場合のみであることがかわる。

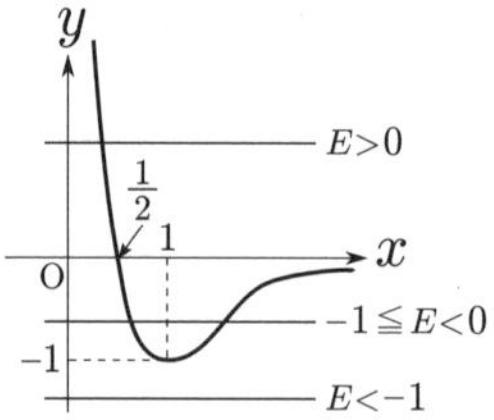

図 3.8　$y = U(x)$ のグラフ

問 3.10　つぎのポテンシャル関数のもとで $x > 0$ の範囲で運動する自由度 1 の力学系の可動領域を全エネルギーの値で分類せよ。ただし，a, k は $a > 0, k > 0$ の定数とする。

$$U(x) = \frac{k}{x} + ax$$

3.4.3 平衡点の安定性

本項では，力学系の平衡点まわりの特徴を調べることにより，釣り合いの状態と見なされる平衡点がいろいろなタイプに分類されることを述べる。力学系の時間発展の式が自律系で前述の式 (3.52) で与えられるとする。このとき，$\boldsymbol{x} = \boldsymbol{x_0}$ で

$$\boldsymbol{f}(\boldsymbol{x_0}) = \boldsymbol{0} \tag{3.59}$$

を満たすとき，$\boldsymbol{x_0}$ を力学系 (3.52) の**平衡点**または**定常解**と呼ぶ。さらに，平衡点 $\boldsymbol{x_0}$ からの微小変化量を $\boldsymbol{\eta}$ として，$\boldsymbol{x} = \boldsymbol{x_0} + \boldsymbol{\eta}$ における関数 $\boldsymbol{f}(\boldsymbol{x})$ を考える。関数 $\boldsymbol{f}$ を $\boldsymbol{x_0}$ のまわりでテイラー展開し，$\boldsymbol{\eta}$ の 1 次の項までを考慮して平衡点の条件 (3.59) を用いると

$$\boldsymbol{f}(\boldsymbol{x}) \approx \boldsymbol{f}(\boldsymbol{x_0}) + \sum_{k=1}^{n} \frac{\partial \boldsymbol{f}}{\partial x_k}(\boldsymbol{x_0})\eta_k = \sum_{k=1}^{n} \frac{\partial \boldsymbol{f}}{\partial x_k}(\boldsymbol{x_0})\eta_k \tag{3.60}$$

となる。ここで，$d\boldsymbol{x}/dt = d\boldsymbol{\eta}/dt$ であることから，微小変化量 $\boldsymbol{\eta}$ についての微分方程式は式 (3.48) より

$$\frac{d\boldsymbol{\eta}}{dt} = A\boldsymbol{\eta} \qquad \text{ただし，} A = \left(\frac{\partial f_i}{\partial x_j}(\boldsymbol{x_0})\right) \tag{3.61}$$

となり，3.2 節で取り扱った定数係数 1 階線形微分方程式系となることがわかる。改めて，定数 $a_{ij}(i, j = 1, 2, \cdots, n)$ を $a_{ij} = \dfrac{\partial f_i}{\partial x_j}(\boldsymbol{x_0})$ とおくとき，$\boldsymbol{\eta} = {}^T(\eta_1, \eta_2, \cdots, \eta_n)$ についての方程式は

$$\frac{d\eta_j}{dt} = \sum_{k=1}^{n} a_{jk}\eta_k \qquad (j = 1, 2, \cdots, n) \tag{3.62}$$

となる。この線形方程式系 (3.62) を平衡点まわりの**線形化方程式**という。

例 3.12 (単振り子の線形化方程式)　例 3.7 では長さ L の糸の先端に質量 m のおもりを付けた単振り子を考えたが，ここでは糸の代わりに質量の無視できる剛体棒の先端に質量 m のおもりを付けた単振り子を考える。$x_1(t) = \theta, x_2(t) = \dfrac{d\theta}{dt}$ とおくと，単振り子の微分方程式は

$$\frac{dx_1}{dt} = x_2, \qquad \frac{dx_2}{dt} = -\frac{g}{L}\sin(x_1) \tag{3.63}$$

となる。したがって，平衡点は $\boldsymbol{x_0} = (0,0)$ と $\boldsymbol{x_0} = (\pi, 0)$ の 2 点である。$\boldsymbol{x_0} = (0,0)$ は振り子の最下点で停止した状態で，$\boldsymbol{x_0} = (\pi, 0)$ は振り子の最上点で逆立ちして停止した状態を表す。$\boldsymbol{x_0} = (0,0)$ における線形化方程式は，$\sin(x_1) \approx x_1$ の近似式から $\eta_1 = x_1 - 0$, $\eta_2 = x_2 - 0$ として $\omega = \sqrt{g/L}$ を用いて

$$\frac{d\eta_1}{dt} = \eta_2, \qquad \frac{d\eta_2}{dt} = -\omega^2\eta_1 \tag{3.64}$$

となる。同様に $\boldsymbol{x_0} = (\pi, 0)$ における，線形化方程式は $\eta_1 = x_1 - \pi$, $\eta_2 = x_2 - 0$ としてつぎのようになる。

$$\frac{d\eta_1}{dt} = \eta_2, \qquad \frac{d\eta_2}{dt} = \omega^2\eta_1 \tag{3.65}$$

2 つの平衡点まわりの微分方程式が求められたので本節で示したベクトル場を滑らかにつなぐ曲線である相曲線の例を $\omega^2 = 2$ として**図 3.9** に示す。平衡点 $\boldsymbol{x_0} = (0,0)$ のまわりでは，軌道は平衡点からは離れないが平衡点 $\boldsymbol{x_0} = (\pi, 0)$ のまわりの軌道は，ほとんどが平衡点から離れていくことがわかる。図の直線 AB 上の点（$\eta_2 = -\omega\eta_1$ を満たす点）のみ平衡点へ向かう。

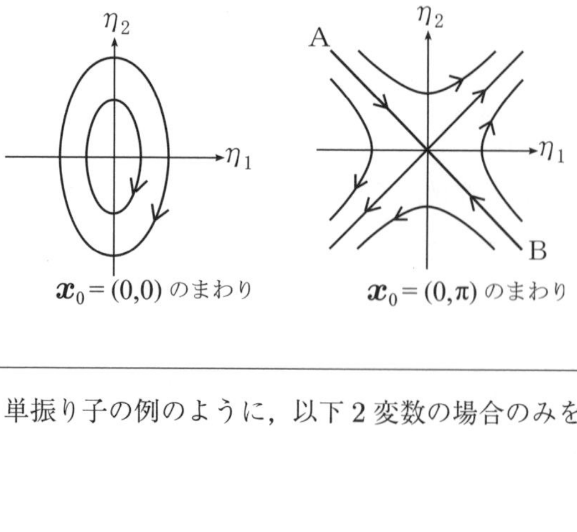

図 3.9　単振り子の相曲線

単振り子の例のように，以下 2 変数の場合のみを取り扱うこととする。平衡

点周りの微小量 $\boldsymbol{\eta}$ を改めて $\boldsymbol{x}$ とおくと，線形化方程式は $\dfrac{d\boldsymbol{x}}{dt} = A\boldsymbol{x}$ となる。3.2節で求めたようにその解は，初期条件 $\boldsymbol{x}(0)$ を用いて $\boldsymbol{x}(t) = e^{At}\boldsymbol{x}(0)$ となる。他方，1.6 節で述べたように任意の 2 次の実正方行列 A は，実行列の変換行列 P を用いてつぎの 4 つのいずれかの場合に変換される。ここで，a, b は実定数である。

1. A の固有値が異なる実数 a, b の場合

$$A_1 = P^{-1}AP = \begin{pmatrix} a & 0 \\ 0 & b \end{pmatrix} \tag{3.66}$$

2. A の固有値がたがいに共役な虚数 $a \pm bi$ の場合

$$A_2 = P^{-1}AP = \begin{pmatrix} a & b \\ -b & a \end{pmatrix} \tag{3.67}$$

3. A の固有値が重解 a で対角化不可能な（固有空間の次元が 1 の）場合

$$A_3 = P^{-1}AP = \begin{pmatrix} a & 1 \\ 0 & a \end{pmatrix} \tag{3.68}$$

4. A の固有値が重解 a で対角化が可能な（固有空間の次元が 2 の）場合

$$A_4 = P^{-1}AP = \begin{pmatrix} a & 0 \\ 0 & a \end{pmatrix} \tag{3.69}$$

問 3.11 つぎの与えられた行列を，上記の A_1 から A_4 のいずれかに変換せよ。また，そのときの変換行列 P も合わせて求めよ。

(1) $A = \begin{pmatrix} 1 & 1 \\ -4 & 1 \end{pmatrix}$ (2) $A = \begin{pmatrix} 1 & 2 \\ 0 & 3 \end{pmatrix}$ (3) $A = \begin{pmatrix} 2 & 0 \\ 5 & 2 \end{pmatrix}$

さて，変換行列 P を用いて $\boldsymbol{y} = P^{-1}\boldsymbol{x}$ と変換すると，$\dfrac{d\boldsymbol{x}}{dt} = A\boldsymbol{x}$ は $\dfrac{d\boldsymbol{y}}{dt} = P^{-1}AP\boldsymbol{y}$ となるので，上記 4 ケースの場合の $\boldsymbol{y} = {}^T(y_1, y_2)$ についての微分方程式を調べることで，平衡点 $\boldsymbol{x}_0 = \boldsymbol{0}$ のまわりの様子を調べることになる。

A_1 の場合は，解は定数 y_{10}, y_{20} を用いてつぎのようになる。

$$y_1(t) = e^{at} y_{10}, \quad y_2(t) = e^{bt} y_{20} \tag{3.70}$$

平衡点は，それぞれ $a < 0, b < 0$ ならば **安定な結節点**，$a > 0, b > 0$ ならば **不安定な結節点**，$ab < 0$ ならば **鞍形点**または **鞍状点**と呼ばれる。

A_2 の場合は，解は定数 y_{10}, y_{20} を用いてつぎのようになる。

$$\begin{aligned} y_1(t) &= e^{at}(\cos(bt) y_{10} + \sin(bt) y_{20}), \\ y_2(t) &= e^{at}(-\sin(bt) y_{10} + \cos(bt) y_{20}) \end{aligned} \tag{3.71}$$

平衡点は，それぞれ $a < 0$ ならば **安定な渦状点**，$a > 0$ ならば **不安定な渦状点**，$a = 0$ ならば **渦心点**と呼ばれる。

A_3 の場合は，解は定数 y_{10}, y_{20} を用いてつぎのようになる。

$$y_1(t) = e^{at}(y_{10} + t y_{20}), \quad y_2(t) = e^{at} y_{20} \tag{3.72}$$

平衡点は，それぞれ $a < 0$ ならば **安定な結節点**，$a > 0$ ならば **不安定な結節点**と呼ばれる。

最後に A_4 の場合は，解は定数 y_{10}, y_{20} を用いてつぎのようになる。

$$y_1(t) = e^{at} y_{10}, \quad y_2(t) = e^{at} y_{20} \tag{3.73}$$

平衡点は，それぞれ $a < 0$ ならば **安定な結節点**，$a > 0$ ならば **不安定な結節点**と呼ばれる。

図 3.10〜3.12 に，平衡点 $\boldsymbol{y} = 0$ つまり $\boldsymbol{x}_0 = 0$ のまわりの相曲線の様子を示す。ただし，(y_1, y_2) は必ずしも直交しているとは限らないが，図示の都合上，y_1 軸と y_2 軸を直交軸として表している。

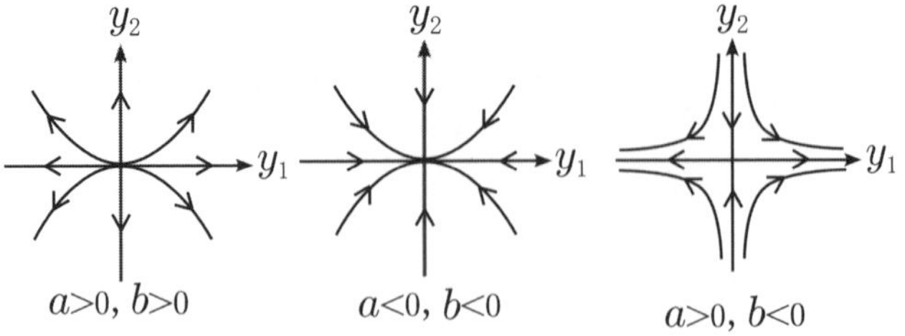

図 3.10　平衡点まわりの様子 (A_1)

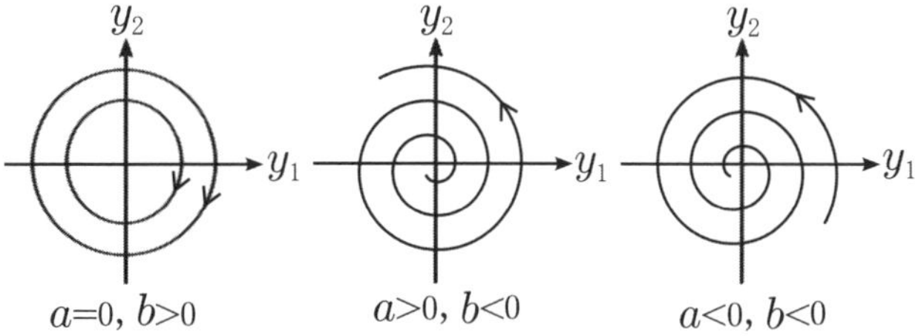

図 **3.11**　平衡点まわりの様子 (A_2)

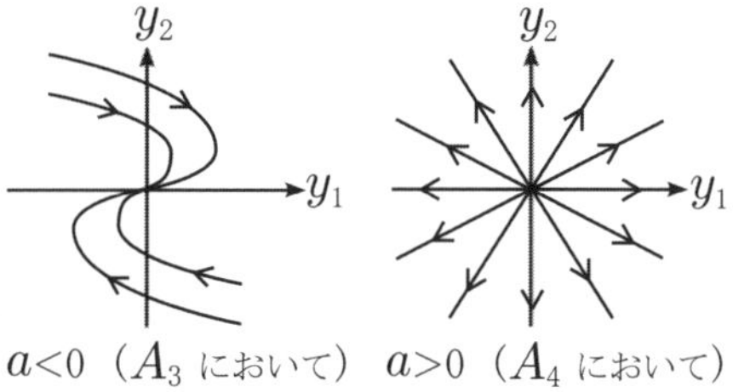

図 **3.12**　平衡点まわりの様子 (A_3と A_4)

3.5　変　　分　　法

本節では，3.6 節で用いるハミルトンの原理に必要な変分法について述べる。

3.5.1　汎　　関　　数

まず，n 個の独立変数 $x_1, x_2, \ldots, x_n$ の関数 $f(x_1, x_2, \ldots, x_n)$ が与えられたとき，関数 $f(\boldsymbol{x})$ の極値問題を考える。ただし，n 個の変数 $x_1, x_2, \ldots, x_n$ をベクトル $\boldsymbol{x}$ で表す。よく知られているように，関数 $f(\boldsymbol{x})$ が $\boldsymbol{x} = \boldsymbol{x}_0 = (x_{10}, x_{20}, \ldots, x_{n0})$ で極値をとるためには，$\boldsymbol{x} = \boldsymbol{x}_0$ で

$$\frac{\partial f}{\partial x_j} = 0 \qquad (j = 1, 2, \ldots, n) \tag{3.74}$$

を満たすことが必要である。式 (3.74) の意味を考えるために，ε を微小パラメータとして，$\boldsymbol{x} = \boldsymbol{x}_0 + \varepsilon\boldsymbol{h}$ での関数 $f(\boldsymbol{x})$ の値を調べる。ε^2 以上を無視すると，関数 $f(\boldsymbol{x})$ の $\boldsymbol{x} = \boldsymbol{x}_0$ におけるテイラー展開は

$$f(\boldsymbol{x}_0 + \varepsilon \boldsymbol{h}) = f(\boldsymbol{x}_0) + \varepsilon \sum_{j=1}^{n} \left(\frac{\partial f}{\partial x_j}(\boldsymbol{x}_0) h_j \right) \tag{3.75}$$

となり，ここで，$\boldsymbol{h} = (h_1, h_2, \ldots, h_n)$ の任意性から，式 (3.74) が得られる。つまり，$\boldsymbol{x}$ が $\boldsymbol{x}_0$ からどのように変動しても，関数 $f(\boldsymbol{x})$ の値が変わらない条件として式 (3.74) が導かれている。

つぎに，関数 $y(x)$ と 3 変数関数 $F(u, v, w)$ が与えられているとする。このとき，$F(x, y(x), y'(x))$ は，関数 $y(x)$ およびその導関数 $y'(x) = \dfrac{dy}{dx}$ を通して独立変数 x の関数となる。そこで，定数 a, b を用いてつぎの定積分 $I[y]$ を考えることができる。

$$I[y] = \int_a^b F\left(x, y(x), y'(x)\right) dx \tag{3.76}$$

式 (3.76) は，関数 $y(x)$ が与えられれば，積分値が決まるので $I[y]$ と表し，関数 $y(x)$ の関数とみて**汎関数**と呼ばれる。ただし，$x = a, b$ における関数 $y(x)$ の値 $y(a)$, $y(b)$ は固定するものとする。従来は独立変数に対して関数の値が決まっていたが，ここでは関数に対して値 $I[y]$ が決定される。関数の極値問題と同様に，ここでは $I[y]$ が極値をとるための関数 $y(x)$ の満たすべき必要条件を求める。つまり，式 (3.74) に対応する条件を見いだす。汎関数が極値をとることを**停留する**ともいう。

3.5.2　オイラー–ラグランジュの方程式

多変数関数の場合と同様に，関数 $y(x)$ に対して微小パラメータ ε と任意関数 $\xi(x)$ を用いた定積分 $I[y(x) + \varepsilon\xi(x)]$ を考える。

$$I[y + \varepsilon\xi] = \int_a^b F\left(x, y(x) + \varepsilon\xi(x), y'(x) + \varepsilon\xi'(x)\right) dx \tag{3.77}$$

式 (3.77) を微小パラメータ ε について展開して ε^2 以上を無視すると

$$\begin{aligned} I[y + \varepsilon\xi] = \int_a^b \Big(& F\left(x, y(x), y'(x)\right) \\ & + \varepsilon\xi F_y\left(x, y(x), y'(x)\right) + \varepsilon\xi' F_{y'}\left(x, y(x), y'(x)\right) \Big) dx \end{aligned} \tag{3.78}$$

となる。

ここで，下添え字は偏微分を表し，$F_y(x,y,y') = \dfrac{\partial F(x,y,y')}{\partial y}$ などである。式 (3.78) の第 3 項に部分積分を適用すると

$$\varepsilon \int_a^b \xi' \left(F_{y'}\left(x, y(x), y'(x)\right)\right) dx = \varepsilon \left[\xi F_{y'}\left(x, y(x), y'(x)\right)\right]_a^b - \varepsilon \int_a^b \xi \left(\frac{d}{dx} F_{y'}\left(x, y(x), y'(x)\right)\right) dx$$

となるが，**図 3.13** に示すように，さらに任意関数 $\xi(x)$ に，定積分の上限値および下限値においては，$\xi(a) = \xi(b) = 0$ となる条件を課す (これは，$y(a)$ と $y(b)$ を固定することに対応する)。この条件より式 (3.78) の第 3 項は

$$\varepsilon \int_a^b \xi' \left(F_{y'}\left(x, y(x), y'(x)\right)\right) dx = -\varepsilon \int_a^b \xi \left(\frac{d}{dx} F_{y'}\left(x, y(x), y'(x)\right)\right) dx$$

となる。

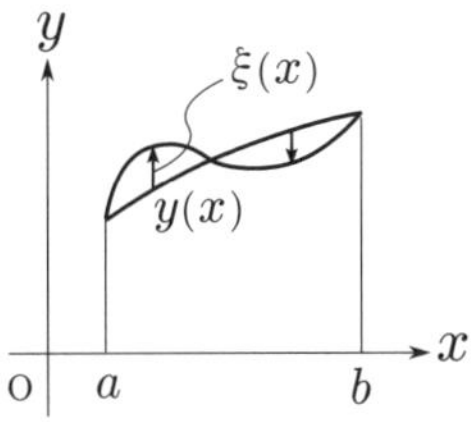

図 **3.13**　関数 $\xi(x)$

したがって，式 (3.77) と式 (3.76) の差をとり，$\delta I = I[y + \varepsilon\xi] - I[y]$ とおくとき，ε に比例する形でつぎのようにまとめられる。

$$\delta I = \varepsilon \int_a^b \xi(x) \left(F_y(x, y(x), y'(x)) - \frac{d}{dx} F_{y'}(x, y(x), y'(x)) \right) dx \tag{3.79}$$

さて，区間 $a < x < b$ で $F_y(x,y(x),y'(x)) - \dfrac{d}{dx}F_{y'}(x,y(x),y'(x)) > 0$ を満たす領域があればその領域で $\xi(x) > 0$ とすれば，式 (3.79) の右辺は正の値をとることができる。つまり，$\delta I \neq 0$ となり $I[y]$ は停留しない。そこで，$I[y]$ が停留するための必要条件としてつぎの方程式を得る。

$$F_y(x, y(x), y'(x)) - \frac{d}{dx} F_{y'}(x, y(x), y'(x)) = 0 \tag{3.80}$$

式 (3.80) を**オイラーの方程式**または**オイラー–ラグランジュの方程式** という。特に, 式 (3.80) の第 2 項は

$$\frac{d}{dx}F_{y'}(x, y(x), y'(x)) = F_{y'x} + F_{y'y}y' + F_{y'y'}y''$$

のことである。

例 3.13 (**オイラー–ラグランジュの方程式**) 関数 $F(x, y(x), y'(x))$ が以下の式で与えられるとき，オイラー–ラグランジュの方程式を求める。

$$F(x, y(x), y'(x)) = 4x + xy^3 - 3yy'^2$$

まず，$F_{y'} = -6yy'$ だから $\dfrac{d}{dx}F_{y'} = -6y'y' - 6yy''$ となる。したがって，オイラー–ラグランジュの方程式は

$$3xy^2 - 3{y'}^2 = -6{y'}^2 - 6yy''$$

より，つぎの 2 階微分方程式となる。

$$6yy'' + 3{y'}^2 + 3xy^2 = 0$$

つぎに，オイラー–ラグランジュの方程式の実問題への応用として最速降下線の問題を示しておこう。

例 3.14 (**最速降下線**) **図 3.14** に示すように 原点 O から点 $\mathrm{P}(\alpha, \beta)$ までを結ぶ曲線 $y = y(x)$ に沿って，質量 m の物体が重力のみの作用のもと

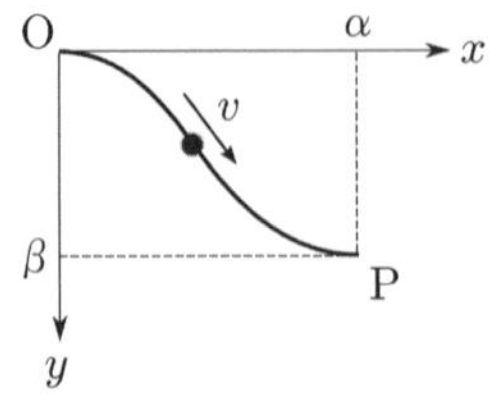

図 3.14　最速降下線

で落下するときに，最短時間で点 P に達するような曲線 $y = y(x)$ を求めよう。**最速降下線**と呼ばれる問題である。実際には，滑り台の設計とも考えられる。物体は，曲線から摩擦は受けないとする。原点における，初速度の大きさを v_0 とする。このとき，鉛直方向の落下距離 y の点における速度の大きさ v は，重力加速度を g で表すとエネルギー保存則より $v = \sqrt{2gy + {v_0}^2}$ となる。曲線上の微小距離 $ds = \sqrt{dx^2 + dy^2} = \sqrt{1 + y'^2}dx$ を一定の速度 v で通過するときに要する微小時間 dt は

$$dt = \frac{ds}{v} = \frac{\sqrt{1 + y'^2}}{\sqrt{2gy + {v_0}^2}}dx \tag{3.81}$$

となる。したがって，点 O から点 P までの所要時間を $I[y]$ とすると，つぎの定積分で表される。

$$I[y] = \int dt = \int_0^\alpha \frac{\sqrt{1 + y'^2}}{\sqrt{2gy + {v_0}^2}}dx \tag{3.82}$$

ただし，$y(0) = 0, y(\alpha) = \beta$ である。そこで，$F(x, y, y') = \dfrac{\sqrt{1 + y'^2}}{\sqrt{2gy + {v_0}^2}}$ とおくことができる。いま，関数 F は変数 x を陽に含んでいないので

$$\frac{d}{dx}\left(F(y, y') - y'F_{y'}(y, y')\right) = y'\left(F_y(y, y') - \frac{d}{dx}F_{y'}(y, y')\right)$$

が成立する。したがって，オイラー–ラグランジュの方程式 (3.80) は，定数 c を用いて

$$F - y'F_{y'} = \frac{1}{\sqrt{1 + y'^2}\sqrt{2gy + {v_0}^2}} = c \tag{3.83}$$

となる。改めて右辺の定数 c を $\dfrac{1}{2\sqrt{gc}}$ とおき，さらに $v_0 = 0$ とおくとつぎの式が成立する。

$$y\left(1 + y'^2\right) = 2c \tag{3.84}$$

式 (3.84) の微分方程式を満たす解として，パラメータ θ を用いて以下のように表されるサイクロイド曲線が知られている。

$$x = c(\theta - \sin(\theta)), \qquad y = c(1 - \cos(\theta)) \tag{3.85}$$

定数 c は，条件 $y(0) = 0$, $y(\alpha) = \beta$ を満たすように決定する。式 (3.85) より

$$\frac{\alpha}{\beta} = \frac{\theta_0 - \sin(\theta_0)}{1 - \cos(\theta_0)} \tag{3.86}$$

となる θ_0 を用いて，式 (3.85) の第 2 式から $c = \dfrac{\beta}{1 - \cos(\theta_0)}$ となる。

3.6 ラグランジュ力学

本節では，ニュートン力学を発展させたラグランジュ力学について述べる。ラグランジュ力学では，座標系のとり方に運動方程式が依存しない形なので，非常に有用な力学形式であることを理解してほしい。

3.6.1 ラグランジュの運動方程式

3.3 節で述べたように，力学系の自由度とは系の配位を一意的に決めるのに必要かつ十分な変数の数のことであった。本節では，一般に自由度 n の力学系を考える。前節までは力学系の座標系には，x_1, x_2 などを用いたが，ここでは座標系を $q^1, q^2, \ldots, q^n$ と表す。q^1 の肩の 1 は，べき乗ではなく変数を区別する添え字であることを注意しておく。3 乗などのべき乗を表すときは $(q^1)^3$ などと括弧 (　) を用いる。さて，時間変数 t の関数である $(q^1(t), q^2(t), \ldots, q^n(t))$ を**一般化座標**と呼び，$\boldsymbol{q}(t) = (q^1(t), q^2(t), \ldots, q^n(t))$ とまとめてベクトル $\boldsymbol{q}(t)$ で表す。また，一般化座標 $q^j(t)$ の時間微分 $\dfrac{dq^j(t)}{dt}$ を $\dot{q}^j$ で表し**一般化速度**と呼ぶ。一般化座標と同様に一般化速度も $\dot{\boldsymbol{q}}(t) = (\dot{q}^1(t), \dot{q}^2(t), \ldots, \dot{q}^n(t))$ とまとめてベクトル $\dot{\boldsymbol{q}}(t)$ で表す。

さて，力学系全体の運動エネルギーを T，位置エネルギー（ポテンシャル関数ともいう）を U と表すとき，これら 2 つの関数は一般に一般化座票 $\boldsymbol{q}(t)$ と一般化速度 $\dot{\boldsymbol{q}}(t)$ の関数であるので

$$T = T(\boldsymbol{q}(t), \dot{\boldsymbol{q}}(t)), \quad U = U(\boldsymbol{q}(t), \dot{\boldsymbol{q}}(t)) \tag{3.87}$$

と表せる。T とU を用いて**ラグランジアン** L をつぎの式で定義する。

$$L(\boldsymbol{q}(t), \dot{\boldsymbol{q}}(t)) = T(\boldsymbol{q}(t), \dot{\boldsymbol{q}}(t)) - U(\boldsymbol{q}(t), \dot{\boldsymbol{q}}(t)) \tag{3.88}$$

このとき，与えられた定数 t_0, t_1 と n 個の関数 $(q^1(t), q^2(t), , \ldots, q^n(t))$ の汎関数

$$I[\boldsymbol{q}(t)] = \int_{t_0}^{t_1} L\,(\boldsymbol{q}(t), \dot{\boldsymbol{q}}(t))\,dt \tag{3.89}$$

を考える。**ハミルトンの原理**によれば $\boldsymbol{q}(t_0)$ と $\boldsymbol{q}(t_1)$ を（境界条件として）与えたときの力学系の運動は $I[\boldsymbol{q}(t)]$ が停留値をとる関数 $\boldsymbol{q}(t)$ となる。したがって，運動方程式となるオイラー–ラグランジュの方程式 (3.80) はつぎのような連立微分方程式となる。

$$\frac{\partial L}{\partial q^j} - \frac{d}{dt}\left(\frac{\partial L}{\partial \dot{q}^j}\right) = 0 \qquad (j = 1, 2, \ldots, n) \tag{3.90}$$

ラグランジアン L を用いて記述される力学系を**ラグランジュ力学**と呼ぶ。

式 (3.90) から，もしラグランジアン L に，一般化座標 q^j が含まれていないときは，$\dfrac{\partial L}{\partial \dot{q}^j}$ が保存量となることがただちにわかる。

3.3 節でも見たように 応用上よく現れる力学系としては，運動エネルギー T が一般化速度 $\dot{\boldsymbol{q}}(t)$ の正値 2 次形式で与えられ，また，位置エネルギー U は一般化座標 $\boldsymbol{q}(t)$ のみの関数となる場合である。具体的には

$$T = \frac{1}{2}\sum_{i,j=1}^{n} g_{ij}(\boldsymbol{q})\dot{q}^i\dot{q}^j, \qquad U = U(\boldsymbol{q}(t)) \tag{3.91}$$

と表せる場合である。特に，このとき力学系は，**自然力学系** または**単純力学系**と呼ばれる。自然力学系においては，$g_{ij}(\boldsymbol{q})$ を (i, j) 成分とする n 次の行列 $G = (g_{ij})$ は正定値対称行列となり，$2T(dt)^2 = \displaystyle\sum_{i,j=1}^{n} g_{ij}(\boldsymbol{q})dq^i dq^j$ から自然と g_{ij} は配位空間 ($\boldsymbol{q}$ の空間) の長さを決める**リーマン計量**となる。

例 3.15 （ラグランジュの運動方程式） 図 **3.15** に示すような，摩擦のない床に質量 m_1 と m_2 の 2 つの物体が両端の壁から 3 本のばね (ばね定数

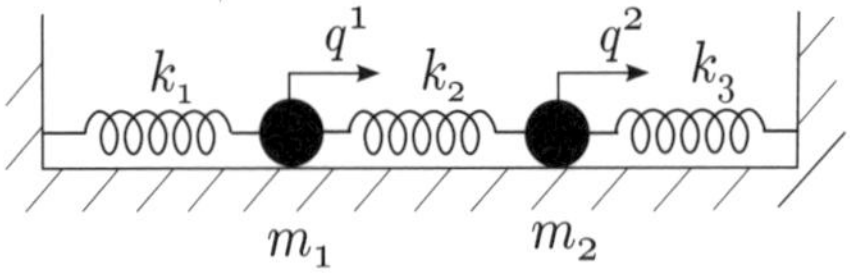

図 **3.15**　ばねと質量系

がそれぞれ k_1, k_2, k_3）でつながれた自由度2の力学系を考える。3本のばねは自然長の状態で釣り合っているものとする。図 **3.15** に示すように釣り合い状態からの変位を q^1, q^2 とすると，運動エネルギー T と位置エネルギー U はつぎのようになる。

$$T = \frac{1}{2}m_1(\dot{q}^1)^2 + \frac{1}{2}m_2(\dot{q}^2)^2$$

$$U = \frac{1}{2}k_1(q^1)^2 + \frac{1}{2}k_2(q^2 - q^1)^2 + \frac{1}{2}k_3(q^2)^2$$

本力学系は自然力学系であることがわかる。式 (3.90) より求めるラグランジュの運動方程式はつぎのようになる。

$$m_1\ddot{q}^1 = -k_1q^1 + k_2(q^2 - q^1), \qquad m_2\ddot{q}^2 = -k_2(q^2 - q^1) - k_3q^2$$

ここで，注意すべきことはニュートン力学では個々の物体に着目して（上記の例ではばねからの復元力のみであるが)，どのような力が働いているかを調べて，運動方程式を立てるが，ラグランジュ力学では系全体に着目して力学の情報をラグランジアン L がすべて把握していると考えられる。

問 3.12　図 **3.16** に示すような，質量が無視できる長さ l の 2 本の剛体棒か

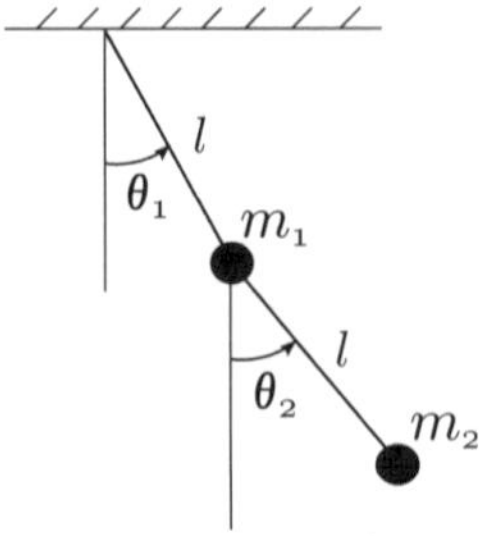

図 **3.16**　二重振り子

らなる二重振り子を考える。各おもりの質量を m_1, m_2，重力加速度を g とする。一般化座標 θ_1, θ_2 を微小として，運動方程式を導け。ここで，微小とはラグランジアンにおいて $\theta_1, \theta_2, \dot{\theta}_1, \dot{\theta}_2$ の 3 次以上は無視できることとする。

3.6.2 座 標 変 換

つぎに，オイラー–ラグランジュの方程式 (3.90) は座標変換のもとで変わらないことを示す。まず，オイラー–ラグランジュの方程式 (3.90) が成立しているとする。座標 q^j は新しい一般化座標 $\left(Q^1, Q^2, \ldots, Q^n\right)$ の関数として表されるので

$$q^j = q^j\left(Q^1, Q^2, \ldots, Q^n\right) \qquad (j = 1, 2, \ldots, n) \tag{3.92}$$

と表すと，座標変換なので，変換式 (3.92) には逆変換が存在し

$$Q^j = Q^j\left(q^1, q^2, \ldots, q^n\right) \qquad (j = 1, 2, \ldots, n) \tag{3.93}$$

と表すことができる。式 (3.92) より，時間微分して一般化速度は

$$\dot{q}^j = \sum_{l=1}^{n} \frac{\partial q^j}{\partial Q^l}\dot{Q}^l \qquad (j = 1, 2, \ldots, n) \tag{3.94}$$

の変換を受ける。一般化座標 $\left(q^1(t), q^2(t), \ldots, q^n(t)\right)$ をベクトル $\boldsymbol{q}(t)$ で，また一般化速度 $\left(\dot{q}^1(t), \dot{q}^2(t), \ldots, \dot{q}^n(t)\right)$ をベクトル $\dot{\boldsymbol{q}}(t)$ で表したように, 新しい一般化座標 $\left(Q^1(t), Q^2(t), \ldots, Q^n(t)\right)$ をベクトル $\boldsymbol{Q}(t)$ で，また一般化速度 $\left(\dot{Q}^1(t), \dot{Q}^2(t), \ldots, \dot{Q}^n(t)\right)$ をベクトル $\dot{\boldsymbol{Q}}(t)$ で表すこととする。

ラグランジアン L は $\boldsymbol{q}(t)$ と $\dot{\boldsymbol{q}}(t)$ の関数であったが，式 (3.92)，(3.94) を通して，$\boldsymbol{Q}(t)$ と $\dot{\boldsymbol{Q}}(t)$ の関数となる。式 (3.94) より

$$\frac{\partial \dot{q}^j}{\partial \dot{Q}^k} = \frac{\partial q^j}{\partial Q^k} \qquad (j, k = 1, 2, \ldots, n) \tag{3.95}$$

が成立する。ここで，式 (3.95) の右辺は $\boldsymbol{Q}(t)$ のみの関数であることに注意すべきである。そこで，式 (3.95) の両辺を時間微分すると

$$\frac{d}{dt}\left(\frac{\partial \dot{q}^j}{\partial \dot{Q}^k}\right) = \sum_{l=1}^{n}\left(\frac{\partial^2 q^j}{\partial Q^l \partial Q^k}\right)\dot{Q}^l \qquad (j, k = 1, 2, \ldots, n) \tag{3.96}$$

となる。式 (3.94) で $\dfrac{\partial q^j}{\partial Q^k}$ は，$\boldsymbol{Q}(t)$ のみの関数なので

$$\frac{\partial \dot{q}^j}{\partial Q^k} = \sum_{l=1}^{n} \left(\frac{\partial^2 q^j}{\partial Q^l \partial Q^k} \right) \dot{Q}^l \qquad (j,k = 1,2,\ldots,n) \tag{3.97}$$

を得る。したがって，式 (3.95)〜(3.97) からつぎの式が成立する。

$$\frac{d}{dt}\left(\frac{\partial q^j}{\partial Q^k} \right) = \frac{d}{dt}\left(\frac{\partial \dot{q}^j}{\partial \dot{Q}^k} \right) = \frac{\partial \dot{q}^j}{\partial Q^k} \qquad (j,k = 1,2,\ldots,n) \tag{3.98}$$

さて，ラグランジアン L は $\boldsymbol{q}(t)$ と $\dot{\boldsymbol{q}}(t)$ を通して $\boldsymbol{Q}(t)$ の関数である。したがって

$$\frac{\partial L}{\partial Q^k} = \sum_{j=1}^{n} \left(\frac{\partial L}{\partial q^j} \frac{\partial q^j}{\partial Q^k} + \frac{\partial L}{\partial \dot{q}^j} \frac{\partial \dot{q}^j}{\partial Q^k} \right) \qquad (k = 1,2,\ldots,n) \tag{3.99}$$

となる。他方，ラグランジアン L は $\dot{\boldsymbol{q}}(t)$ のみを通じて $\dot{\boldsymbol{Q}}(t)$ の関数となる。そこで，式 (3.95) を用いて

$$\frac{\partial L}{\partial \dot{Q}^k} = \sum_{j=1}^{n} \frac{\partial L}{\partial \dot{q}^j} \frac{\partial \dot{q}^j}{\partial \dot{Q}^k} = \sum_{j=1}^{n} \frac{\partial L}{\partial \dot{q}^j} \frac{\partial q^j}{\partial Q^k} \qquad (k = 1,2,\ldots,n) \tag{3.100}$$

となる。式 (3.100) を時間微分し式 (3.98) を用いると

$$\frac{d}{dt}\left(\frac{\partial L}{\partial \dot{Q}^k} \right) = \sum_{j=1}^{n} \left(\frac{d}{dt}\left(\frac{\partial L}{\partial \dot{q}^j} \right) \frac{\partial q^j}{\partial Q^k} + \frac{\partial L}{\partial \dot{q}^j} \frac{\partial \dot{q}^j}{\partial Q^k} \right) \quad (k = 1,2,\ldots,n) \tag{3.101}$$

を得る。2 つの式 (3.99)，(3.101) の両辺をそれぞれ引くと

$$\frac{\partial L}{\partial Q^k} - \frac{d}{dt}\left(\frac{\partial L}{\partial \dot{Q}^k} \right) = \sum_{j=1}^{n} \left(\frac{\partial L}{\partial q^j} - \frac{d}{dt}\left(\frac{\partial L}{\partial \dot{q}^j} \right) \right) \frac{\partial q^j}{\partial Q^k} \quad (k = 1,2,\ldots,n) \tag{3.102}$$

となる。仮定から，オイラー–ラグランジュの方程式 (3.90) が成立しているので，変換後の新しい一般化座標 $\boldsymbol{Q}(t)$ と一般化速度 $\dot{\boldsymbol{Q}}(t)$ についても式 (3.102) から，同じ形のオイラー–ラグランジュの方程式

$$\frac{\partial L}{\partial Q^k} - \frac{d}{dt}\left(\frac{\partial L}{\partial \dot{Q}^k} \right) = 0 \qquad (k = 1,2,\ldots,n) \tag{3.103}$$

が成立することがわかる。つまり，用いる座標系に依存しない運動方程式であることが示された。

例 3.16 (**中心力系と座標変換**) 質量 m の質点が 2 次元平面 (x, y) 上を中心力を受けて運動しているとする。つまり，原点からの距離 $r = \sqrt{x^2 + y^2}$ のみに依存するポテンシャル関数 $U(r)$ から導かれる力を受けるとする。このとき，一般化座標を直角座標 (x, y) として運動エネルギー T と位置エネルギー U は $T = \frac{1}{2}m\dot{x}^2 + \frac{1}{2}m\dot{y}^2$ および $U = U(r)$ となるので，ラグランジアン L は

$$L = \frac{1}{2}m\dot{x}^2 + \frac{1}{2}m\dot{y}^2 - U(r) \tag{3.104}$$

となる。したがって，求めるラグランジュの運動方程式は式 (3.90) より

$$m\ddot{x} = -\frac{x}{r}\frac{dU(r)}{dr}, \qquad m\ddot{y} = -\frac{y}{r}\frac{dU(r)}{dr} \tag{3.105}$$

さて，つぎに極座標 (r, θ) を導入しよう。直交座標 (x, y) と極座標 (r, θ) との関係はよく知られているように

$$x = r\cos(\theta), \qquad y = r\sin(\theta) \qquad (r > 0,\ 0 \leqq \theta < 2\pi) \tag{3.106}$$

である。極座標による運動エネルギー T は，式 (3.106) より

$$T = \frac{1}{2}m\left(\dot{r}^2 + r^2\dot{\theta}^2\right)$$

となるので，(r, θ) で表したラグランジアン $L(r, \theta, \dot{r}, \dot{\theta})$ は

$$L = \frac{1}{2}m\left(\dot{r}^2 + r^2\dot{\theta}^2\right) - U(r) \tag{3.107}$$

となる。極座標 (r, θ) に関してのラグランジュの運動方程式は式 (3.90) より

$$m\ddot{r} = mr\dot{\theta}^2 - \frac{dU(r)}{dr}, \qquad m\frac{d}{dt}\left(r^2\dot{\theta}\right) = 0 \tag{3.108}$$

となる。

式 (3.108) の第 2 式は微分方程式が容易に積分されて h を定数として保存量

$h = mr^2\dot{\theta}$ がただちに得られる。物理的には角運動量であり，直交座標 (x, y) を用いると， $h = m(x\dot{y} - y\dot{x})$ となる。式 (3.104) のラグランジアンでは，ただちに保存量の存在がわからないが，式 (3.107) のラグランジアンからはただちに保存量の存在が判明する。式 (3.104) と式 (3.107) を比べると，式 (3.104) にはすべての一般化座標と一般化速度が含まれているが，式 (3.104) には一般化座標 θ が含まれていない。したがって，式 (3.108) の第 2 式のような保存量が容易に導かれる。このような，ラグランジアン L に含まれない座標を**循環座標**と呼ぶ。

循環座標が見いだせるということは，考えている対象が何らかの**不変性**または**対称性**をもっていることと結び付いている。式 (3.107) で表される力学系は，原点について回転対称な系であることがわかる。

問 3.13　座標変換の式 (3.106) を用いて，角運動量 h は $h = m(x\dot{y} - y\dot{x})$ となることを示せ。

3.7　ハミルトン力学

本節では，ラグランジュ力学をさらに発展させたハミルトン力学について述べる。微分方程式の立場からいえば，ラグランジュ力学では運動方程式が 2 階微分方程式であったが， 3.2 節で考えたように，未知関数を増やし，ハミルトン力学では 1 階の微分方程式となる。また，変数変換の立場からすると，ラグランジュ力学では n 個の一般化座標の変換で不変な形の運動方程式であった。そこで，力学系を解くのにより有効な座標系を見いだす可能性を広げるためには，一般化速度も含めた形の変数変換を考えていく。

3.7.1　ハミルトンの運動方程式

ラグランジアン L は一般化座標 $\boldsymbol{q}(t) = (q^1(t), q^2(t), \ldots, q^n(t))$ と一般化速度 $\dot{\boldsymbol{q}}(t) = (\dot{q}^1(t), \dot{q}^2(t), \ldots, \dot{q}^n(t))$ の関数で与えられているとする。いま，式

(3.92) を拡張して

$$q^j = q^j\left(Q^1, Q^2, \ldots Q^n, \dot{Q}^1, \dot{Q}^2, \ldots, \dot{Q}^n\right) \quad (j = 1, 2, \ldots, n) \tag{3.109}$$

とすると, 時間微分の結果

$$\dot{q}^j = \dot{q}^j\left(Q^1, Q^2, \ldots Q^n, \dot{Q}^1, \dot{Q}^2, \ldots, \dot{Q}^n, \ddot{Q}^1, \ddot{Q}^2, \ldots, \ddot{Q}^n\right) \; (j = 1, 2, \ldots, n)$$

となって, たちまちラグランジアン L に, $\ddot{\boldsymbol{Q}}(t)$ が含まれてしまうので, 変換 (3.109) ではラグランジュ形式は保てないことがわかる。そこで, ラグランジアンから**一般化運動量**として p_j をつぎの式で定義する。

$$p_j = \frac{\partial L}{\partial \dot{q}^j} \qquad (j = 1, 2, \ldots, n) \tag{3.110}$$

この定義式 (3.110) は, $\dot{q}^j$ について解くことができるとする。その結果, 一般化速度 $\dot{\boldsymbol{q}}(t)$ は一般化座標 $\boldsymbol{q}(t)$ と一般化運動量 $\boldsymbol{p}(t) = (p_1(t), p_2(t), \ldots, p_n(t))$ の関数 $\dot{q}^j = \dot{q}^j(\boldsymbol{q}(t), (\boldsymbol{p}(t))$ となる。そこで, **ハミルトニアン** H を一般化座標 $\boldsymbol{q}(t)$ と一般化運動量 $\boldsymbol{p}(t)$ の関数としてつぎの式で定義する。

$$H(\boldsymbol{q}(t), \boldsymbol{p}(t)) = \left(\sum_{j=1}^{n} p_j \dot{q}^j\right) - L \tag{3.111}$$

ハミルトニアン H は $2n$ 個の変数の関数である。ラグランジアン L の物理的な意味は不明りょうであったがハミルトニアンには明確な意味がある。前節で定義した応用上よく現れる自然力学系で考えてみよう。式 (3.91) からラグランジアン L は

$$L = \frac{1}{2}\sum_{i,j=1}^{n} g_{ij}(\boldsymbol{q})\dot{q}^i\dot{q}^j - U(\boldsymbol{q}(t)) \tag{3.112}$$

となる。一般化運動量の定義式 (3.110) から, $g_{jk} = g_{kj}$ に注意して

$$p_j = \frac{\partial L}{\partial \dot{q}^j} = \sum_{k=1}^{n} g_{jk}\dot{q}^k \qquad (j = 1, 2, \ldots, n) \tag{3.113}$$

となる。(j, k) 成分を g_{jk} とする行列 $G = (g_{jk})$ を用いて表すと

$$\begin{pmatrix} p_1 \\ p_2 \\ \vdots \\ p_n \end{pmatrix} = G \begin{pmatrix} \dot{q}^1 \\ \dot{q}^2 \\ \vdots \\ \dot{q}^n \end{pmatrix} \tag{3.114}$$

となる。行列 G の逆行列を G^{-1} として式 (3.114) を書き直すと次式となる。

$$\begin{pmatrix} \dot{q}^1 \\ \dot{q}^2 \\ \vdots \\ \dot{q}^n \end{pmatrix} = G^{-1} \begin{pmatrix} p_1 \\ p_2 \\ \vdots \\ p_n \end{pmatrix} \tag{3.115}$$

行列 G^{-1} の (j,k) 成分を g^{jk} とすると

$$\sum_{m=1}^{n} \left(g^{im} g_{mj} \right) = \delta^i_j \tag{3.116}$$

が成立する。ここで，δ^i_j はクロネッカーのデルタであり，つぎの性質を満たす。ただし，1 章ではクロネッカーのデルタを δ_{ij} とした。

$$\delta^i_j = \begin{cases} 1 & (i = j \text{ のとき}) \\ 0 & (i \neq j \text{ のとき}) \end{cases} \tag{3.117}$$

つまり，式 (3.113) に対応して

$$\dot{q}^j = \sum_{k=1}^{n} g^{jk} p_k \qquad (j = 1, 2, \ldots, n) \tag{3.118}$$

が成立する。ハミルトニアンの定義式 (3.111) から，式 (3.113) を用いて H を書き直すと

$$\begin{aligned} H =& \sum_{i=1}^{n} \sum_{j=1}^{n} g_{ij} \dot{q}^i \dot{q}^j - \frac{1}{2} \left(\sum_{i=1}^{n} \sum_{j=1}^{n} g_{ij} \dot{q}^i \dot{q}^j \right) + U \\ =& \frac{1}{2} \left(\sum_{i=1}^{n} \sum_{j=1}^{n} g_{ij} \dot{q}^i \dot{q}^j \right) + U \end{aligned} \tag{3.119}$$

となるので，ハミルトニアン H は全エネルギーであることがわかる。さらに，計算すると

$$\begin{aligned}
H=&\frac{1}{2}\left(\sum_{i=1}^{n}\sum_{j=1}^{n}g_{ij}\left(\sum_{m=1}^{n}g^{im}p_m\right)\left(\sum_{l=1}^{n}g^{jl}p_l\right)\right)+U\\
=&\frac{1}{2}\sum_{j=1}^{n}\sum_{m=1}^{n}\sum_{l=1}^{n}\delta_j^m g^{jl}p_m p_l+U\\
=&\frac{1}{2}\sum_{m=1}^{n}\sum_{l=1}^{n}g^{ml}p_m p_l+U
\end{aligned} \tag{3.120}$$

が成立する。ハミルトニアン H は，全エネルギーを一般化座標 $\boldsymbol{q}(t)$ と一般化運動量 $\boldsymbol{p}(t)$ で表したものである。

ハミルトニアン H を導入したときの運動方程式を考えよう。ハミルトニアンの定義式 (3.111) から

$$\frac{\partial H}{\partial p_i}=\sum_{j=1}^{n}\left(p_j\frac{\partial \dot{q}^j}{\partial p_i}\right)+\dot{q}^i-\sum_{j=1}^{n}\left(\frac{\partial L}{\partial \dot{q}^j}\frac{\partial \dot{q}^j}{\partial p_i}\right)$$

となるが，$p_j=\dfrac{\partial L}{\partial \dot{q}^j}$ の関係から

$$\frac{\partial H}{\partial p_i}=\dot{q}^i \qquad (i=1,2,\ldots,n) \tag{3.121}$$

が成立する。また，$p_j=\dfrac{\partial L}{\partial \dot{q}^j}$ の関係を用いて

$$\frac{\partial H}{\partial q^i}=\sum_{j=1}^{n}\left(p_j\frac{\partial \dot{q}^j}{\partial q^i}\right)-\frac{\partial L}{\partial q^i}-\sum_{j=1}^{n}\left(\frac{\partial L}{\partial \dot{q}^j}\frac{\partial \dot{q}^j}{\partial q^i}\right)=-\frac{\partial L}{\partial q^i}$$

となるが，オイラー–ラグランジュの方程式と一般化運動量 p_i の定義から

$$\frac{\partial H}{\partial q^i}=-\frac{d}{dt}\left(\frac{\partial L}{\partial \dot{q}^i}\right)=-\dot{p}_i \qquad (i=1,2,\ldots,n) \tag{3.122}$$

が成立する。以上の結果をまとめて，p_i と q^i についての方程式を得る。

$$\dot{p}_i=-\frac{\partial H}{\partial q^i}, \qquad \dot{q}^i=\frac{\partial H}{\partial p_i} \qquad (i=1,2,\ldots,n) \tag{3.123}$$

運動方程式 (3.123) は，**正準方程式**または**ハミルトンの運動方程式**と呼ばれる。また，p_i と q^i はたがいに共役な**正準変数**という。このように，ハミルトニアン H を用いて運動を記述する力学形式を**ハミルトン力学**という。

例 3.17 (正準方程式)　例 3.16 で調べた 2 次元の中心力系をハミルトン形式で調べよう。ラグランジアン (3.107) より p_r と p_θ をそれぞれ r と θ に共役な一般化運動量とすると

$$p_r = m\dot{r}, \qquad p_\theta = mr^2\dot{\theta}$$

となる。この式から $\dot{r} = \dfrac{p_r}{m}$ および $\dot{\theta} = \dfrac{p_\theta}{mr^2}$ となるので，ハミルトニアン H は

$$H = \frac{1}{2}\left(\frac{p_r^2}{m} + \frac{p_\theta^2}{mr^2}\right) + U(r) \tag{3.124}$$

となる。さらに，正準方程式はつぎのようになる。

$$\dot{p_r} = \frac{p_\theta^2}{mr^3} - \frac{dU(r)}{dr}, \quad \dot{p_\theta} = 0, \quad \dot{r} = \frac{p_r}{m}, \quad \dot{\theta} = \frac{p_\theta}{mr^2} \tag{3.125}$$

やはり，ハミルトニアンに θ が含まれていないので，θ に共役な運動量 p_θ の時間微分が 0 となり，p_θ そのものが保存量となることがわかる。さらに $p_\theta = mr^2\dot{\theta}$ より p_θ は角運動量であることがただちにわかる。

つぎに，ポアソン括弧について簡単に触れておこう。$\boldsymbol{p}$ と $\boldsymbol{q}$ の $2n$ 個の変数の関数 $F(\boldsymbol{p}, \boldsymbol{q})$ と $G(\boldsymbol{p}, \boldsymbol{q})$ を考える。このとき，つぎの式で定義される $\{F, G\}$ を F と G の**ポアソン括弧**と呼ぶ。

$$\{F, G\} = \sum_{i=1}^{n}\left(\frac{\partial F}{\partial q^i}\frac{\partial G}{\partial p_i} - \frac{\partial F}{\partial p_i}\frac{\partial G}{\partial q^i}\right) \tag{3.126}$$

ポアソン括弧を用いると，正準方程式 (3.123) は

$$\frac{dp_i}{dt} = \{p_i, H\}, \qquad \frac{dq^i}{dt} = \{q^i, H\} \tag{3.127}$$

のように簡単に表すことができる。また，関数 $\Omega(\boldsymbol{p}, \boldsymbol{q})$ が時間変数 t を陽に含

まず $\boldsymbol{p}$ と $\boldsymbol{q}$ の関数であるとき，正準方程式 (3.123) の解のうえでどのように変化するかを見るときは $\dfrac{\partial \Omega}{\partial t}=0$ だから，正準方程式を用いると

$$\frac{d\Omega(\boldsymbol{p},\boldsymbol{q})}{dt}=\sum_{i=1}^{n}\left(\frac{\partial \Omega}{\partial p_i}\dot{p_i}+\frac{\partial \Omega}{\partial q^i}\dot{q^i}\right)=\{\Omega, H\} \tag{3.128}$$

となる。したがって，関数 $\Omega(\boldsymbol{p},\boldsymbol{q})$ が力学系の保存量であるための必要十分条件は，

$$\{\Omega, H\}=0 \tag{3.129}$$

とまとめられる。明らかに，ポアソン括弧の定義式 (3.126) から，$\{H, H\}=0$ であるので，ハミルトニアン H は保存量であることがただちにわかる。さらに，ポアソン括弧の性質として $(\boldsymbol{p},\boldsymbol{q})$ の 3 つの関数，G_1, G_2, G_3 があるとき

$$\{G_1, \{G_2, G_3\}\}+\{G_2, \{G_3, G_1\}\}+\{G_3, \{G_1, G_2\}\}=0 \tag{3.130}$$

の**ヤコビの恒等式**が成立する。ヤコビの恒等式 (3.130) の G_1 を H とするとわかるように，G_1 と G_2 が保存量のときこれらのポアソン括弧から得られる $(\boldsymbol{p},\boldsymbol{q})$ の関数 $\{G_1, G_2\}$ も保存量となることがわかる。このように，既知の保存量から新しいと思われる保存量を構成することができる。ラグランジュ力学のところで触れたように保存量は力学系のもつ不変性（対称性）と深い関わりがある。保存量のなす代数的構造から対称性というものが定義される。

問 3.14 自由度 2 の等方的調和振動子のハミルトニアンは m, k を定数としてつぎの式で与えられる。

$$H=\frac{1}{2m}\sum_{i=1}^{2}{p_i}^2+\frac{k}{2}\sum_{i=1}^{2}\left(q^i\right)^2$$

つぎの関数が，保存量であることを示せ。

$$G_1=\frac{1}{m}{p_1}^2+k\left(q^1\right)^2, \qquad G_2=\frac{1}{m}{p_2}^2+k\left(q^2\right)^2$$

$$G_3=\frac{1}{m}p_1p_2+kq^1q^2, \qquad G_4=\left(p_1q^2-p_2q^1\right)$$

さらに，$\{G_i, G_j\}$ $(i, j=1,2,3,4)$ を求めよ。

3.7.2 正準変換の例

本節の最後に変数変換の立場から正準方程式 (3.123) を見ておこう。ラグランジュの運動方程式は n 個の一般化座標の変換で不変な方程式であり，どのような座標系でも同じ形をとる運動方程式であった。正準方程式では，どのような $2n$ 個の $(\boldsymbol{p}, \boldsymbol{q})$ でも同じ形になるかというとそれは成立しない。自由度 1 の力学系のハミルトニアン $H(p, q)$ が与えられたとする。新しい変数 (P, Q) として

$$P = p + q, \qquad Q = p - q$$

とおいたとき

$$p = \frac{P + Q}{2}, \qquad q = \frac{P - Q}{2}$$

となる。新しい変数で正準方程式 (3.123) がどのような変換を受けるかを見てみよう。

$$\frac{\partial p}{\partial P} = \frac{\partial p}{\partial Q} = \frac{1}{2}, \quad \frac{\partial q}{\partial P} = -\frac{\partial q}{\partial Q} = \frac{1}{2}$$

となるので，以下の式が成立する。

$$\frac{\partial H}{\partial P} = \frac{\partial H}{\partial p}\frac{\partial p}{\partial P} + \frac{\partial H}{\partial q}\frac{\partial q}{\partial P} = \frac{1}{2}\left(\frac{\partial H}{\partial p} + \frac{\partial H}{\partial q}\right) = \frac{1}{2}\left(\dot{q} - \dot{p}\right)$$

同様につぎの式が成立する。

$$\frac{\partial H}{\partial Q} = \frac{\partial H}{\partial p}\frac{\partial p}{\partial Q} + \frac{\partial H}{\partial q}\frac{\partial q}{\partial Q} = \frac{1}{2}\left(\frac{\partial H}{\partial p} - \frac{\partial H}{\partial q}\right) = \frac{1}{2}\left(\dot{q} + \dot{p}\right)$$

他方，$\dot{P} = \dot{p} + \dot{q}, \dot{Q} = \dot{p} - \dot{q}$ だから

$$\frac{\partial H}{\partial P} = -\frac{1}{2}\dot{Q}, \qquad \frac{\partial H}{\partial Q} = \frac{1}{2}\dot{P}$$

となって，もはや正準方程式の形ではない。

そこで，簡単のため自由度 1 の力学系で，$\alpha, \beta, \gamma, \delta$ を定数としたつぎの形の変数変換を考えよう。

$$P = \alpha p + \beta q, \qquad Q = \gamma p + \delta q \tag{3.131}$$

すると，逆変換は $\varDelta = \alpha\delta - \beta\gamma \neq 0$ とおいて

$$p = \frac{\delta P - \beta Q}{\varDelta}, \qquad q = \frac{-\gamma P + \alpha Q}{\varDelta} \tag{3.132}$$

となる。したがって

$$\frac{\partial p}{\partial P} = \frac{\delta}{\varDelta}, \quad \frac{\partial p}{\partial Q} = -\frac{\beta}{\varDelta}, \quad \frac{\partial q}{\partial P} = -\frac{\gamma}{\varDelta}, \quad \frac{\partial q}{\partial Q} = \frac{\alpha}{\varDelta}$$

より

$$\frac{\partial H}{\partial P} = \frac{1}{\varDelta}\left(\delta\frac{\partial H}{\partial p} - \gamma\frac{\partial H}{\partial q}\right) = \frac{1}{\varDelta}(\delta\dot{q} + \gamma\dot{p})$$

$$\frac{\partial H}{\partial Q} = \frac{1}{\varDelta}\left(-\beta\frac{\partial H}{\partial p} + \alpha\frac{\partial H}{\partial q}\right) = \frac{1}{\varDelta}(-\beta\dot{q} - \alpha\dot{p})$$

が成立する。他方，式 (3.131) より $\dot{P} = \alpha\dot{p} + \beta\dot{q}, \dot{Q} = \gamma\dot{p} + \delta\dot{q}$ だから

$$\dot{Q} - \frac{\partial H}{\partial P} = \frac{\varDelta - 1}{\varDelta}(\gamma\dot{p} + \delta\dot{q}), \dot{P} + \frac{\partial H}{\partial Q} = \frac{\varDelta - 1}{\varDelta}(\alpha\dot{p} + \beta\dot{q}) \tag{3.133}$$

を得る。ここで，変換式 (3.131) で $\varDelta = \alpha\delta - \beta\gamma = 1$ の条件を満たせば，正準方程式の形が変わらないことがわかる。このように，正準方程式の形が変わらない変換を，**正準変換**と呼ぶ。したがって，つぎの変換

$$P = -q, \qquad Q = p$$

も正準変換であるので，もはや座標や運動量という物理的な量は方程式を解くための変換の立場からすれば物理的意味のないものとなっている。

例 3.18 (**正準変換の応用**) $\varDelta = 1$ の正準変換式 (3.131) を用いて，つぎのハミルトニアンをもつ自由度 1 の力学系の正準方程式の解を求める。

$$H = \frac{1}{2}p^2 + pq + \frac{1}{2}q^2$$

いま，$P = \frac{1}{\sqrt{2}}(p+q), Q = \frac{1}{\sqrt{2}}(p-q)$ は正準変換であり，$H = P^2$ となる。(P, Q) についての正準方程式から

$$\dot{Q} = \frac{\partial H}{\partial P} = 2P, \qquad \dot{P} = -\frac{\partial H}{\partial Q} = 0$$

が成立する。この微分方程式は簡単に解くことができ，C_0 と C_1 を定数として，P, Q は以下のようになる。

$$Q = 2C_0 t + C_1, \qquad P = C_0$$

もちろん，もとの変数 (q, p) では $q = \frac{1}{\sqrt{2}}(P - Q)$ および $p = \frac{1}{\sqrt{2}}(P + Q)$ より以下のように表される。

$$q = \frac{1}{\sqrt{2}}(-2C_0 t - C_1 + C_0), \; p = \frac{1}{\sqrt{2}}(2C_0 t + C_0 + C_1) \quad (3.134)$$

問 3.15　例 3.18 のハミルトニアンをもつ自由度 1 の力学系の正準方程式を変数 (q, p) について書き下し，直接微分方程式を解いて解を求め，正準変換を用いた結果と比較せよ。

章　末　問　題

【1】 つぎの微分方程式を 1 階の連立微分方程式に変形せよ。

(1) $\dfrac{d^2x}{dt^2} + 3\dfrac{dx}{dt} + 2x = 4t^3$

(2) $\dfrac{d^2x}{dt^2} + x = e^t + 3\cos t$

(3) $\dfrac{d^3x}{dt^3} + t\dfrac{d^2x}{dt^2} + 4x = e^{2t}\cos t$

【2】 つぎの行列 A, B の指数関数 e^{At}, e^{Bt} を求めよ。

$$A = \begin{pmatrix} 1 & 2 \\ 0 & 2 \end{pmatrix}, \qquad B = \begin{pmatrix} 2 & 2 \\ 1 & 1 \end{pmatrix}$$

【3】 つぎの微分方程式を連立微分方程式に直して解け。

(1) $\dfrac{d^2y}{dt^2} + 3\dfrac{dy}{dt} + 2y = 4, \quad y(0) = 1, y'(0) = 2$

(2) $\dfrac{d^2y}{dt^2} + y = 8, \quad y(0) = 1, y'(0) = 1$

【4】 3 次元ベクトルを $\boldsymbol{r}=(x,y,z)$ と表すとき，運動方程式が

$$\frac{d^2\boldsymbol{r}}{dt^2}=\frac{d\boldsymbol{r}}{dt}\times\boldsymbol{B}-\nabla U \quad \text{ただし}, \boldsymbol{B}=-\mu\frac{\boldsymbol{r}}{r^3},\ U(r)=-\frac{k}{r}+\frac{\mu^2}{2r^2}$$

で表される力学系は MIC ケプラー運動と呼ばれるケプラー運動のひとつの拡張である。ただし， $r=|\boldsymbol{r}|$ で μ と k は定数である。つぎの 2 つのベクトル $\boldsymbol{J}$ と $\boldsymbol{R}$ はこの力学系の保存ベクトルであることを示せ。

$$\boldsymbol{J}=\boldsymbol{r}\times\frac{d\boldsymbol{r}}{dt}+\mu\frac{\boldsymbol{r}}{r}, \qquad \boldsymbol{R}=\frac{d\boldsymbol{r}}{dt}\times\boldsymbol{J}-k\frac{\boldsymbol{r}}{r}$$

【5】 $x>0$ の範囲で運動する 自由度 1 の力学系を考える。ポテンシャル関数 $U(x)$ は以下で与えられる。このとき，相平面上のベクトル場と相曲線を描いて運動を調べよ。ただし，$m>0, k>0, x>0$ とする。

$$U(x)=\frac{m}{x^2}-\frac{k}{x}$$

【6】 つぎの微分方程式系の平衡点を求めその平衡点がどのような平衡点かを求めよ。

(1)

$$\begin{pmatrix}\dfrac{dx_1}{dt}\\[2ex]\dfrac{dx_2}{dt}\end{pmatrix}=\begin{pmatrix}1-e^{x_2}\\[2ex]4-{x_1}^2\end{pmatrix}$$

(2)

$$\begin{pmatrix}\dfrac{dx_1}{dt}\\[2ex]\dfrac{dx_2}{dt}\end{pmatrix}=\begin{pmatrix}{x_1}^2+{x_2}^2-5\\[2ex]2x_1-x_2\end{pmatrix}$$

【7】 平面上の 2 点 P,Q の直角座標をそれぞれ (α,β) と (γ,δ) とおく。ただし，$\alpha\neq\gamma$ とする。2 点 P,Q を結ぶ曲線のうち最短な曲線 $y=y(x)$ を変分法により求めよ。

【8】 ハミルトニアン $H(q,p)$ が

$$H(q,p)=\frac{1}{2}\left(p^2+2pq+q^2\right)^2$$

で与えられる自由度 1 の力学系を考える。つぎの変換が正準変換であることを用いて，座標 q,p について，正準方程式を解け。

$$Q=\frac{1}{\sqrt{2}}(p+q), \qquad P=\frac{1}{\sqrt{2}}(p-q)$$

4 電磁気学入門

4.1 は じ め に

電場と磁場はベクトル場の典型的な例である。電磁場の諸法則を理解し，さらにそれらを実際の場面で使いこなすためには，ベクトル解析の知識とその物理的・幾何学的な理解が不可欠である。本章では，電磁気学の基本法則の幾何学的な意味を理解し，そのいくつかの具体的な応用例を示すとともに，電磁気学を学ぶ学生にとって鬼門ともいわれるマックスウェル方程式と電磁波について理解を深めることを目的とする。その目的のために，最初にベクトル解析について若干のページを割く。この中で，発散や回転の幾何学的 (あるいは直感的) な理解に努め，それらを通じてベクトル解析では難解とされるガウスの定理やストークスの定理などの積分定理の幾何学的・直感的な理解につなげる。電荷がつくる静電場および電流がつくる静磁場について，それぞれクーロンの法則およびビオ–サバールの法則が成り立つことを説明した後，これらの法則がそれと等価なガウスの法則およびアンペールの法則という積分法則で表されることを解説する。また，時間的に変化する電磁場について成り立つファラデーの電磁誘導の法則も電磁場の積分法則として書くことができる。マックスウェルの変位電流項を加えた，これらの積分法則を微分方程式として表したものがマックスウェル方程式である。この積分法則から微分法則への移行を理解することは，ベクトル解析におけるガウスの定理やストークスの定理の幾何学的な意味を把握できていれば，きわめて容易である。最後にマックスウェル方程式の波動解を調べることで，光は電場と磁場の振動が伝搬する電磁波であることが明らかになる。

4.2　スカラー場とベクトル場

空間の各点ごとにスカラーが与えられているときこれを**スカラー場**と呼ぶ。スカラー場の例としては，空間の各点での温度，圧力，物質の密度や濃度などをあげることができる。力学で登場する位置エネルギー (3.4 節参照) や 4.4 節で扱う電位もスカラー場である。また，空間の各点ごとにベクトルが与えられているときにこれを**ベクトル場**と呼ぶ。ベクトル場の例としては，本章で扱う電場や磁場のほかに，重力場や流体における流れの場 (速度場) などをあげることができる。

4.2.1　スカラー場の勾配と等位面

スカラー場 ϕ の点 $\mathrm{P}(x, y, z)$ での値を $\phi(x, y, z)$ としよう。点 P から微小なベクトル $\Delta\boldsymbol{r} = (\Delta x, \Delta y, \Delta z)$ だけ移動することを考える。なお，本書で $\Delta\boldsymbol{r}$ を微小なベクトルと呼ぶ場合は，$\Delta\boldsymbol{r} \to \boldsymbol{0}$ の極限を考えていると了解する。この移動によるスカラー場 ϕ の変化分 $\Delta\phi = \phi(x + \Delta x,\ y + \Delta y,\ z + \Delta z) - \phi(x,\ y,\ z)$ は ϕ の偏微分係数を用いて以下のように表すことができる。

$$\Delta\phi = \frac{\partial\phi}{\partial x}\Delta x + \frac{\partial\phi}{\partial y}\Delta y + \frac{\partial\phi}{\partial z}\Delta z \tag{4.1}$$

いま，ϕ の偏微分係数を成分とするベクトル $\left(\dfrac{\partial\phi}{\partial x}, \dfrac{\partial\phi}{\partial y}, \dfrac{\partial\phi}{\partial z}\right)$ を $\mathrm{grad}\,\phi$ と書き，ϕ の**勾配** (gradient) と呼ぶ。各方向の偏微分を成分とする微分演算子 $\nabla = \left(\dfrac{\partial}{\partial x}, \dfrac{\partial}{\partial y}, \dfrac{\partial}{\partial z}\right)$ を**ナブラ**と呼ぶ。勾配 $\mathrm{grad}\,\phi$ は $\nabla\phi$ と表すこともできる。式 (4.1) の右辺は ϕ の勾配と $\Delta\boldsymbol{r}$ との内積として表される。

$$\Delta\phi = \mathrm{grad}\,\phi \cdot \Delta\boldsymbol{r}\ \left(= \nabla\phi \cdot \Delta\boldsymbol{r}\right) \tag{4.2}$$

任意の点 P から任意の単位ベクトル $\boldsymbol{n}$ の方向に微小な距離 Δs だけ移動してみよう。これは式 (4.2) で $\Delta\boldsymbol{r} = \boldsymbol{n}\ \Delta s$ ととることに対応するから

$$\Delta\phi = \mathrm{grad}\,\phi \cdot \boldsymbol{n}\ \Delta s \tag{4.3}$$

となる。$\mathrm{grad}\,\phi$ と $\boldsymbol{n}$ がなす角を θ とすると

$$\frac{\Delta\phi}{\Delta s} = |\,\mathrm{grad}\,\phi\,|\ \cos\theta \tag{4.4}$$

である。したがって，点 P から移動するとき，その方向 $\boldsymbol{n}$ が $\mathrm{grad}\,\phi$ の方向と同じとき (すなわち $\theta = 0$ のとき) に，スカラー場 ϕ の変化率が最大となり ($\cos\theta = 1$)，その最大の変化率がちょうど $|\mathrm{grad}\,\phi|$ となる。

一般にスカラー場の値が等しい点は曲面をつくる。この曲面を**等位面**と呼ぶ (**図 4.1**)。等位面内で任意の方向に微小なベクトル $\Delta\boldsymbol{r} = (\Delta x, \Delta y, \Delta z)$ だけ移動してもスカラー場の変化量 $\Delta\phi$ は 0 であるから，式 (4.2) を用いれば

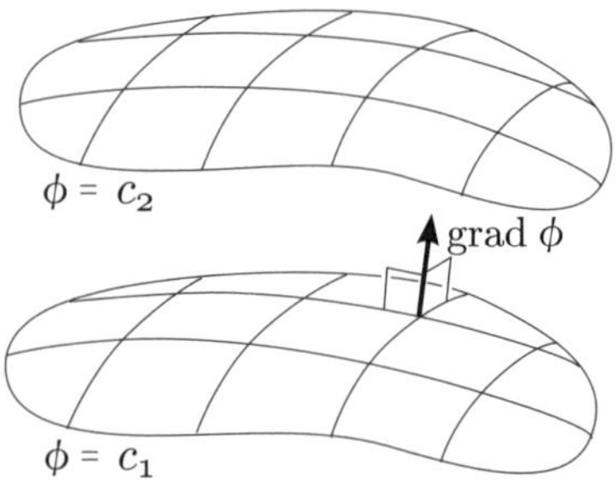

図 4.1　等位面と勾配

$$\mathrm{grad}\,\phi \cdot \Delta\boldsymbol{r}\ (\ = \nabla\phi \cdot \Delta\boldsymbol{r}\ ) = 0 \tag{4.5}$$

となる。この式は勾配 $\mathrm{grad}\,\phi$ が $\Delta\boldsymbol{r}$ と垂直であること，すなわち $\mathrm{grad}\,\phi$ は等位面と垂直であることを示している。

問 4.1　スカラー場が $\phi = f(r)$ のときの勾配を計算せよ。ただし $r = \sqrt{x^2 + y^2 + z^2}$ は原点からの距離とし，$f(r)$ は r の任意のスカラー関数とする。また，求めたこの勾配は**動径方向** (原点から遠ざかる方向) を向いていることが計算する以前に勾配の幾何学的意味からわかるが，実際の計算結果もそのとおりであることを示せ。

4.2.2　ガウスの定理と発散の物理的意味

つぎにベクトル場の流束と発散について考察する (引用・参考文献 25) 参照)。

3 次元空間内に表と裏が指定された曲面 S を考えて，その曲面全体にわたるベクトル場 $\boldsymbol{A}$ の**面積分**を考える。

$$\int_S \boldsymbol{A}\cdot\boldsymbol{n}\,dS \tag{4.6}$$

ここで，$\boldsymbol{n}$ は曲面 S 上の各点で曲面に垂直な単位ベクトル (単位法線ベクトル) で，向きは曲面の裏から表向きにとる。$\boldsymbol{A}\cdot\boldsymbol{n}$ はベクトル場 $\boldsymbol{A}$ の曲面に垂直な (裏から表向きの) 成分である。面積分 (4.6) のことをベクトル場 $\boldsymbol{A}$ の曲面 S についての**流束** (あるいはたんに束)(flux) と呼ぶ。

以下では特に曲面 S が**閉曲面**の場合について考察する。その場合は閉曲面の外側を表，内側を裏とする。曲面 S が閉曲面の場合の流束の意味を理解するために，ベクトル場 $\boldsymbol{A}(x, y, z)$ の具体例として 3 次元空間を流体が流れているときの速度場について考えてみよう。すなわち $\boldsymbol{A}(x, y, z)$ は空間の各点 (x, y, z) における流体の速度ベクトルを表すと考える。このとき，$\boldsymbol{A}\cdot\boldsymbol{n}\,dS$ は閉曲面上の微小な面積 dS を閉曲面の内側から外側に向けて単位時間に通過する流体の体積 (流量) である。流体が閉曲面の内側から外側に流れ出す場所では正の値を，逆に外側から内側に流れ込む場所では負の値をとる。したがって，閉曲面全体にわたる流束 (4.6) は，閉曲面全体で単位時間に閉曲面の外に流れ出す流体の体積と外から流れ込む体積の差，すなわち流体の正味の流れ出す体積を表している。もしこの流体が非圧縮性の (すなわち圧縮されたり膨張したりしない) 流体ならば，この閉曲面全体にわたる積分 (4.6) は，閉曲面内全体からの流体の単位時間当りの**湧き出し量**に等しい。

つぎに，ベクトル場の**発散** (divergence) について考察する。一般のベクトル場 $\boldsymbol{A}$ について閉曲面 S を空間の任意の 1 点に縮めてみよう。ここでは縮めた微小な閉曲面として直方体の表面を考え，そのひとつの頂点 P の座標を (x, y, z)，各辺の長さを Δx, Δy, Δz とする (図 **4.2**)。最初に直方体の 6 つの平面のうち，x 軸に垂直なたがいに向かい合う平面 S_1 と S_2 からの面積分 (4.6) への寄与に注目しよう。平面 S_2 上では外向き単位法線ベクトル $\boldsymbol{n}$ は x 軸の正の方向を向いているので，$\boldsymbol{A}\cdot\boldsymbol{n}$ はベクトル場 $\boldsymbol{A}$ の x 成分 A_x であり，一方，平面 S_1

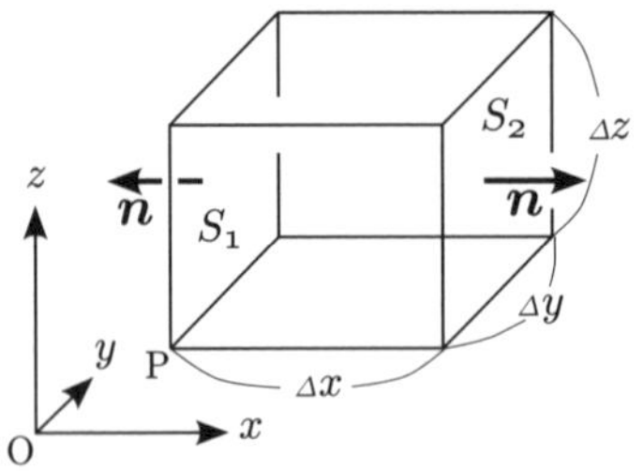

図 **4.2**　微小な直方体の領域

上では外向き単位法線ベクトル $\boldsymbol{n}$ は x 軸の負の方向を向いているので，$\boldsymbol{A}\cdot\boldsymbol{n}$ は $-A_x$ である。したがって，この 2 つの平面からの寄与は合わせて以下のようになる。

$$\{A_x(x+\Delta x, y, z) - A_x(x, y, z)\}\,\Delta y\Delta z \tag{4.7}$$

ここで，$\Delta y\Delta z$ は平面 S_1 と S_2 それぞれの面積である。また，ベクトル場の成分 A_x の値は平面 S_1 と S_2 のそれぞれの上で一定ではないが，面の頂点 $(x+\Delta x, y, z)$ と (x, y, z) での値で置き換えた。そのことによる誤差は式 (4.7) 自体に比べて Δy または Δz に比例する因子の分だけ小さく，$\Delta y \to 0$, $\Delta z \to 0$ の極限で正確に無視できる。式 (4.7) は $\Delta x \to 0$ の極限で

$$\frac{\partial A_x(x,y,z)}{\partial x}\Delta x\Delta y\Delta z = \frac{\partial A_x(x,y,z)}{\partial x}\Delta V \tag{4.8}$$

である。ここで，直方体の体積を $\Delta V(=\Delta x\Delta y\Delta z)$ とおいた。同様の考察をすれば，y 軸に垂直な向かい合う 2 つの面からの寄与と z 軸に垂直な向かい合う 2 つの面からの寄与はそれぞれ

$$\frac{\partial A_y(x,y,z)}{\partial y}\Delta y\Delta x\Delta z = \frac{\partial A_y(x,y,z)}{\partial y}\Delta V\ ,$$

$$\frac{\partial A_z(x,y,z)}{\partial z}\Delta z\Delta x\Delta y = \frac{\partial A_z(x,y,z)}{\partial z}\Delta V \tag{4.9}$$

で，直方体全体では以下のとおりとなる。

$$\begin{aligned}\int_S \boldsymbol{A}\cdot\boldsymbol{n}dS &= \left\{\frac{\partial A_x(x,y,z)}{\partial x} + \frac{\partial A_y(x,y,z)}{\partial y} + \frac{\partial A_z(x,y,z)}{\partial z}\right\}\Delta V \\ &= \mathrm{div}\,\boldsymbol{A}\ \Delta V\end{aligned} \tag{4.10}$$

ここで，div $\boldsymbol{A}$ は，$\nabla\cdot\boldsymbol{A}$ と書くこともできるが，ベクトル場 $\boldsymbol{A}$ の発散 (divergence) と呼ばれるスカラー場である。式 (4.10) は，閉曲面 S が直方体の表面として求めた式であるが，じつは閉曲面を 1 点に縮めたときには，閉曲面の形によらず

成り立つ式である。逆にいえば，任意の点Pでのベクトル場の発散は一般に以下で定義されると考えてもよい。

$$\mathrm{div}\,\boldsymbol{A} = \lim_{\Delta V \to 0} \frac{\int_S \boldsymbol{A} \cdot \boldsymbol{n} dS}{\Delta V} \tag{4.11}$$

ここで，S は点Pを内側に含む任意の閉曲面で，ΔV は S で囲まれる領域の体積である。すなわち，物理的には，ベクトル場の発散は「ベクトル場の単位体積当りの湧き出し量」を表している。

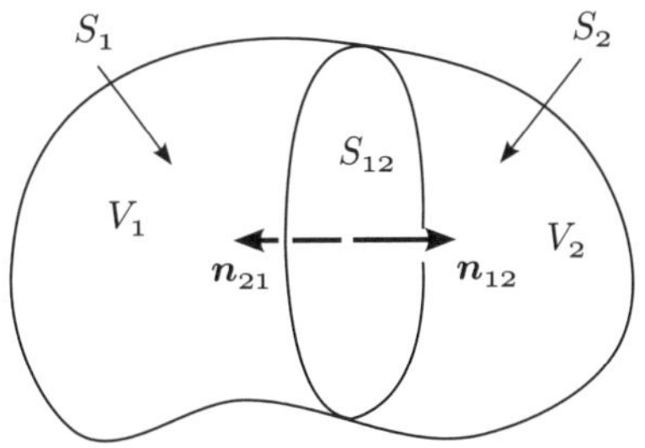

図 **4.3** 閉曲面で囲まれた領域の分割

ひとつの閉曲面 S を考え，それが囲む領域を V とするとき，両者の関係を $S = \partial V$ と表すことにする。この領域 V を2つの領域 V_1 と V_2 に分割する(図**4.3**)。領域 V_1 と V_2 の境界面を S_{12} とする。閉曲面 S は S_{12} で2つの曲面に分割されるが，S のうち V_1 の側の曲面を S_1，V_2 の側の曲面を S_2 とする。このとき任意のベクトル場 $\boldsymbol{A}$ について，領域 V の表面 (すなわち $S = \partial V$) 上での面積分は領域 V_1 の表面上 (すなわち閉曲面 $\partial V_1 = S_1 + S_{12}$ 上) での面積分と領域 V_2 の表面上 (すなわち閉曲面 $\partial V_2 = S_2 + S_{12}$ 上) での面積分との和に等しい。

$$\int_{\partial V} \boldsymbol{A} \cdot \boldsymbol{n} dS = \int_{\partial V_1} \boldsymbol{A} \cdot \boldsymbol{n} dS + \int_{\partial V_2} \boldsymbol{A} \cdot \boldsymbol{n} dS \tag{4.12}$$

理由は簡単で，(4.12) の右辺において，第1項にも第2項にも S_{12} 上での積分が含まれるが，第1項の領域 V_1 の表面上では，単位法線ベクトル $\boldsymbol{n}$ は領域 V_1 の内側から外側を向いた法線ベクトル $\boldsymbol{n}_{12}$ であるが，領域 V_2 の表面上では単位法線ベクトル $\boldsymbol{n}$ は領域 V_2 の内側から外側を向いた法線ベクトル $\boldsymbol{n}_{21}$ である。$\boldsymbol{n}_{12} = -\boldsymbol{n}_{21}$ であるから，S_{12} 上での積分は第1項と第2項で相殺し $S_1 + S_2 = S$ 上での積分のみが残るのである。

さて，任意の閉曲面 S で囲まれた領域 V を N 個の領域に細かく分割する。分割されたひとつひとつの領域を V_i $(i = 1, 2, \cdots, N)$ とする。おのおのの V_i

の体積 ΔV_i が無限に小さくなるように $N \to \infty$ の極限をとると

$$\begin{aligned}\int_S \boldsymbol{A}\cdot\boldsymbol{n}dS &= \int_{\partial V} \boldsymbol{A}\cdot\boldsymbol{n}dS \\ &= \int_{\partial V_1} \boldsymbol{A}\cdot\boldsymbol{n}dS + \int_{\partial V_2} \boldsymbol{A}\cdot\boldsymbol{n}dS + \cdots + \int_{\partial V_N} \boldsymbol{A}\cdot\boldsymbol{n}dS \\ &= \mathrm{div}\,\boldsymbol{A}(V_1)\ \Delta V_1 + \mathrm{div}\,\boldsymbol{A}(V_2)\ \Delta V_2 + \cdots + \mathrm{div}\,\boldsymbol{A}(V_N)\ \Delta V_N \\ &= \int_V \mathrm{div}\,\boldsymbol{A}\ dV \end{aligned} \tag{4.13}$$

が成り立つ。式 (4.13) の 3 行目で $\mathrm{div}\,\boldsymbol{A}(V_i)$ は微小領域 V_i での $\mathrm{div}\,\boldsymbol{A}$ の値という意味である。式 (4.13) の 2 行目から 3 行目は，おのおのの ∂V_i での面積分は個々の領域 V_i が無限に小さければ個々の領域で式 (4.10) が成り立つことを用いた。式 (4.13) の 1 行目の左辺が最終行と等しいことを**ガウスの定理**と呼ぶ。

問 4.2　ベクトル場 $\boldsymbol{A} = (cx,\ cy,\ cz)$ の様子を図に描け。ここで，c は正の定数とする。このベクトル場について，閉曲面 S として原点を中心とした半径 R の球面をとり，球面全体についての流束 (4.6) を計算せよ。また，ガウスの定理 (4.13) が成り立つことを確かめよ。

4.2.3　ストークスの定理と回転の物理的意味

つぎにベクトル場の循環 (circulation) と回転 (rotation) について考察する (引用・参考文献 25) 参照)。

循環について理解するために，ベクトル場 $\boldsymbol{A}$ として再び 3 次元空間を流れている流体の速度場をとって考えよう。この 3 次元空間内で向き付けされた**閉曲線** C をとり，その閉曲線に沿った速度場 $\boldsymbol{A}$ の線積分 (**1 周積分**) を考える。

$$\int_C \boldsymbol{A}\cdot d\boldsymbol{r} \tag{4.14}$$

ここで，$d\boldsymbol{r}$ は閉曲線 C 上で閉曲線に沿った微小な移動ベクトルである。その方向は閉曲線の接線方向を向いている。$\boldsymbol{A}$ と $d\boldsymbol{r}$ のなす角を θ とすると，$\boldsymbol{A}\cdot d\boldsymbol{r} = |\boldsymbol{A}||d\boldsymbol{r}|\cos\theta$ は速度ベクトル $\boldsymbol{A}$ の閉曲線の接線方向の成分 $|\boldsymbol{A}|\cos\theta$ に閉曲線の微小な長さ $|d\boldsymbol{r}|$ を掛けたもので，式 (4.14) は，これを閉曲線 C に沿って 1 周分だけ足し上げたものである。1 周積分 (4.14) はベクトル場 $\boldsymbol{A}$ の

閉曲線 C に関する**循環**と呼ばれ，ベクトル場 $\boldsymbol{A}$ が C に沿ってどれだけ渦を巻いているかを表現しており，ベクトル場 $\boldsymbol{A}$ の閉曲線 C に関する**渦量**と呼ぶべき量である。

つぎに，ベクトル場の**回転** (rotation) について考察する。一般のベクトル場 $\boldsymbol{A}$ について閉曲線 C を空間の任意の 1 点に縮めてみよう。ここでは縮めた微小な閉曲線として z 軸に垂直な長方形の周 C_z を考え，そのひとつの頂点の座標を (x, y, z)，各辺の長さを Δx, Δy とする (図 **4.4**)。閉曲線 C_z の向きは，z 軸の正の方向から見て反時計回りとする。最初に長方形の 4 つの辺のうち y 軸に平行なたがいに向かい合う辺 C_2 と C_4 からの 1 周積分 (4.14) への寄与に注目しよう。辺 C_2 上で微小移動ベクトル $\boldsymbol{dr}$ は y 軸の正の方向を向いているので，$\boldsymbol{A}\cdot\boldsymbol{dr}$ は $A_y|\boldsymbol{dr}|$ であり，他方，辺 C_4 上では $\boldsymbol{dr}$ は y 軸の負の方向を向いているので，$\boldsymbol{A}\cdot\boldsymbol{dr}$ は $-A_y|\boldsymbol{dr}|$ である。したがって，この 2 つの辺からの寄与は合わせて以下のようになる。

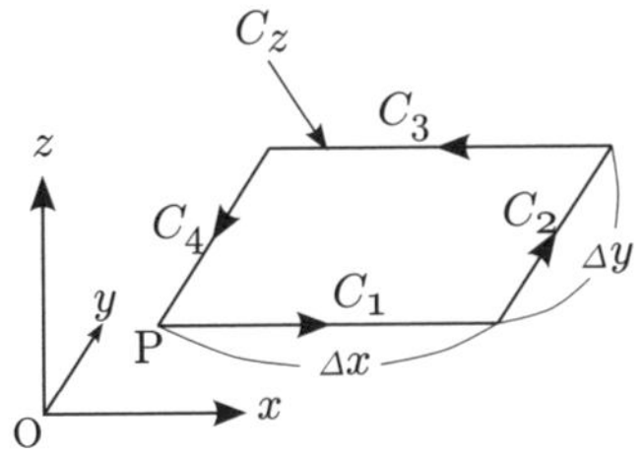

図 **4.4**　z 軸に垂直な微小な長方形

$$\{A_y(x+\Delta x, y, z) - A_y(x, y, z)\}\,\Delta y \tag{4.15}$$

ここで，Δy は辺 C_2 と C_4 それぞれの長さである。また，ベクトル場の成分 A_y の値は辺 C_2 と C_4 のそれぞれの上で一定ではないが，辺の端点 $(x+\Delta x, y, z)$ と (x, y, z) での値で置き換えた。そのことによる誤差は式 (4.15) 自体に比べて Δy に比例する因子の分だけ小さく，$\Delta y \to 0$ の極限で正確に無視できる。式 (4.15) は $\Delta x \to 0$ の極限で

$$\frac{\partial A_y(x,y,z)}{\partial x}\Delta x\Delta y = \frac{\partial A_y(x,y,z)}{\partial x}\Delta S \tag{4.16}$$

である。ここで，長方形の面積を $\Delta S(= \Delta x\Delta y)$ とおいた。同様の考察をすれば，x 軸に平行なたがいに向かい合う 2 つの辺 C_1 と C_3 からの寄与は

$$\{A_x(x,y,z) - A_x(x, y+\Delta y, z)\}\,\Delta x = -\frac{\partial A_x(x,y,z)}{\partial y}\Delta S \tag{4.17}$$

である。ここで，辺 C_1 上の微小移動ベクトル $d\boldsymbol{r}$ は x 軸の正の方向を，また辺 C_3 上の微小移動ベクトル $d\boldsymbol{r}$ は x 軸の負の方向を向いていることに注意する。長方形の周 C_z 全体では以下のとおりとなる。

$$\int_{C_z} \boldsymbol{A}\cdot d\boldsymbol{r} = \left\{ \frac{\partial A_y(x,y,z)}{\partial x} - \frac{\partial A_x(x,y,z)}{\partial y} \right\} \Delta S$$
$$= [\mathrm{rot}\,\boldsymbol{A}]_z \;\; \Delta S \tag{4.18}$$

ここで, rot $\boldsymbol{A}$ は, $\nabla\times\boldsymbol{A}$ と書くこともできるが, ベクトル場 $\boldsymbol{A}$ の回転 (rotation) と呼ばれるベクトル場である。式 (4.18) の $[\mathrm{rot}\boldsymbol{A}]_z$ は rot $\boldsymbol{A}$ の z 成分である。式 (4.18) は，閉曲線が z 軸に垂直な長方形の周として求めた式であるが，じつは閉曲線を 1 点に縮めたときには，閉曲線が z 軸に垂直であればその形によらず成り立つ式である。逆にいえば，任意の点 P でのベクトル場の回転の z 成分は一般に以下で定義されると考えてもよい。

$$[\mathrm{rot}\,\boldsymbol{A}]_z = \lim_{\Delta S\to 0} \frac{\int_{C_z} \boldsymbol{A}\cdot d\boldsymbol{r}}{\Delta S} \tag{4.19}$$

ここで，C_z は z 軸と垂直な面内で点 P を内側に含む任意の閉曲線で，ΔS は C_z で囲まれる面積である。すなわち，物理的には，ベクトル場の回転 rot $\boldsymbol{A}$ の z 成分は「ベクトル場の z 軸まわりの単位面積当りの循環 (渦量)」を表している。

同様に，ベクトル場の回転の x 成分と y 成分はそれぞれ，式 (4.19) の右辺で微小な閉曲線 C_z の代わりに，x 軸あるいは y 軸に垂直な面内の微小な閉曲線 C_x あるいは C_y についての 1 周積分をとればよい。ΔS はその微小な閉曲線の面積である。閉曲線の向きは各座標軸の正の方向から見て反時計回りとする。物理的には，ベクトル場の回転 rot $\boldsymbol{A}$ の各方向の成分は「その方向の座標軸まわりの，ベクトル場の単位面積当りの循環 (渦量)」を表している。

任意の方向の単位ベクトルを $\boldsymbol{n}$ として，この方向と垂直な面内の閉曲線 C を 1 点に縮めたときには式 (4.18) に対応して，以下の式が成り立つ。

$$\int_C \boldsymbol{A}\cdot d\boldsymbol{r} = \mathrm{rot}\,\boldsymbol{A}\cdot\boldsymbol{n}\,\Delta S \tag{4.20}$$

ここで，ΔS は微小な閉曲線 C が囲む面積である。なお，閉曲線 C の向きはベ

クトル $\boldsymbol{n}$ の向きから見て反時計回りとなるように (言い換えれば，閉曲線 C の向きに右ねじを回したとき右ねじがベクトル $\boldsymbol{n}$ の向きに進むように) 定義する。

向き付けされたひとつの閉曲線 C を考え，それを境界とする曲面を S とするとき，両者の関係を $C = \partial S$ と表すことにする。この曲面 S を，C 上の 2 点をつなぐ向き付けされた曲線 C_{12} により 2 つの曲面 S_1 と S_2 に分割する (**図 4.5**)。閉曲線 C は上記の 2 点で 2 つの曲線に分割されるが，そのうち S_1 の側の曲線を C_1，S_2 の側の曲面を C_2 とする。このとき任意のベクトル場 $\boldsymbol{A}$ について，曲面 S の境界 (すなわち $C = \partial S$) に沿う 1 周積分は，曲面 S_1 の境界 (すなわち閉曲線 $\partial S_1 = C_1 + C_{12}$) に沿う 1 周積分と曲面 S_2 の境界 (すなわち閉曲線 $\partial S_2 = C_2 - C_{12}$) に沿う 1 周積分との和に等しい。

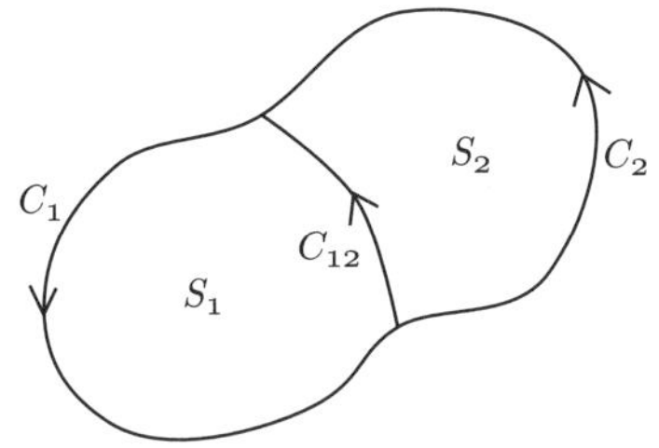

図 4.5 閉曲線を境界とする曲面の分割

$$\int_{\partial S} \boldsymbol{A} \cdot d\boldsymbol{r} = \int_{\partial S_1} \boldsymbol{A} \cdot d\boldsymbol{r} + \int_{\partial S_2} \boldsymbol{A} \cdot d\boldsymbol{r} \tag{4.21}$$

この等式が成り立つ理由は，式 (4.21) の右辺において，第 1 項にはベクトル場 $\boldsymbol{A}$ の C_{12} に沿った線積分が含まれるが，第 2 項には同じベクトル場の $-C_{12}$ に沿った線積分が含まれ，両者は相殺し，結果として $C_1 + C_2 = C$ に沿った線積分すなわち 1 周積分のみが残るのである。

さて，任意の向き付けされた閉曲線 C を境界とする曲面 S を N 個の曲面に細かく分割する。分割されたひとつひとつの曲面を S_i $(i = 1, 2, \cdots, N)$ とする。おのおのの S_i の面積 $\varDelta S_i$ が無限に小さくなるように $N \to \infty$ の極限をとると以下が成り立つ。

$$\begin{aligned}
\int_C \boldsymbol{A} \cdot d\boldsymbol{r} = \int_{\partial S} \boldsymbol{A} \cdot d\boldsymbol{r} &= \int_{\partial S_1} \boldsymbol{A} \cdot d\boldsymbol{r} + \int_{\partial S_2} \boldsymbol{A} \cdot d\boldsymbol{r} + \cdots + \int_{\partial S_N} \boldsymbol{A} \cdot d\boldsymbol{r} \\
&= \mathrm{rot}\, \boldsymbol{A}(S_1) \cdot \boldsymbol{n}_1\ \varDelta S_1 + \mathrm{rot}\, \boldsymbol{A}(S_2) \cdot \boldsymbol{n}_2\ \varDelta S_2 \\
&\qquad + \cdots + \mathrm{rot}\, \boldsymbol{A}(S_N) \cdot \boldsymbol{n}_N\ \varDelta S_N \\
&= \int_S \mathrm{rot}\, \boldsymbol{A} \cdot \boldsymbol{n}\ dS
\end{aligned} \tag{4.22}$$

式 (4.22) の 3 行目で div $\boldsymbol{A}(S_i)$ と $\boldsymbol{n}_i$ はそれぞれ微小曲面 S_i 上での rot $\boldsymbol{A}$ と $\boldsymbol{n}$ の値という意味である。式 (4.22) の 2 行目から 3 行目では，おのおのの ∂S_i での 1 周積分について個々の曲面 S_i が無限に小さければ個々の曲面上で式 (4.20) が成り立つことを用いた。式 (4.22) の 1 行目の左辺が最終行と等しいことを**ストークスの定理**と呼ぶ。

問 4.3　ベクトル場 $\boldsymbol{A} = (0, cx, 0)$ (c は定数) について，x-y 面内でのベクトル場の様子を描け。x-y 面内に置かれた長方形の周上を z 軸の正方向から見て反時計回りに回る閉曲線 C について，循環 (渦量)(4.14) を求めよ。長方形の大きさは，x 軸に平行な辺の長さを a，y 軸に平行な辺の長さを b とする。また，この閉曲線 C についてストークスの定理が成り立つことを確かめよ。

4.3　電荷と静電場

4.3.1　クーロンの法則

真空中において点 P_1 に電気量 Q の点電荷が，また点 P_2 に電気量 q の点電荷が置かれているとき，2 つの点電荷の間には，それぞれの電荷 (電気量) の積に比例し 2 点間の距離の 2 乗に反比例する力が働く。この力を**クーロン力**と呼ぶ。点電荷 q が点電荷 Q から受ける力 $\boldsymbol{F}$ は以下の式で与えられる。

$$\boldsymbol{F} = \frac{1}{4\pi\varepsilon_0}\frac{Qq}{r^2}\boldsymbol{e}_r \tag{4.23}$$

ここで，r は 2 点間の距離，$\boldsymbol{e}_r$ は点 P_1 から点 P_2 の方向を向く単位ベクトルである。比例係数の値は以下のとおりである。

$$\frac{1}{4\pi\varepsilon_0} = 8.99 \times 10^9 〔\mathrm{Nm^2/C^2}〕 \tag{4.24}$$

ここで，ε_0 は**真空の誘電率**と呼ばれ，$\varepsilon_0 = 8.85 \times 10^{-12}$〔F(ファラッド)/m〕(=〔$\mathrm{C^2/Nm^2}$〕) である。作用・反作用の法則から点電荷 Q は点電荷 q から $-\boldsymbol{F}$ の力を受ける。Q と q の符号が同じ場合は，2 つの点電荷間に働くクーロン力は斥力であり，また異符号の場合は引力となる。以上を**クーロンの法則**と呼ぶ。

ここで，式 (4.23) を

$$\boldsymbol{F} = q\boldsymbol{E}, \qquad \boldsymbol{E} = \frac{1}{4\pi\varepsilon_0}\frac{Q}{r^2}\boldsymbol{e}_r \tag{4.25}$$

と書き換えてみよう。つまり，点 P_1 にある点電荷 Q が点 P_2 に**電場** $\boldsymbol{E}$ をつくり出し，その点 P_2 に別の点電荷 q を置くと，この点電荷は電場から $\boldsymbol{F} = q\boldsymbol{E}$ の力を受けると考えるのである。さらに，式 (4.25) の電場 $\boldsymbol{E}$ はその点に点電荷 q が置かれているか否かにかかわらず点電荷 Q のまわりの全空間につくり出されると考える (**図 4.6**)。すなわち電場 $\boldsymbol{E}$ はベクトル場である。このベクトル場は，電荷 Q が正ならば Q から遠ざかる向きを，また負ならば Q に近づく向きを向いている。点電荷がまわりの空間につくる式 (4.25) の電場を**クーロン場**と呼ぶ。

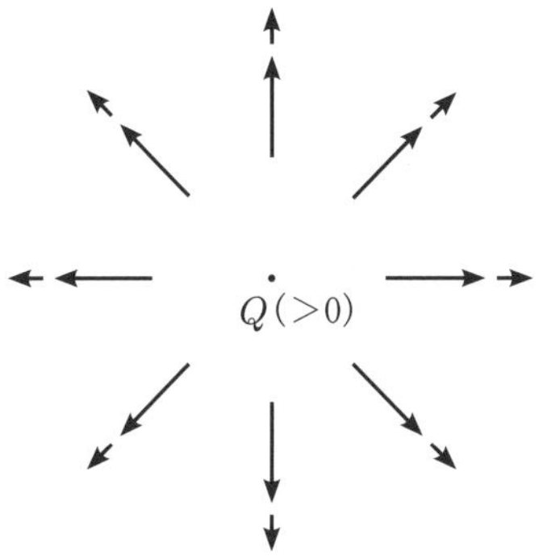

図 4.6　$Q > 0$ のときのクーロン場

では，複数の点電荷があちこちに置かれている場合に，そのまわりの空間につくられる電場はどのように決まるのだろうか。N 個の点電荷 Q_1, Q_2, $\cdots$, Q_N がそれぞれ点 P_1, P_2, $\cdots$, P_N に置かれたときに，これらの点電荷が任意の点 P につくる電場は以下のとおりである。

$$\begin{aligned}\boldsymbol{E} &= \frac{1}{4\pi\varepsilon_0}\left(\frac{Q_1}{{r_1}^2}\boldsymbol{e}_{1r} + \frac{Q_2}{{r_2}^2}\boldsymbol{e}_{2r} + \cdots + \frac{Q_N}{{r_N}^2}\boldsymbol{e}_{Nr}\right)\\ &= \sum_{i=1}^{N}\frac{1}{4\pi\varepsilon_0}\frac{Q_i}{{r_i}^2}\boldsymbol{e}_{ir}\end{aligned} \tag{4.26}$$

ここで，r_i は点 P_i と点 P の間の距離，$\boldsymbol{e}_{ir}$ は点 P_i から点 P の方向を向いた単位ベクトルである。すなわち，N 個の点電荷が点 P につくる電場は，おのおのの点電荷が点 P につくる電場の和 (ベクトルの和) である。このことを電場の**重ね合わせの原理**と呼ぶ。点 P に新たに点電荷 q を置いたときにこの点電荷が，電場から受ける力も式 (4.25) の第 1 式で表される。もちろんこの場合の電場 $\boldsymbol{E}$ は式 (4.26) である。点電荷 q が受ける力は N 個の点電荷のおのおのから受ける力の合力になっていることに気づいてほしい。

電場の様子を表すのに**図 4.6** のように，空間の適切な一連の点における電場ベクトルをそれらの点を始点として書き込む方法がよく用いられるが，そのほかに，**電気力線**によって表現する方法もある。電気力線は以下の 3 つの特徴をもつ。

1. 電気力線の接線はその点における電場ベクトルの方向に一致する。
2. 電気力線の本数密度は，その点における電場の大きさに比例する。
3. 電気力線は正の電荷がある点で始まり，負の電荷がある点で終わる。したがって，電気力線は電荷のない点で切れることはない。正の電荷から始まる電気力線の本数はその電荷に比例する。同じく負の電荷で終わる電気力線の本数もその電荷に比例する。

例題 4.1　(1) 点 $(-l, 0, 0)$ に正電荷 $Q(>0)$ が，点 $(l, 0, 0)$ に負電荷 $-Q$ が置かれている。点 P (x, y, z) における電場の成分 E_x，E_y，E_z を求めよ。

(2) x-y 平面内の電気力線の様子をできるだけ正確に描け。

【解答】　(1) 重ね合わせの原理に従って，点電荷 $+Q$ と $-Q$ がつくる電場のベクトル和を求める。

$$\boldsymbol{E} = \frac{1}{4\pi\varepsilon_0}\frac{Q}{{r_+}^2}\boldsymbol{e}_{r_+} - \frac{1}{4\pi\varepsilon_0}\frac{Q}{{r_-}^2}\boldsymbol{e}_{r_-}$$

ここで，r_+ は正電荷 $+Q$ と点 P の距離で $r_+ = \sqrt{(x+l)^2 + y^2 + z^2}$，$r_-$ は負電荷 $-Q$ と点 P の距離で $r_- = \sqrt{(x-l)^2 + y^2 + z^2}$ である。また，ベクトル $\boldsymbol{e}_{r_+}$ は正電荷 $+Q$ から点 P を向いた単位ベクトルで $\boldsymbol{e}_{r_+} = \left(\dfrac{x+l}{r_+}, \dfrac{y}{r_+}, \dfrac{z}{r_+}\right)$，ベクトル $\boldsymbol{e}_{r_-}$ は負電荷 $-Q$ から点 P を向いた単位ベクトルで $\boldsymbol{e}_{r_-} = \left(\dfrac{x-l}{r_-}, \dfrac{y}{r_-}, \dfrac{z}{r_-}\right)$ である。したがって，次式が成り立つ。

$$\boldsymbol{E} = \frac{Q}{4\pi\varepsilon_0}\left(\frac{x+l}{{r_+}^3} - \frac{x-l}{{r_-}^3}, \frac{y}{{r_+}^3} - \frac{y}{{r_-}^3}, \frac{z}{{r_+}^3} - \frac{z}{{r_-}^3}\right)$$

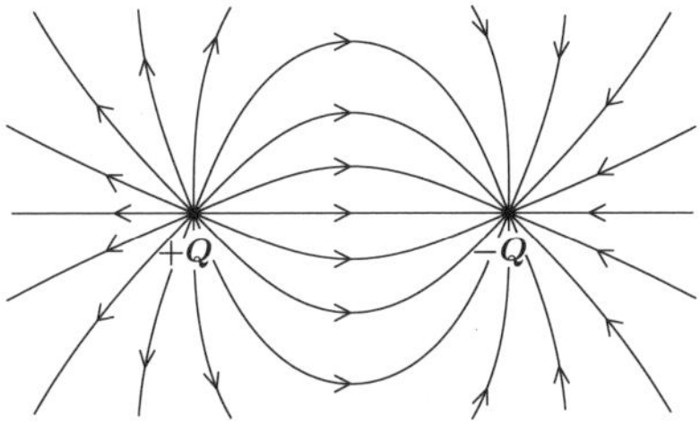

図 **4.7** 正負の点電荷対による電気力線

(2) 電気力線は正電荷 $+Q$ から出発する (図 **4.7**)。正電荷 $+Q$ の十分近くでは，正電荷 $+Q$ による電場が圧倒的に強く負電荷 $-Q$ による電場はほとんど無視できるので，全体の電場は正電荷 $+Q$ のまわりに等方的だと考えてよい。したがって，適切な本数の電気力線を正電荷 $+Q$ から等方的に描き始める。ある点Pまで描かれた 1 本の電気力線の続きを描くには，その点での電場 $\boldsymbol{E}$ の方向の単位ベクトル $\boldsymbol{e} = \dfrac{\boldsymbol{E}}{|\boldsymbol{E}|}$ を計算して点Pからベクトル $\delta r\, \boldsymbol{e}$ だけ進む。ここで，δr は適切に決めた微小な距離である。これを繰り返すことで，近似的に正しい電気力線が描かれる。δr を小さくとればとるほど電気力線は正確に描かれる。このようにして描かれた電気力線はどれも最終的に負電荷 $-Q$ に到達する。 ◇

例題 4.2 有限の長さの十分細い直線状の棒AB に一様な線密度 σ で電荷が分布しているとき，棒から距離 a だけ離れた点Pにおける電場をクーロンの法則と重ね合わせの原理に従って求めよ。

【解答】 棒AB上に x 軸をとり，$\overrightarrow{\mathrm{AB}}$ の向きを正の向きとする。点Pから x 軸に下ろした垂線の足を原点Oとし (図 **4.8**)，$\overrightarrow{\mathrm{OP}}$ の方向を y 軸の正の向きとする。棒AB上に任意の点P$'$ をとり，点P$'$ の座標を $(x, 0)$ とする。$\overline{\mathrm{OP}} = a$ である。$\overline{\mathrm{PP'}} = r$，$\angle \mathrm{OPP'} = \theta$ とする。θ の符号は x の符号に一致するようにとる。これらの間には以下の関係がある。

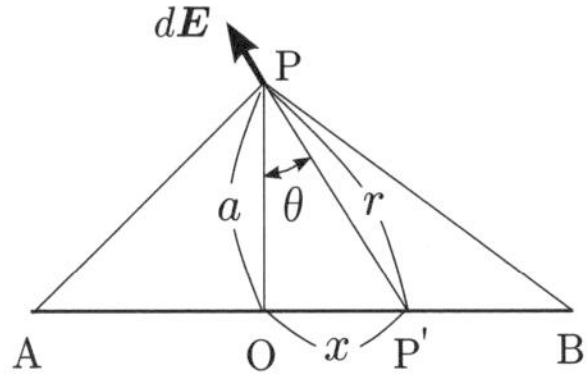

図 **4.8** 直線上の電荷分布による電場

$$r = \frac{a}{\cos\theta}, \qquad x = a\tan\theta \tag{4.27}$$

棒 AB 上で座標 x と $x+dx$ ではさまれた微小部分の電荷 σdx が点 P につくる電場について考察する。式 (4.27) の第 2 式より微分に関して以下の関係がある。

$$dx = \frac{a\,d\theta}{\cos^2\theta} \tag{4.28}$$

クーロンの法則に従って，この幅 dx の微小部分の電荷が点 P につくる電場 $d\boldsymbol{E}$ の大きさは $|d\boldsymbol{E}| = \dfrac{\sigma dx}{4\pi\varepsilon_0 r^2}$ で，方向は $\sigma > 0$ のとき $\overrightarrow{\mathrm{P'P}}$ の方向である。この電場を x 成分と y 成分に分解すると，以下のとおりである。

$$dE_x = -\frac{\sigma dx}{4\pi\varepsilon_0 r^2}\sin\theta, \qquad dE_y = \frac{\sigma dx}{4\pi\varepsilon_0 r^2}\cos\theta$$

棒 AB 上の電荷全体が点 P につくる電場はこれの重ね合わせ (積分) である。

$$\begin{aligned} E_x &= \int_{\mathrm{A}\to\mathrm{B}} dE_x = -\int_{\mathrm{A}\to\mathrm{B}} \frac{\sigma dx}{4\pi\varepsilon_0 r^2}\sin\theta \\ &= -\int_{\theta_1}^{\theta_2} \frac{\sigma\sin\theta}{4\pi\varepsilon_0 a}d\theta = \frac{\sigma}{4\pi\varepsilon_0 a}\{\cos(\theta_2) - \cos(\theta_1)\} \end{aligned} \tag{4.29}$$

$$\begin{aligned} E_y &= \int_{\mathrm{A}\to\mathrm{B}} dE_y = \int_{\mathrm{A}\to\mathrm{B}} \frac{\sigma dx}{4\pi\varepsilon_0 r^2}\cos\theta \\ &= \int_{\theta_1}^{\theta_2} \frac{\sigma\cos\theta}{4\pi\varepsilon_0 a}d\theta = \frac{\sigma}{4\pi\varepsilon_0 a}\{\sin(\theta_2) - \sin(\theta_1)\} \end{aligned} \tag{4.30}$$

式 (4.29)，式 (4.30) のおのおのにおいて 1 行目から 2 行目への式変形には，式 (4.27) の第 1 式と式 (4.28) を用いた。また，$\angle\mathrm{OPA} = \theta_1$, $\angle\mathrm{OPB} = \theta_2$ として用いた。点 P が**図 4.8** で示した位置の場合は，$\theta_1 < 0$，$\theta_2 > 0$ である。

なお，棒 AB が両側に無限に長い場合は，$\theta_1 = -\pi/2$，$\theta_2 = \pi/2$ なので，$E_x = 0$, $E_y = \dfrac{\sigma}{2\pi\varepsilon_0 a}$ である。　◇

問 4.4　半径 a の十分に薄い円盤上に一様な面密度 $\sigma(> 0)$ で電荷が分布している。円盤の中心を通り円盤に垂直な直線上で，円盤からの距離が $z(> 0)$ の点での電場の方向と大きさを計算せよ。

4.3.2　ガウスの法則

電荷分布が与えられたとき，それがまわりの空間につくる電場を求めるのに，式 (4.26) のように各電荷がつくるクーロン場を重ね合わせる方法とは別に，よく用いられるのが**ガウスの法則**である。

法則 4.1 (ガウスの法則)

電荷分布がつくる電場 $\boldsymbol{E}$ は以下のガウスの法則を満たす。

$$\int_S \boldsymbol{E}\cdot\boldsymbol{n}dS = \frac{Q_S}{\varepsilon_0} \tag{4.31}$$

ここで，左辺の積分は任意の閉曲面 S についての電場 $\boldsymbol{E}$ の面積分で，$\boldsymbol{n}$ は閉曲面上の単位法線ベクトル (向きは閉曲面の内から外の向きをとる)，dS は閉曲面の微小面積である。また，右辺の Q_S はその閉曲面の内側に含まれる全電荷 (総電気量) である。

閉曲面 S 内の全電荷 Q_S は電荷が点電荷として数えることができる場合には，閉曲面内の点電荷を (符号付きで) 足し上げればよい。電荷が連続分布している場合には，各点の**電荷密度** (単位体積当りの電気量) を ρ とすると，閉曲面 S 内の全電荷 Q_S は各点の電荷密度の体積積分で表される。

$$Q_S = \int_V \rho\, dV \tag{4.32}$$

ここで，積分領域の V は閉曲面 S で囲まれる空間領域である。

証明 最初に，任意の点に置かれた 1 個の点電荷 Q についてガウスの法則を証明しよう。この点電荷によって任意の閉曲面 S 上の点につくられる電場は式 (4.25) で与えられる。ただし，r は点電荷 Q と閉曲面 S 上の点との距離，$\boldsymbol{e}_r$ は点電荷 Q から閉曲面 S 上の点を向いた単位ベクトルである。まず，閉曲面 S として点電荷 Q を中心とする半径 a の球面 S_a から始めよう。球面上の電場 $\boldsymbol{E}$ と球面上の単位法線ベクトル $\boldsymbol{n}$ とはともに点電荷から遠ざかる方向を向いているので，$\boldsymbol{E}\cdot\boldsymbol{n} = |\boldsymbol{E}| = \dfrac{1}{4\pi\varepsilon_0}\dfrac{Q}{a^2}$ で，球面上で一定値である。したがって

$$\int_{S_a} \boldsymbol{E}\cdot\boldsymbol{n}dS = \frac{1}{4\pi\varepsilon_0}\frac{Q}{a^2}\int_{S_a} dS = \frac{1}{4\pi\varepsilon_0}\frac{Q}{a^2}\times 4\pi a^2 = \frac{Q}{\varepsilon_0} \tag{4.33}$$

となり，確かにガウスの法則 (4.31) が成り立っている。球の半径 a が大きくなると電場の大きさは a の 2 乗に反比例して小さくなるが，球の表面積は a の 2 乗に比例して大きくなるので，球面全体での電場の面積分は a によらないのである。

さらに，点電荷がつくる電場について S として任意の閉曲面をとって考えよう。まず，点電荷が閉曲面の内側にある場合を考察する (**図 4.9**)。閉曲面上の微小面

積を dS，その点での電場 $\boldsymbol{E}$ と単位法線ベクトル $\boldsymbol{n}$ のなす角を θ，点電荷から微小面積 dS までの距離を r とする。点電荷を頂点とし微小面積 dS を底面とするコーン (錐) を考える。微小面積 dS の位置で，点電荷から遠ざかる方向と垂直な平面によって切り取られるコーンの断面積を dS' とすると，dS と dS' は角 θ だけ傾いているので，$dS\cos\theta = dS'$ である。したがって，$\boldsymbol{E}\cdot\boldsymbol{n}dS = |\boldsymbol{E}|\cos\theta dS = |\boldsymbol{E}|dS' = \dfrac{1}{4\pi\varepsilon_0}\dfrac{Q}{r^2}dS'$。さて微小面積 dS を底面とするコーンが十分小さな半径 a の球面 S_a で切り取られる断面積を dS_a とする。$\dfrac{dS'}{r^2} = \dfrac{dS_a}{a^2}$ の関係があるから $\boldsymbol{E}\cdot\boldsymbol{n}dS = \dfrac{1}{4\pi\varepsilon_0}\dfrac{Q}{a^2}dS_a$ である。したがって，以下のようにガウスの法則 (4.31) が成り立っている。

$$\int_S \boldsymbol{E}\cdot\boldsymbol{n}dS = \int_{S_a}\frac{1}{4\pi\varepsilon_0}\frac{Q}{a^2}dS_a = \frac{1}{4\pi\varepsilon_0}\frac{Q}{a^2}\times 4\pi a^2 = \frac{Q}{\varepsilon_0} \tag{4.34}$$

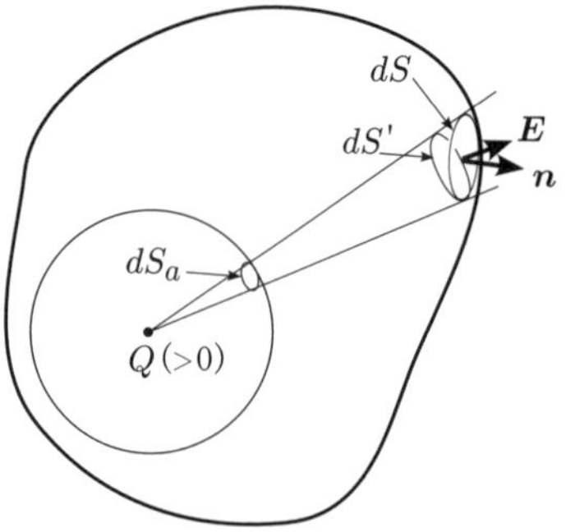

図 **4.9**　ガウスの法則の証明 (1)

つぎに，点電荷が閉曲面 S の外側にある場合を考察する (図 **4.10**)。図のように点電荷を頂点とする微小な立体角のコーンを考える。点電荷が閉曲面 S の外側にあるので，このコーンは閉曲面 S と 2 回交わる。コーンが点電荷に近い側で切

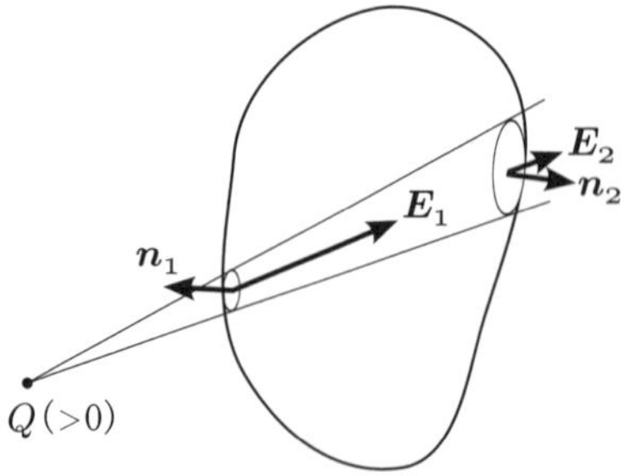

図 **4.10**　ガウスの法則の証明 (2)

り取る閉曲面 S 上の微小面積を dS_1，その点での電場を $\boldsymbol{E}_1$, 単位法線ベクトルを $\boldsymbol{n}_1$, 点電荷から微小面積 dS_1 までの距離を r_1 とする。また，コーンが点電荷から遠い側で切り取る閉曲面 S 上の微小面積を dS_2 とする。その位置での電場を $\boldsymbol{E}_2$, 単位法線ベクトルを $\boldsymbol{n}_2$, 点電荷から微小面積 dS_2 までの距離を r_2 とする。微小面積 dS_1 の位置で，点電荷から遠ざかる方向と垂直な平面によって切り取られるコーンの断面積を $dS_1{}'$ とする。また，微小面積 dS_2 の位置で，点電荷から遠ざかる方向と垂直な平面によって切り取られるコーンの断面積を $dS_2{}'$ とする。すると，$\boldsymbol{E}_1 \cdot \boldsymbol{n}_1 dS_1 = -\dfrac{1}{4\pi\varepsilon_0}\dfrac{Q}{{r_1}^2}dS_1{}'$，$\boldsymbol{E}_2 \cdot \boldsymbol{n}_2 dS_2 = \dfrac{1}{4\pi\varepsilon_0}\dfrac{Q}{{r_2}^2}dS_2{}'$ である。前者でマイナス符号が現れたのは，単位法線ベクトルは閉曲面 S の外側を向くと定義しているので，$\boldsymbol{n}_1$ は $\boldsymbol{E}_1$ と直角を超える角をなしているからである。$\dfrac{dS_1{}'}{{r_1}^2} = \dfrac{dS_2{}'}{{r_2}^2}$ の関係があるので，$\displaystyle\int_S \boldsymbol{E} \cdot \boldsymbol{n} dS$ への寄与は dS_1 と dS_2 で打ち消し合う。したがって，閉曲面 S 全体にわたる電場の面積分は 0 となる。このように，この場合もガウスの法則 (4.31) が成り立っている。

1 個の点電荷がつくる電場について，ガウスの法則が証明できたので，複数個の点電荷がつくる電場の場合の証明は容易である。空間の各点の電場 $\boldsymbol{E}$ は，個々の点電荷 Q_i $(i = 1, 2, \cdots, N)$ がつくる電場 $\boldsymbol{E}_i$ の重ね合わせである。

$$\boldsymbol{E} = \boldsymbol{E}_1 + \boldsymbol{E}_2 + \cdots + \boldsymbol{E}_N \tag{4.35}$$

したがって，任意の閉曲面 S 上での電場の面積分について以下が成り立つ。

$$\int_S \boldsymbol{E} \cdot \boldsymbol{n} dS = \int_S \boldsymbol{E}_1 \cdot \boldsymbol{n} dS + \int_S \boldsymbol{E}_2 \cdot \boldsymbol{n} dS + \cdots + \int_S \boldsymbol{E}_N \cdot \boldsymbol{n} dS \tag{4.36}$$

ここで，右辺の各項の $\boldsymbol{E}_i$ の面積分は，それぞれの対応する点電荷 Q_i が閉曲面 S の内側に含まれている場合のみ $\dfrac{Q_i}{\varepsilon_0}$ を与え，含まれていない場合は 0 を与える。よって式 (4.31) が成り立つ。

電荷が連続分布している場合については，電荷の連続分布とは実際にはきわめて多数個の微小な点電荷がほぼすきまなく分布していることであるから，上記の複数個の点電荷がつくる電場の場合の証明で十分である。 ♠

例題 4.3 無限の長さの十分細い直線状の棒に一様な線密度 σ で電荷が分布しているとき，棒から r だけ離れた点 P における電場の大きさを，ガウスの法則に従って求めよ (図 **4.11**)。

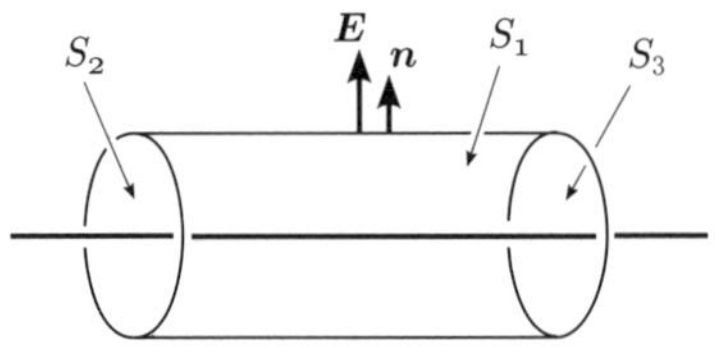

図 4.11　直線上の電荷分布による電場とガウスの法則の適用

【解答】　帯電した直線棒の長さが無限大なら，直線棒からの距離が等しい点での電場の大きさは等しい。なぜなら，帯電棒が無限に長いので，空間のある点と，その点から直線棒に平行な方向に移動した点とでは，どちらからも帯電棒は同じに見えるからである。また，電場は空間のどの点でも直線棒に対して垂直である。なぜなら，直線棒に平行な電場の成分については，棒上の各点の電荷分布からクーロンの法則 (4.26) の右辺への寄与が，棒の右側からと棒の左側からとで打ち消し合う (相殺する) からである。閉曲面 S として，直線棒を中心軸とする半径 r，高さ l の円柱の表面をとってみよう。円柱の表面のうち円筒部分 S_1 からガウスの法則 (4.31) の左辺への寄与は

$$\int_{S_1} \boldsymbol{E}\cdot\boldsymbol{n}dS = \int_{S_1} |\boldsymbol{E}|dS = |\boldsymbol{E}|\int_{S_1} dS = |\boldsymbol{E}|2\pi rl$$

また，円柱の上面 S_2 と下面 S_3 からの寄与は，電場 $\boldsymbol{E}$ がこれらの面の法線ベクトル $\boldsymbol{n}$ と垂直だから 0 である。一方，(4.31) の右辺の

$$Q_S = \sigma l$$

である。これらの結果を (4.31) に代入して，以下を得る。

$$|\boldsymbol{E}| = \frac{\sigma}{2\pi\varepsilon_0 r} \tag{4.37}$$

◇

この結果は，例題 4.2 でクーロンの法則と重ね合わせの原理を用いて計算した結果と一致している。ガウスの法則とクーロンの法則が等価であることはこのように具体例でも確認できる。この例題では，ガウスの法則を用いたほうが，クーロンの法則を用いるより圧倒的に計算は容易であった。計算が容易になったポイントは，無限の長さの直線棒の場合には棒の長さ方向に平行移動しても電荷分布が変わらないので，電場は棒からの距離が同じ点では同一になることを利用していることである。このことを，この系は棒の長さ方向への平行移動

について**並進不変性**をもつという。一般にガウスの法則は，考えている系が何らかの対称性をもつ場合には，電場を求める計算を大いに簡単化してくれる。逆に，棒の長さが有限であれば，棒に対する平行移動によって電場は変化するのでガウスの法則を用いた場合，式 (4.31) の左辺の計算は容易ではない。

例題 4.4 半径が a の球全体に電荷 Q_0 が単位体積当り ρ の電荷密度で一様に帯電している。球の中心からの距離が r の点での電場 $\boldsymbol{E}$ を，ガウスの法則を用いて求めよ。

【解答】 球の中心についての対称性を利用する。以下，球の中心を原点 O とする。電場は空間の任意の点 P で原点から遠ざかる方向 (動径方向) を向いている。なぜなら，動径方向と垂直な電場の成分については，球上の各点の電荷分布からクーロンの法則 (4.26) の右辺への寄与は，直線 OP について対称な 2 つの点からの寄与がたがいに打ち消し合うからである。また，電場の動径方向の成分については，球対称性から，原点からの距離が同じであれば同一である。閉曲面 S として，原点を中心とする半径 r の球面 S_r をとってみよう。ガウスの法則 (4.31) の左辺は以下のとおりである。

$$\int_{S_r} \boldsymbol{E}\cdot\boldsymbol{n}dS = \int_{S_r} |\boldsymbol{E}(r)|dS = |\boldsymbol{E}(r)|\int_{S_r} dS = |\boldsymbol{E}(r)|4\pi r^2$$

一方，(4.31) の右辺は以下のとおりである。

$$Q_S = \begin{cases} \dfrac{4\pi r^3\rho}{3} = \dfrac{Q_0 r^3}{a^3} & (r \leqq a) \\ \dfrac{4\pi a^3\rho}{3} = Q_0 & (r \geqq a) \end{cases}$$

これらの結果を (4.31) に代入して，動径方向の単位ベクトルを $\boldsymbol{e}_r$，また $\boldsymbol{r} = \overrightarrow{\mathrm{OP}} = r\boldsymbol{e}_r$ として，以下を得る。

$$\boldsymbol{E}(r) = \begin{cases} \dfrac{Q_0 r}{4\pi\varepsilon_0 a^3}\boldsymbol{e}_r = \dfrac{Q_0}{4\pi\varepsilon_0 a^3}\boldsymbol{r} & (r \leqq a) \\ \dfrac{Q_0}{4\pi\varepsilon_0 r^2}\boldsymbol{e}_r = \dfrac{Q_0}{4\pi\varepsilon_0 r^3}\boldsymbol{r} & (r \geqq a) \end{cases} \tag{4.38}$$

電場は，球の内側では球の中心からの距離 r に比例して増えていくが，球の外側では球の中心に全電荷 Q_0 を集中させたときのクーロン電場に等しい。 ◇

問 4.5 十分薄い無限平板上に一様な面密度 $\sigma(>0)$ で電荷が分布している。平板からの距離が $z(>0)$ の点での電場の強さをガウスの法則を用いて求めよ。

4.4 電　　位

4.4.1 電 場 と 電 位

電場が存在する空間の各点 P の**電位** $\phi(\mathrm{P})$ は，あらかじめ**基準点** P_0 を決めた上で，点 P から基準点 P_0 まで電場 $\boldsymbol{E}$ を線積分することで得られる (図 **4.12**)。

$$\phi(\mathrm{P}) = \int_{\mathrm{P}\to\mathrm{P}_0} \boldsymbol{E}\cdot d\boldsymbol{r} \qquad (4.39)$$

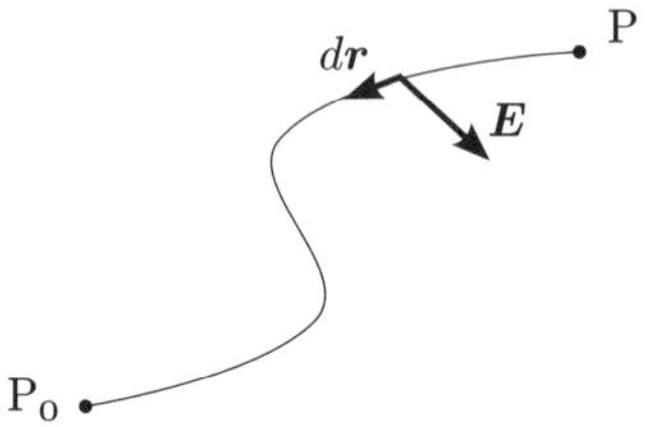

図 **4.12**　電場と電位

点 P に置かれた電荷 q がもつ**位置エネルギー** $U(P)$ は

$$U(\mathrm{P}) = q\,\phi(\mathrm{P}) \qquad (4.40)$$

である。このことは，電荷 q が電場 $\boldsymbol{E}$ から受ける力は $\boldsymbol{F} = q\boldsymbol{E}$ であることから理解できる。したがって，電位 $\phi(\mathrm{P})$ は，点 P に電荷が置かれたときの単位電荷当りの電場による位置エネルギーである。

ところで，(4.39) の右辺で定義される電位は，点 P から基準点 P_0 に至る途中の経路にはよらず点 P と基準点 P_0 の位置だけで決まっていなければ意味がないが，そのことはどのようにして保証されているのであろうか。電場 $\boldsymbol{E}$ の線積分が途中の経路によらず始点と終点の位置だけで決まっているということは，任意の閉曲線 C に沿った電場 $\boldsymbol{E}$ の 1 周積分が 0 になることと同値である。

$$\int_C \boldsymbol{E}\cdot d\boldsymbol{r} = 0 \qquad (4.41)$$

ここで，任意の方向の単位ベクトルを $\boldsymbol{n}$ として，閉曲線 C をこの方向と垂直な面内にくるようにして任意の 1 点 P' に縮めると，式 (4.20) より，式 (4.41) は

$$\mathrm{rot}\,\boldsymbol{E}\cdot\boldsymbol{n}\,\Delta S = 0 \qquad (4.42)$$

となる。ここで，$\mathrm{rot}\,\boldsymbol{E}$ は電場 $\boldsymbol{E}$ の点 P' での回転である。また，ΔS は閉曲線

C が囲む微小な面の面積である。式 (4.42) が任意の $\boldsymbol{n}$ について成り立つことから，電位が点 P と基準点 P_0 の位置だけで決まるための条件は，任意の点で

$$\mathrm{rot}\,\boldsymbol{E} = \boldsymbol{0} \tag{4.43}$$

が成り立つことである。原点に置かれた点電荷 Q がつくるクーロン電場

$$\boldsymbol{E} = \frac{Q}{4\pi\varepsilon_0 r^2}\boldsymbol{e}_r = \frac{Q}{4\pi\varepsilon_0}\left(\frac{x}{r^3},\ \frac{y}{r^3},\ \frac{z}{r^3}\right) \tag{4.44}$$

について, 回転を計算してみると，$r = \left(x^2 + y^2 + z^2\right)^{1/2}$ より

$$\begin{aligned}\mathrm{rot}\,\boldsymbol{E} &= \frac{Q}{4\pi\varepsilon_0}\left(-z\frac{3y}{r^5} + y\frac{3z}{r^5},\ -x\frac{3z}{r^5} + z\frac{3x}{r^5},\ -y\frac{3x}{r^5} + x\frac{3y}{r^5}\right)\\ &= (0, 0, 0)\end{aligned} \tag{4.45}$$

となり，回転は $\boldsymbol{0}$ である。もちろん図 **4.6** を見ただけでも，クーロン場が空間のどの点でも渦を巻いていない (すなわち回転をもたない) ことは明白である。複数の点電荷や連続分布する電荷がつくる電場は点電荷がつくる電場の重ね合わせ (ベクトルの和) なので，それらの回転も $\boldsymbol{0}$ である。したがって，電位が途中の経路によらず一意的に定義される (ただし上記のことは，電磁場が静的な場合について成り立つことで, 4.7 節で見るように, 磁場が時間的に変化すると電場の 1 周積分は 0 ではなく，したがって電場の回転も $\boldsymbol{0}$ ではなくなる)。

点電荷 Q がつくる電場による電位を計算してみよう。この場合の電位の基準点は通常は無限遠にとる。点電荷 Q から距離 r だけ離れた点 P における電位は，点電荷 Q と点 P を通る直線に沿って点 P から無限遠まで積分するのが最も計算が容易で，以下のとおりとなる。

$$\phi(r) = \int_{\mathrm{P}\to\text{無限遠}} \frac{Q}{4\pi\varepsilon_0 r^2}\boldsymbol{e}_r\cdot d\boldsymbol{r} = \int_r^{\infty}\frac{Q}{4\pi\varepsilon_0 r^2}dr = \frac{Q}{4\pi\varepsilon_0 r} \tag{4.46}$$

逆に電位が位置の関数として既知のときに，電位から電場を求めるには

$$\boldsymbol{E} = -\mathrm{grad}\,\phi = \left(-\frac{\partial\phi}{\partial x},\ -\frac{\partial\phi}{\partial y},\ -\frac{\partial\phi}{\partial z}\right) \tag{4.47}$$

とすればよい。実際，式 (4.47) の x 成分を見てみよう。任意の点 P の座標を

(x, y, z)，点 P から x 方向のみへ Δx だけ変位した点を $\mathrm{P}'(x+\Delta x, y, z)$ として，以下が成り立つ。

$$
\begin{aligned}
-\frac{\partial \phi}{\partial x} &= -\lim_{\Delta x \to 0} \frac{\phi(x+\Delta x,\ y,\ z) - \phi(x,\ y,\ z)}{\Delta x} \\
&= -\lim_{\Delta x \to 0} \left(\int_{\mathrm{P}' \to \mathrm{P} \to \mathrm{P}_0} \boldsymbol{E} \cdot d\boldsymbol{r} - \int_{\mathrm{P} \to \mathrm{P}_0} \boldsymbol{E} \cdot d\boldsymbol{r} \right) \Big/ \Delta x \\
&= -\lim_{\Delta x \to 0} \int_{\mathrm{P}' \to \mathrm{P}} \boldsymbol{E} \cdot d\boldsymbol{r} \Big/ \Delta x \\
&= -\lim_{\Delta x \to 0} \frac{\boldsymbol{E} \cdot \Delta \boldsymbol{r}}{\Delta x} = \lim_{\Delta x \to 0} \frac{E_x \Delta x}{\Delta x} = E_x
\end{aligned}
\tag{4.48}
$$

上式 (4.48) の最終行で点 P' から点 P への移動ベクトルは $\Delta \boldsymbol{r} = (-\Delta x,\ 0,\ 0)$ である。このように電位 ϕ の勾配にマイナス符号を付けたものが電場を与える。

問 4.6　点電荷による電位 (4.46) から式 (4.47) に従って電場 $\boldsymbol{E}$ を導け。

4.4.2　電気双極子モーメントによる電場と電位

大きさが等しく符号が異なる2つの電荷で構成される系を一般に**電気双極子**と呼ぶ。また，電荷の大きさを q とするとき負電荷から見た正電荷の位置ベクトルを $\boldsymbol{l}$ として，$\boldsymbol{p} = q\boldsymbol{l}$ のことを**電気双極子モーメント**と呼ぶ。

例題 4.5　z 軸上で原点を挟んで等距離の 2 点 $\mathrm{P}_+ = (0, 0, l/2)$ と $\mathrm{P}_- = (0, 0, -l/2)$ にそれぞれ正電荷 $+q$ と負電荷 $-q$ が置かれている。この系の電気双極子モーメントの大きさは $p = ql$ である。この電気双極子から，2 電荷間の距離 l に比べて十分遠い任意の点 P の電場と電位を求めよ。

【解答】　この系は z 軸に関する回転対称性をもつので，任意の点 P としては座標 $(x, 0, z)$ をとれば十分である。クーロンの法則から電場を直接求めてもよいが，電位をまず求めてから，式 (4.47) に従って電場を求めるほうがはるかに容易である。

まず，点 P での電位 ϕ は 2 つの点電荷の電位を加えて以下のようになる。

$$
\phi = \frac{1}{4\pi\varepsilon_0} \left(\frac{q}{r_+} - \frac{q}{r_-} \right) \tag{4.49}
$$

ここで，$r_+ = \overline{\mathrm{P}_+\mathrm{P}} = \sqrt{x^2 + (z - l/2)^2}$，$r_- = \overline{\mathrm{P}_-\mathrm{P}} = \sqrt{x^2 + (z + l/2)^2}$ である。さて，電気双極子の中心 (すなわち原点 O) から点 P までの距離 $r = \sqrt{x^2 + z^2}$ が電

気双極子のサイズ l に比べて十分大きいとき，すなわち条件 $\dfrac{l}{r} \ll 1$ が成り立っているとき，$r_+ = \sqrt{x^2+(z-l/2)^2} = \sqrt{x^2+z^2-lz+l^2/4} = \sqrt{r^2-lz+l^2/4} = r\sqrt{1-\dfrac{lz}{r^2}+\dfrac{l^2}{4r^2}} \doteqdot r\left(1-\dfrac{lz}{2r^2}\right)$ の近似が成り立つ。ここで，1 に比べてはるかに小さい $\dfrac{l}{r}$ について 1 次の項までを残し 2 次以上の項は無視した。同様に $r_- \doteqdot r\left(1+\dfrac{lz}{2r^2}\right)$ の近似も成り立つ。したがって同じ近似のもとで以下を得る。

$$\phi = \frac{1}{4\pi\varepsilon_0}\frac{q}{r}\left\{\left(1+\frac{lz}{2r^2}\right)-\left(1-\frac{lz}{2r^2}\right)\right\} = \frac{1}{4\pi\varepsilon_0}\frac{qlz}{r^3} = \frac{p}{4\pi\varepsilon_0}\frac{z}{r^3} \qquad (4.50)$$

つぎに式 (4.47) に従って電位 (4.50) から電場を求めると，原点 O と点 P を結ぶ直線が z 軸となす角を θ として，電場の各成分は以下のとおりである。

$$E_x = -\frac{\partial\phi}{\partial x} = \frac{p}{4\pi\varepsilon_0}\frac{3zx}{r^5} = \frac{p}{4\pi\varepsilon_0}\frac{3\cos\theta\sin\theta}{r^3}, \qquad E_y = -\frac{\partial\phi}{\partial y} = 0,$$
$$E_z = -\frac{\partial\phi}{\partial z} = \frac{p}{4\pi\varepsilon_0}\left(-\frac{1}{r^3}+\frac{3z^2}{r^5}\right) = \frac{p}{4\pi\varepsilon_0}\frac{3\cos^2\theta-1}{r^3} \qquad (4.51)$$

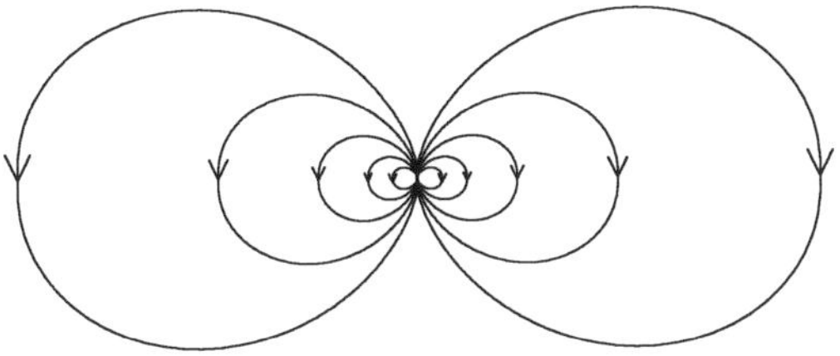

図 4.13　電気双極子による電場

電気双極子の近くの電場の様子は**図 4.7** に示したとおりであるが，**図 4.13** に電気双極子から十分離れた場合の電場の様子を電気力線を用いて示しておく。この図で電気双極子自体は紙面内の上下方向を向いて置かれている。　◇

例題 4.6　単位体積当りの電荷密度 $\rho(>0)$ で一様に帯電した半径 a の球と電荷密度 $-\rho$ で一様に帯電した半径 a の球とを考え，正の帯電球を負の帯電球に対して z 軸の正方向に十分に短いベクトル $\boldsymbol{d}$ だけずらして重ね合わせる ($|\boldsymbol{d}| \ll a$)。球の中心を原点 O，球面上の任意の点を P として，直線 OP が z 軸となす角を θ とする (**図 4.14**)。重ね合わせた帯電球は表面にだけ電荷が分布し，2 つの帯電球の表面はその法線方向に $|\boldsymbol{d}|\cos\theta$ だ

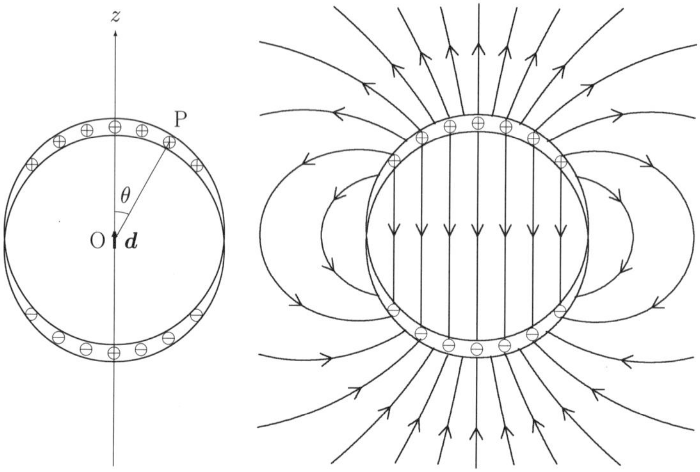

図 **4.14**　重なった正負の帯電体球による正味の電荷分布 (左) と電場 (右)

けずれているので，その表面電荷密度は $\rho|\boldsymbol{d}|\cos\theta$ である。この重ね合わさった正負の帯電球，あるいはそれと等価な半径 a の球面上の表面電荷密度 $\rho|\boldsymbol{d}|\cos\theta$ がつくる電場を球の内外について求めよ。

【解答】　クーロンの法則を用いて電場を求めてもよいが，計算は相当たいへんである。しかし以下のことに気づけば，すでに知っている知識を用いて容易に結果を得ることができる。半径 a，電荷密度 ρ の一様帯電球を点 $(0, 0, |\boldsymbol{d}|/2)$ に置いて，半径 a，電荷密度 $-\rho$ の一様帯電球を点 $(0, 0, -|\boldsymbol{d}|/2)$ に置いたときに，両者がつくる電場を重ね合わせればよい。半径 a，電荷密度 ρ の一様帯電球が球の内側でつくる電場は式 (4.38) のとおりなので，正の帯電球と負の帯電球の電場を重ね合わせると，球の内側 $(r < a)$ では，以下のように $-\boldsymbol{d}$ の方向に一様な電場が得られる。

$$\boldsymbol{E} = \frac{\rho}{3\varepsilon_0}\left\{\left(\boldsymbol{r} - \frac{\boldsymbol{d}}{2}\right) - \left(\boldsymbol{r} + \frac{\boldsymbol{d}}{2}\right)\right\} = -\frac{\rho}{3\varepsilon_0}\boldsymbol{d} \tag{4.52}$$

また，球の外側 $(r > a)$ では，$\boldsymbol{d}$ だけ離れて置かれた大きさ $Q = \dfrac{4\pi a^3\rho}{3}$ の正と負の点電荷で構成される大きさ $p = \dfrac{4\pi a^3\rho}{3}|\boldsymbol{d}|$ の電気双極子モーメントによる電場と同じ電場が得られる。その表式は，帯電球の中心から外部までの距離が $|\boldsymbol{d}|$ に比べて十分に遠いので，式 (4.51) で与えられる。　◇

4.5 導体と誘電体

物質は導体と誘電体とに大きく分類される。この節では導体と誘電体について，ベクトル解析と関連が深いいくつかの事項に限って解説する。

導体では，原子を構成する正電荷の原子核と負電荷の電子のうち，電子の一部が原子から離れて導体内を自由に移動することができる。この電子を**自由電子**と呼ぶ。導体に外部から電場をかけると，自由電子が電場と逆方向に力を受けて移動し，導体のうち，かけた電場ベクトルの手前の側が負に，先の側が正にそれぞれ帯電する。この現象を**静電誘導**と呼ぶ。自由電子の移動によって，導体内の全領域で $\boldsymbol{E} = \boldsymbol{0}$ となって自由電子にそれ以上力が働かなくなるように電荷が再配置する。この電荷の移動にかかる時間はきわめて短時間である。導体内の全領域で電場が $\boldsymbol{0}$ なので，連続したひとつながりの導体内は等電位である。また，導体内は表面を除いた全領域で電荷密度が 0 である。なぜなら，電荷密度が 0 でない領域があれば，ガウスの法則からわかるように電場がそこから流出またはそこへ流入することになり，自由電子の再配置がさらに起こるからである。自由電子は通常の状態では導体表面から外に出ることはできないので導体の表面だけは例外で，電荷が存在できるのはその表面だけである。導体の外側の表面近傍での電場 $\boldsymbol{E}$ は導体表面に垂直である。導体表面の単位面積当りの電荷密度を σ とすると，ガウスの法則から以下のことがわかる。

$$|\boldsymbol{E}| = \frac{\sigma}{\varepsilon_0} \tag{4.53}$$

問 4.7　式 (4.53) をガウスの法則から導出せよ。

一方，**誘電体**では各原子を構成する電子はその原子から離れることがなく，したがって自由電子は存在しない。誘電体に外側から電場をかけると，各原子を構成する電子の電荷分布が原子内で電場と逆方向にわずかだけ移動する。この現象を**誘電分極**と呼ぶ。電場がかかっていないときの誘電体内の電荷密度を正電荷の原子核による電荷密度 $\rho_+(>0)$ と負電荷の電子による電荷密度 $\rho_-(<0)$

に分けて考えてみよう。電場がかかっていないときの誘電体は電気的に中性なので，誘電体内の各点で $\rho_+ + \rho_- = 0$ である。電場がかかると正電荷の分布が負電荷の分布に対して相対的に各点で $\boldsymbol{d}$ だけ移動するとする。このとき，各点の**分極ベクトル** $\boldsymbol{P}$ を以下のように定義する。

$$\boldsymbol{P} = \rho_+ \, \boldsymbol{d} \; (= -\rho_- \, \boldsymbol{d}) \tag{4.54}$$

誘電体上の各点での分極ベクトル $\boldsymbol{P}$ は，強誘電体や異方性のある物質などの例外を除いて，一般にその点の電場 $\boldsymbol{E}$ に比例することが知られている。

$$\boldsymbol{P} = \chi \boldsymbol{E} \tag{4.55}$$

ここで，比例係数 χ は誘電体物質の種類によって決まっている定数で**電気感受率**と呼ばれている。

誘電分極の結果，誘電体の内部の各点に生じる正味の電荷密度 ρ_P は

$$\rho_P = -\mathrm{div}\, \boldsymbol{P} \tag{4.56}$$

である。特に誘電体の表面に生じる表面電荷密度 σ_P は単位面積当り

$$\sigma_P = \boldsymbol{P} \cdot \boldsymbol{n} \tag{4.57}$$

である。式 (4.57) で $\boldsymbol{n}$ は誘電体の表面から外向きの単位法線ベクトルである。式 (4.56)，(4.57) を証明するためにまず，任意の閉曲面 S が囲む領域を V として以下が成り立つことを示す。

$$\int_S \boldsymbol{P} \cdot \boldsymbol{n}\, dS = -\int_V \rho_P dV \tag{4.58}$$

式 (4.58) の左辺は式 (4.54) より $\displaystyle\int_S \rho_+ \, \boldsymbol{d} \cdot \boldsymbol{n}\, dS$ に等しく，これは，分極がない場合に比べて閉曲面 S を通って内側から外側へ移動した正味の電荷である。もともと分極がない場合には閉曲面 S 内の電荷は 0 なので，したがって，式 (4.58) の左辺は分極によって閉曲面 S の内側に生じた電荷にマイナス符号を付けたものに等しいはずで，それは式 (4.58) の右辺である。これで式 (4.58) が示された。式 (4.58) の左辺はガウスの定理を用いると $\displaystyle\int_V \mathrm{div}\, \boldsymbol{P}\, dV$ に等しく，また式 (4.58) が任意の領域 V について成り立つことから，式 (4.56) が得られる。

また，表面電荷密度 σ_P に関する式 (4.57) ついては，式 (4.58) において領域 V として，誘電体表面に平行にその内側と外側で向かい合う面積 ΔS の 2 つの微小平面で挟まれた領域をとる (図 **4.15**)。

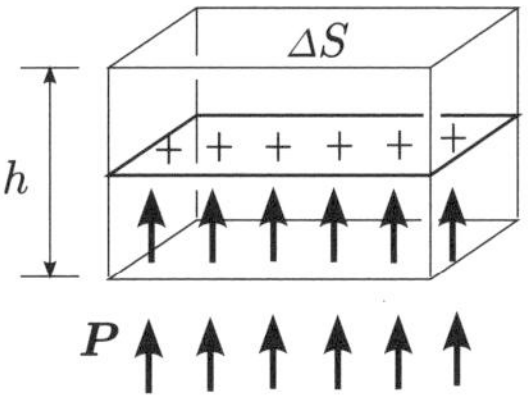

図 4.15 誘電体表面の分極電荷と電場

この 2 つの微小平面間の距離 h は十分に小さくとる。誘電体表面の外側では $\boldsymbol{P} = \boldsymbol{0}$ なので，式 (4.58) の左辺は，誘電体表面の内側平面からの寄与のみで $-\boldsymbol{P}\cdot\boldsymbol{n}\,\Delta S$ である。式 (4.58) の左辺において内側平面上の単位法線ベクトルの向きは表面から内向きであるが，この $-\boldsymbol{P}\cdot\boldsymbol{n}\,\Delta S$ の単位法線ベクトル $\boldsymbol{n}$ の向きは表面から外向きとした。また，式 (4.58) の右辺は表面電荷密度を用いて $-\sigma_P\,\Delta S$ に等しい。これで式 (4.57) が示された。

ガウスの法則 (4.31)(4.32) において，電荷密度 ρ には誘電体の分極電荷 ρ_P ももちろん含まれる。しかし誘電体の分極電荷はそのほかの例えば導体中の電荷のような電荷に比べて扱いにくいところがある。そこで式 (4.31) の ε_0 倍と式 (4.58) との和をとって以下を得る。

$$\int_S (\varepsilon_0\boldsymbol{E} + \boldsymbol{P})\cdot\boldsymbol{n}\,dS = \int_V (\rho - \rho_P)\,dV \tag{4.59}$$

この式は以下のように簡潔に表現することもできる。

$$\int_S \boldsymbol{D}\cdot\boldsymbol{n}\,dS = \int_V \rho'\,dV \tag{4.60}$$

式 (4.60) の左辺の $\boldsymbol{D} = \varepsilon_0\boldsymbol{E} + \boldsymbol{P}$ を**電束密度**と呼ぶ。また，式 (4.60) の右辺の $\rho' = \rho - \rho_P$ は**真電荷密度**と呼ばれ，あらゆる電荷密度から分極電荷密度だけを抜いた残りの電荷密度のことである。式 (4.55) より

$$\boldsymbol{D} = \varepsilon\boldsymbol{E} \tag{4.61}$$

と表すこともできる。ここで，$\varepsilon = \varepsilon_0 + \chi$ のことを誘電体の**誘電率**と呼ぶ。

問 4.8 一様な電気感受率 χ の誘電体でできた半径 a の球体に，外部から一様な電場 $\boldsymbol{E}_0$ をかけたとき，誘電体の内と外の電場を求めよ。

4.6 電流と静磁場

4.6.1 電　　　流

電荷の移動が**電流**である。電流 I は導線を流れる単位時間当りの電荷(電気量) で定義される。回路の問題を考える場合には導線の太さは考慮しないことが多いが，導線の内部を詳細に考察するときには**電流密度**という概念が役に立つ。電流密度 $\boldsymbol{i}$ は，空間の各点ごとに定義されるベクトル場で，その向きはその点での電流の流れる方向を向いており，大きさは電流方向と垂直な単位面積当りの電流である。通常は電流密度は導体外では $\mathbf{0}$ であるが，真空放電などで導体外でも $\mathbf{0}$ でないことがある。一般に空間内の任意の閉曲線を C として，この閉曲線 C の内側を通過する電流 I_C は，C を境界とする曲面を S として

$$I_C = \int_S \boldsymbol{i} \cdot \boldsymbol{n} \, dS \tag{4.62}$$

で与えられる (**図 4.16**)。ここで，$\boldsymbol{n}$ は曲面 S 上の単位法線ベクトルで，dS は曲面上の微小面積である。$\boldsymbol{i} \cdot \boldsymbol{n}$ は，$\boldsymbol{n}$ 方向すなわち曲面 S と垂直な方向の電流密度の成分である。

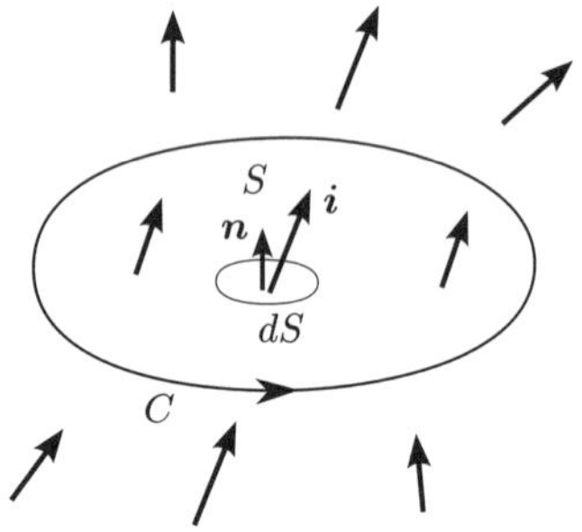

図 4.16　電流密度と電流

空間の各点における電荷密度を ρ，電流密度を $\boldsymbol{i}$ とすると，両者の間には以下の微分方程式が成り立つことが知られている。

$$\frac{\partial \rho}{\partial t} + \mathrm{div}\, \boldsymbol{i} = 0 \tag{4.63}$$

この方程式を**連続の方程式**と呼ぶ。この方程式は以下のようにして得られる。任意の点 P を内側に含む微小な閉曲面を S とする。電流密度の閉曲面 S 全体にわたる流束 $\int_S \boldsymbol{i} \cdot \boldsymbol{n} \, dS$ は，閉曲面 S の内側から外側に単位時間当りに流出す

る正味の電荷，すなわち単位時間当りに閉曲面 S から外側に流出する電荷と内側に流入する電荷との差を表す。この流束は，閉曲面 S の内側の体積を ΔV として式 (4.10) より，$\mathrm{div}\,\boldsymbol{i}\,\Delta V$ に等しい。電荷は空間内を移動することはあっても途中で消滅したり新たに生成することはないので，閉曲面 S の内側から外側へ正味の電荷が流出したならば，その分だけ閉曲面 S の内側にある総電荷 $\rho\,\Delta V$ が減少するはずである。総電荷の単位時間当りの減少率は $-\dfrac{\partial \rho}{\partial t}\Delta V$ だから，$\mathrm{div}\,\boldsymbol{i}\,\Delta V = -\dfrac{\partial \rho}{\partial t}\Delta V$ となり，連続の方程式 (4.63) が得られる。

問 4.9　閉曲線 C の内側を通過する電流 I_C の定義式 (4.62) において，I_C が C を境界とする 2 つの異なる曲面 S_1 と S_2 で一致するのは，S_1 と S_2 で囲まれた空間領域 V_{12} で $\mathrm{div}\,\boldsymbol{i} = 0$ (したがって連続の方程式 (4.63) から $\dfrac{\partial \rho}{\partial t} = 0$) が満たされている場合に限ることを示せ。

4.6.2　ビオ–サバールの法則

4.2 節で見たように，電荷はそのまわりの空間にクーロンの法則に従って電場をつくる。これに対して，電流はそのまわりの空間に以下の法則に従って磁場をつくる。

法則 4.2　(ビオ–サバールの法則)

曲線 C に沿って電流 I が流れているとき，電流の微小部分 $d\boldsymbol{s}$ ($d\boldsymbol{s}$ は導線に沿った微小な移動ベクトル) がそこからベクトル $\boldsymbol{r}$ だけ離れた点 P につくる磁場 $d\boldsymbol{B}$ は

$$d\boldsymbol{B} = \frac{\mu_0 I}{4\pi r^2} d\boldsymbol{s} \times \boldsymbol{e}_r \tag{4.64}$$

で与えられる (図 **4.17**)。ここで，μ_0 は**真空の透磁率**と呼ばれ，値は $\mu_0 = 4\pi \times 10^{-7}$〔N/A^2〕である。また，$r = |\boldsymbol{r}|$, $\boldsymbol{e}_r = \dfrac{\boldsymbol{r}}{r}$ (すなわち $\boldsymbol{e}_r$ は $\boldsymbol{r}$ 方向の単位ベクトル) である。電流全体が点 P につくる磁場 $\boldsymbol{B}$ は

$$\boldsymbol{B} = \int_C d\boldsymbol{B} = \int_C \frac{\mu_0 I}{4\pi r^2} d\boldsymbol{s} \times \boldsymbol{e}_r \tag{4.65}$$

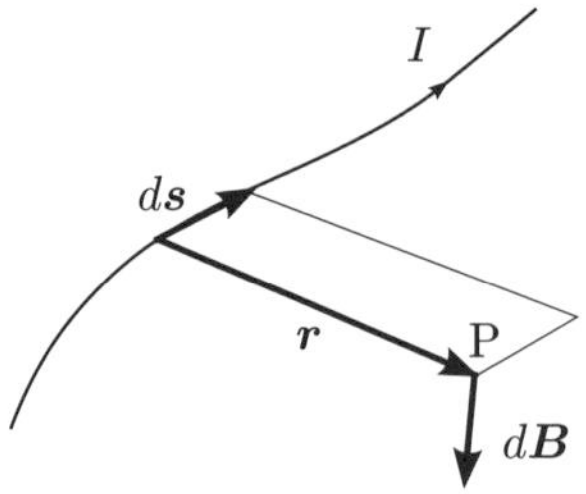

図 **4.17**　ビオ–サバールの法則

である。積分は曲線 C の全体にわたってとる。

この法則を**ビオ–サバールの法則**と呼ぶ。

なお，式 (4.64)，(4.65) の磁場 $\boldsymbol{B}$ は正確には**磁束密度**と呼ばれる。磁場を表す量としてはほかに**磁界** $\boldsymbol{H}$ があるが，本書では扱わない。磁性体の内部を除いて磁束密度と磁界は $\boldsymbol{B} = \mu_0 \boldsymbol{H}$ の比例関係にあるので，本書では磁束密度のことを磁場と呼ぶことにし，磁界は用いないことにする。

例題 4.7　半径 a の円周 C に沿って電流 I が流れている。円の中心 O を通り円に垂直な直線上で O から z だけ離れた点 P での磁場の方向と大きさを，ビオ–サバールの法則に従って計算せよ。

【解答】　円周 C 上の任意の点を P′ とし，距離 P′ P を r，$\overrightarrow{\mathrm{P'P}}$ の方向の単位ベクトルを $\boldsymbol{e}_r$ とする。点 P′ における電流方向 (円周方向) の微小ベクトルを $d\boldsymbol{s}$ とし，この部分の電流が点 P につくる磁場 $d\boldsymbol{B}$ は，$d\boldsymbol{s}$ と $\boldsymbol{e}_r$ がつくる面に垂直で (つまり 3 点 OPP′ を通る面内にあり)，**図 4.18** に示す向きである。この磁場 $d\boldsymbol{B}$ のうち，z 軸と垂直な成分 (dB_x, dB_y) は $d\boldsymbol{s}$ について円周に沿って足し上げる (つまり積分する) と 0 である。磁場 $d\boldsymbol{B}$ の z 軸方向の成分 dB_z は，角 $\angle \mathrm{OPP'} = \theta$ とすると $dB_z = |d\boldsymbol{B}|\sin\theta$ で，$\sin\theta = a/r$ であるから，円周 C に沿って足し上げると以下を得る。

$$
\begin{aligned}
|\boldsymbol{B}| = B_z &= \int_C dB_z = \int_C \frac{\mu_0 I}{4\pi r^2}|d\boldsymbol{s}|\sin\theta = \frac{\mu_0 I a}{4\pi r^3}\int_C |d\boldsymbol{s}| \\
&= \frac{\mu_0 I a}{4\pi r^3}2\pi a = \frac{\mu_0 I a^2}{2r^3} = \frac{\mu_0 I a^2}{2(a^2 + z^2)^{3/2}} \qquad (4.66)
\end{aligned}
$$

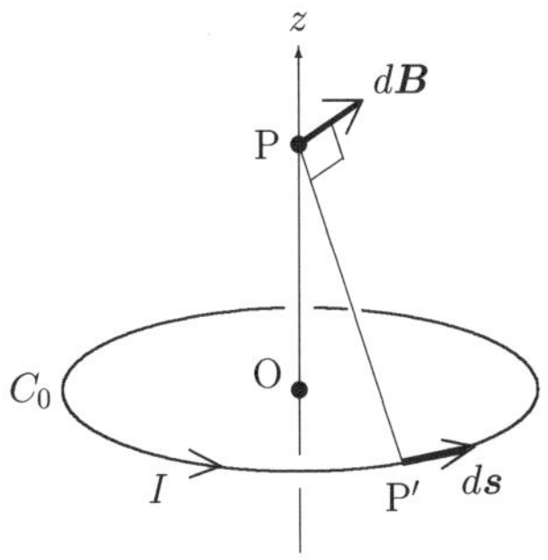

図 4.18　円電流の微小部分がつくる磁場

◇

問 4.10　無限の長さの直線導線に電流 I が流れている。この電流がつくる磁場の大きさは

$$|\boldsymbol{B}| = \frac{\mu_0 I}{2\pi r} \tag{4.67}$$

で，その方向は導線に垂直な面内で導線を中心とする円の接線方向であり，向きは右ねじの法則で決まっている (電流に平行においた右ねじを円周に沿って磁場の向きに回したときに右ねじが進む向きは，電流の流れる向きと一致する)。これらのことをビオ–サバールの法則を用いて示せ。

問 4.11　半径 a，単位長さ当りの巻き数 n のソレノイドコイルに電流 I が流れている。ソレノイドコイルの中心軸上の任意の点 P における磁場 $\boldsymbol{B}$ の方向は中心軸に平行で**図 4.19** の z 軸の正方向で，強さは

$$|\boldsymbol{B}| = \mu_0 I n \, \frac{\sin\theta_1 + \sin\theta_2}{2} \tag{4.68}$$

である。ここで，θ_1，θ_2 は，ソレノイドコイルの両端の位置を**図 4.19** のように A および B として，$\theta_1 = \angle \mathrm{APC}$，$\theta_2 = \angle \mathrm{BPC}$ である。特に，ソレノイドコイルの長さが両側に無限大のとき，$\theta_1 = \pi/2$，$\theta_2 = \pi/2$ より，以下のとおりである。

$$|\boldsymbol{B}| = \mu_0 I n \tag{4.69}$$

以上のことをビオ–サバールの法則を用いて示せ。

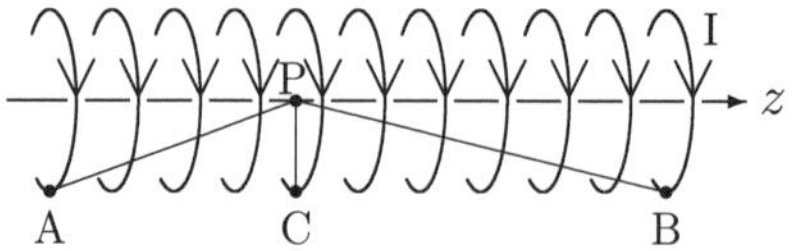

図 4.19　ソレノイドコイルに流れる電流

4.6.3　円電流がつくる磁場と磁気双極子

永久磁石は便宜上その両端に正と負の**磁荷**があり，それぞれの磁荷はそのまわりの空間にクーロンの法則に従って磁場をつくり出すと考えて取り扱われることがしばしばある。1 個の磁荷 q_m がその磁荷を原点とする位置ベクトル $\boldsymbol{r}$ の点につくり出す磁場は $\boldsymbol{B} = \dfrac{q_m}{4\pi r^2}\boldsymbol{e}_r$ とする (ただし $\boldsymbol{e}_r = \dfrac{\boldsymbol{r}}{r}$)。正負の磁荷の対が一定の距離だけ離して置かれたものを**磁気双極子**と呼ぶ。磁気双極子から十分遠方での磁場は，電気双極子が遠く離れた点につくる電場の式 (4.51) において $\dfrac{p}{\varepsilon_0}$ を $q_m l$ で置き換えたものに等しい。$q_m l$ のことを**磁気双極子モーメント**と呼ぶ。この磁気双極子を z 軸に平行に原点に置いたときに，磁気双極子がつくる磁場を遠くから観測したときの式は，電気双極子の場合の式 (4.51) と同様にして，以下で与えられる。

$$\boldsymbol{B} = \frac{q_m l}{4\pi}\left(\frac{3\cos\theta\sin\theta}{r^3},\ 0,\ \frac{3\cos^2\theta - 1}{r^3}\right) \tag{4.70}$$

つぎに，円電流がつくる磁場が円電流から十分離れた場所ではどのようになっているかを調べてみよう。

例題 4.8　例題 4.7 と同じく，半径 a の円形導線に電流 I が流れている。円電流の半径に比べて十分遠い任意の点での磁場のベクトル成分を，ビオ–サバールの法則に従って計算せよ。

【解答】　円電流 C の中心を原点にとり，円電流を含む面を x-y 平面にとる (図 **4.20**)。z 軸は円電流と垂直である。今の問題では z 軸について回転対称性があるから，円電流から十分遠い任意の点として位置ベクトル $\boldsymbol{r} = (x, 0, z)$ の点 P をとれば十分である。原点 O から点 P までの距離を $|\boldsymbol{r}| = r$，OP と z 軸がなす角を θ とする。円電流上の点 P$'$ の位置ベクトルを $\boldsymbol{s} = (a\cos\phi, a\sin\phi, 0)$ とすると，$d\boldsymbol{s} = (-a\sin\phi\, d\phi, a\cos\phi\, d\phi, 0)$ である。点 P$'$ から点 P に至るベクトルは

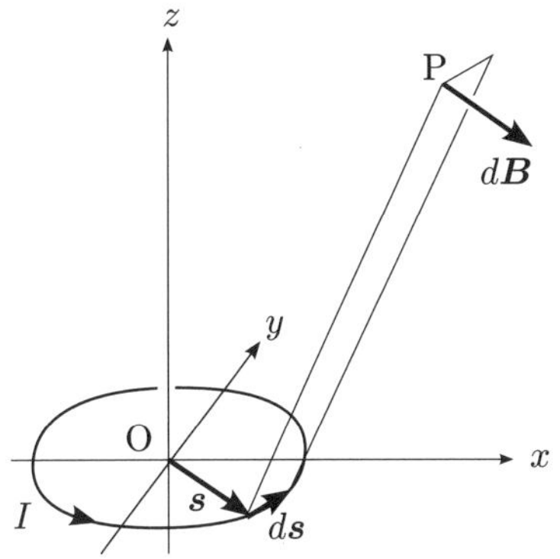

図 **4.20** 円電流が遠方につくる磁場

$\overrightarrow{\mathrm{P'P}} = \boldsymbol{r} - \boldsymbol{s}$ で，その距離を $|\overrightarrow{\mathrm{P'P}}| = |\boldsymbol{r} - \boldsymbol{s}| = r'$ とする。円周上の点 $\mathrm{P'}$ で $d\boldsymbol{s}$ の部分に流れる電流が点 P につくる磁場は，ビオ–サバールの法則 (4.64) に従って以下のとおりである。

$$d\boldsymbol{B} = \frac{\mu_0 I}{4\pi r'^2} d\boldsymbol{s} \times \boldsymbol{e}_r{}' \tag{4.71}$$

ここで，$\boldsymbol{e}_r{}'$ は $\overrightarrow{\mathrm{P'P}}$ の方向の単位ベクトル，すなわち $\boldsymbol{e}_r{}' = \dfrac{\boldsymbol{r} - \boldsymbol{s}}{r'}$ である。さて $r' = |\boldsymbol{r} - \boldsymbol{s}| = \sqrt{(\boldsymbol{r} - \boldsymbol{s}) \cdot (\boldsymbol{r} - \boldsymbol{s})} = \sqrt{r^2 - 2\boldsymbol{r} \cdot \boldsymbol{s} + |\boldsymbol{s}|^2} = r\sqrt{1 - 2\dfrac{\boldsymbol{r} \cdot \boldsymbol{s}}{r^2} + \dfrac{|\boldsymbol{s}|^2}{r^2}}$ と表すことができるが，点 P が円電流から十分遠いという条件は $\dfrac{a}{r} \ll 1$ すなわち $\dfrac{|\boldsymbol{s}|}{r} \ll 1$ ということであり，この条件の下で，$r' = r\left(1 - \dfrac{\boldsymbol{r} \cdot \boldsymbol{s}}{r^2}\right)$ という近似が成り立つ。ここで，1 に対して $\dfrac{|\boldsymbol{s}|}{r}$ の 1 次の項のみを残して，2 次以上の項は無視した。これと同じ程度の近似で $\dfrac{1}{r'^3} = \dfrac{1}{r^3}\dfrac{1}{1 - 3\dfrac{\boldsymbol{r} \cdot \boldsymbol{s}}{r^2}} = \dfrac{1}{r^3}\left(1 + 3\dfrac{\boldsymbol{r} \cdot \boldsymbol{s}}{r^2}\right)$ も成り立つ。この近似のもとで，式 (4.71) はつぎのようになる。

$$\begin{aligned} d\boldsymbol{B} &= \frac{\mu_0 I}{4\pi r'^2} d\boldsymbol{s} \times \boldsymbol{e}_r{}' = \frac{\mu_0 I}{4\pi r^3} d\boldsymbol{s} \times (\boldsymbol{r} - \boldsymbol{s})\left(1 + 3\frac{\boldsymbol{r} \cdot \boldsymbol{s}}{r^2}\right) \\ &= \frac{\mu_0 I}{4\pi r^3}\left(d\boldsymbol{s} \times \boldsymbol{r} - d\boldsymbol{s} \times \boldsymbol{s} + 3\, d\boldsymbol{s} \times \boldsymbol{r}\,\frac{\boldsymbol{r} \cdot \boldsymbol{s}}{r^2} - 3\, d\boldsymbol{s} \times \boldsymbol{s}\,\frac{\boldsymbol{r} \cdot \boldsymbol{s}}{r^2}\right) \end{aligned} \tag{4.72}$$

式 (4.72) の最後の式を円電流に沿って足し上げる (円周に沿って 1 周積分する)。その際，円周上の位置ベクトル $\boldsymbol{s}$ の点での円周に沿った微小ベクトルが $d\boldsymbol{s}$ とすると，位置ベクトル $-\boldsymbol{s}$ の点での微小ベクトルは $-d\boldsymbol{s}$ となるので，式 (4.72) の最終行の式で $\boldsymbol{s}$ と $d\boldsymbol{s}$ について合わせて奇数次の項は，符号が逆転し相殺する。したがって，最終行の第 1 項と第 4 項の積分は 0 となり，第 2 項と第 3 項の積分だけが残る。第 2 項に現れる $\boldsymbol{ds} \times \boldsymbol{s} = (0,\ 0,\ -a^2 d\phi)$ なので，これを円周に沿って 1 周積分 $(0 \leqq \phi \leqq 2\pi)$ すると，$(0,\ 0,\ -2\pi a^2)$ を得る。また，第 3 項に現れる $\boldsymbol{ds} \times \boldsymbol{r} \dfrac{\boldsymbol{r} \cdot \boldsymbol{s}}{r^2} = (az\cos\phi\, d\phi,\ az\sin\phi\, d\phi,\ -ax\cos\phi\, d\phi)\, xa\cos\phi/r^2 = (a^2xz\cos^2\phi\, d\phi,\ a^2xz\sin\phi\cos\phi\, d\phi,\ -a^2x^2\cos^2\phi\, d\phi)/r^2$ なので，これを円周に沿って 1 周積分すると，$(\pi a^2 xz, 0, -\pi a^2 x^2)/r^2$ を得る。したがって，式 (4.72) 全体を円周に沿って 1 周積分すると

$$\boldsymbol{B} = \int_C d\boldsymbol{B} = \frac{\mu_0 I}{4\pi r^3}\left\{(0,\ 0,\ 2\pi a^2) + 3\frac{(\pi a^2 xz,\ 0,\ -\pi a^2 x^2)}{r^2}\right\}$$
$$= \frac{\mu_0 I}{4\pi r^3}\left\{\frac{(3\pi a^2 xz,\ 0,\ 2\pi a^2 r^2 - 3\pi a^2 x^2)}{r^2}\right\}$$

となり，$x = r\sin\theta$, $z = r\cos\theta$ を用いればつぎのようにまとめられる。

$$\boldsymbol{B} = \frac{\mu_0 I\pi a^2}{4\pi r^3}(3\cos\theta\sin\theta,\ 0,\ 2 - 3\sin^2\theta)$$
$$= \frac{\mu_0 I\pi a^2}{4\pi r^3}(3\cos\theta\sin\theta,\ 0,\ 3\cos^2\theta - 1) \tag{4.73}$$

◇

磁気双極子モーメント $q_m l$ の磁気双極子が遠方につくる磁場 (4.70) と，半径 a，大きさ I の円電流が遠方につくる磁場 (4.73) とは，$q_m l = \mu_0 I\pi a^2$ とおけば一致する。もちろん，磁気双極子の近傍での磁場と円電流の近傍での磁場とはまったく様子が異なるが，遠方では両者の磁場の様子は見分けがつかなくなる。

ミクロな磁気双極子とミクロな円電流は，原子サイズに比べて十分大きな日常的な距離から見た場合，上述のようにまったく同じ磁場をつくる。実際には磁荷の存在は認められておらず，永久磁石の内外の磁場は，永久磁石を構成する原子の内部での電子によるミクロな円電流によって生じているのである。例えば棒磁石がつくる磁場は棒磁石の内部を除いて，棒磁石の一端に正の磁荷，他端に負の磁荷が存在しているように見える。しかしながら，両端の正磁荷と負磁荷を単離するために 1 本の棒磁石を適当な箇所で 2 つに折ると，折った箇所に負磁荷と正磁荷の対が現れて，結局 2 本の棒磁石が得られるだけで，正磁荷も負磁荷も単離できない。じつは，永久磁石は原子レベルのミクロの電磁石の集合体である。原子 1 個 1 個の内部では，電子が原子核のまわりを軌道運動で回転しており，これはミクロの円電流と同等である。ほとんどの物質ではこ

れらの原子内のミクロの円電流は原子ごとにばらばらな方向を向いており，物質の塊全体としてはそれらの円電流がつくる磁場は打ち消し合ってしまい物質の塊が磁性をもつことはない。これに対して，永久磁石では個々の原子内の円電流の方向が揃っており，その結果，永久磁石の外でも磁場は打ち消し合わずに残っているのである。

4.6.4 アンペールの法則

さて 4.3 節で，電荷がつくる電場について，クーロンの法則と等価な法則としてガウスの法則が成り立つことを証明した。同様に，ビオ–サバールの法則に従ってつくられる磁場については，以下の**アンペールの法則**が成り立つ。

法則 4.3 (アンペールの法則)

任意の閉曲線 C に沿った磁場 $\boldsymbol{B}$ の 1 周積分は，閉曲線 C の内側を通過する全電流 I_C に比例する (図 **4.21**)。

$$\int_C \boldsymbol{B} \cdot d\boldsymbol{r} = \mu_0 I_C \tag{4.74}$$

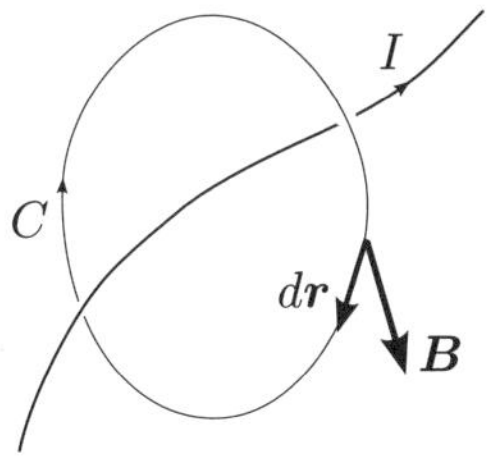

図 **4.21** アンペールの法則

なお，右辺で閉曲線 C の内側を通過する全電流 I_C は電流密度 $\boldsymbol{i}$ を用いて以下のように表すこともできる。

$$I_C = \int_S \boldsymbol{i} \cdot \boldsymbol{n} dS \tag{4.75}$$

ここで，S は閉曲線 C を境界とする任意の曲面で，その上の単位法線ベクトル $\boldsymbol{n}$ の向きは閉曲線 C を 1 周する向きに右ねじを回したときに右ねじが進む向きとする。**図 4.21** の閉曲線 C の場合だと $I_C = +I$ である。アンペールの法則 (4.74) の証明は，紙数の関係でここでは省略する (証明は引用・参考文献 14) ～ 18) を参照)。

例題 4.9　半径 a，単位長さ当りの巻き数 n で長さが無限大のソレノイドコイルに電流 I が流れている。アンペールの法則と例題 4.8 の結果を用いて，空間の任意の点における磁場を求めよ。得られた結果は，問 4.11 でビオ–サバールの法則によって求めた結果と一致することを確かめよ。

【解答】　ビオ–サバールの法則に従えば，ソレノイドコイルがつくる磁場はソレノイドコイルの軸に沿って並んだ円電流がつくる磁場の重ね合わせである。各円電流が空間の任意の点 P につくる磁場は，点 P とソレノイドコイルの軸を通る平面内にあるので，各円電流からの寄与を足し上げた結果得られる磁場も，点 P とソレノイドコイルの軸を通る平面内にある。さらにこの面内でソレノイドコイルの軸から遠ざかる方向の成分は，ソレノイドコイルの軸に沿って点 P から両側に等しい距離にある円電流からの寄与がたがいに打ち消し合うので，各円電流からの寄与を足し上げた結果得られる磁場は，ソレノイドコイルの軸に平行であることがわかる。また，長さが無限大のとき，ソレノイドコイルの軸方向の並進不変性から，磁場のソレノイドコイルの軸方向の成分は，ソレノイドコイルの軸からの距離が同じであれば一定である。

また，例題 4.8 の結果より，円電流から距離 r だけ離れた点での磁場は $\dfrac{1}{r^3}$ に比例して小さくなるので，各円電流からの寄与を足し上げた結果得られる磁場も無限遠では $\mathbf{0}$ であることがわかる (**次元解析**から，ソレノイドコイルの軸からの距離が a の点での磁場は $\dfrac{1}{a^2}$ に比例することがわかる。なお，実際に各円電流からの寄与を足し上げると，その比例係数は $\mathbf{0}$ になる)。

アンペールの法則 (4.74) の閉曲線 C として，ソレノイドコイルの軸を通る平面内に**図 4.22** のように長方形 abcd をとる。長方形の辺 ab と辺 cd はソレノイドコイルの軸と平行で長さはそれぞれ l とする。また，辺 ab はソレノイドコイルの軸から有限の距離にあるとし，辺 cd は無限遠にあるとする。磁場はソレノイドコイルの軸方向を向いているので，アンペールの法則の左辺の線積分におい

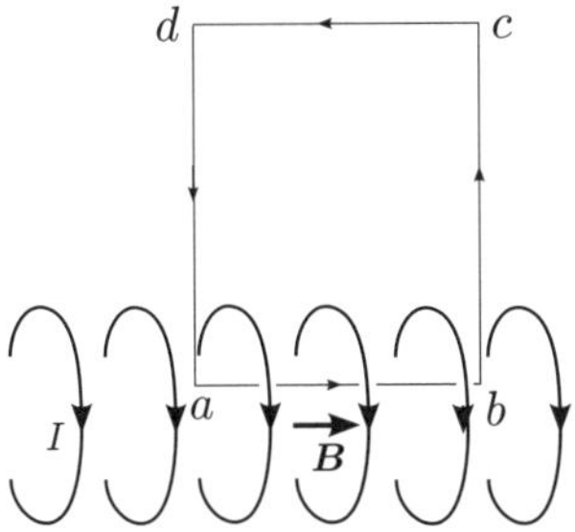

図 4.22　無限長のソレノイドコイルがつくる磁場とアンペールの法則の適用

て，長方形の 4 辺のうち，辺 bc と辺 da からの寄与は 0 である。また，無限遠での磁場は $\mathbf{0}$ であるので，無限遠にあるとした辺 cd からの寄与も 0 である。結局アンペールの法則 (4.74) の左辺は辺 ab 上の磁場を $\boldsymbol{B}$ として

$$\int_{a\to b} \boldsymbol{B}\cdot d\boldsymbol{r} = |\boldsymbol{B}|l$$

となる。一方，アンペールの法則 (4.74) の右辺は辺 ab とソレノイドコイルの軸との距離を r として

$$\mu_0 I_C = \begin{cases} \mu_0 Inl & (r < a) \\ 0 & (r > a) \end{cases}$$

である。ここで，$r < a$ はソレノイドコイルの内側を表し，$r > a$ はソレノイドコイルの外側を表す。これらの結果より，磁場は以下のようになる。

$$|\boldsymbol{B}| = \begin{cases} \mu_0 In & (r < a) \\ 0 & (r > a) \end{cases} \tag{4.76}$$

磁場はソレノイドコイルの外側では $\mathbf{0}$ で，内側では場所によらず一様である。内側での大きさは 問 4.11 でビオ–サバールの法則を用いて求めた大きさ (4.69) と一致する。 ◇

問 4.12　無限の長さの直線導線に電流 I が流れている。この電流がつくる磁場の方向は，問 4.9 でビオ–サバールの法則から示された。導線から距離 r の点における磁場の強さをアンペールの法則を用いて求め，結果が式 (4.67) に一致することを示せ。

4.6.5 ローレンツ力

電荷 q をもつ荷電粒子は，電場 $\boldsymbol{E}$ から式 (4.25) の第 1 式のように電場に平

行な力を受ける。では荷電粒子は磁場 $\boldsymbol{B}$ からどのような力を受けるのであろうか。一般に電場と磁場の両方が存在する空間に置かれた荷電粒子は，以下の力を受ける。

$$\boldsymbol{F} = q\,(\boldsymbol{E} + \boldsymbol{v} \times \boldsymbol{B}) \tag{4.77}$$

この力を**ローレンツ力**と呼ぶ (図 **4.23**)。ここで，$\boldsymbol{v}$ は荷電粒子の速度ベクトルである。磁場から受ける力は荷電粒子の速さに比例する (静止している荷電粒子には磁場からの力は働かない)。その力の方向は速度ベクトルと磁場の両方に垂直で，電荷が正の場合は，速度ベクトルから磁場の方向に右ねじを回したときに右ねじが進む方向である。これを**フレミングの法則**と呼ぶ。

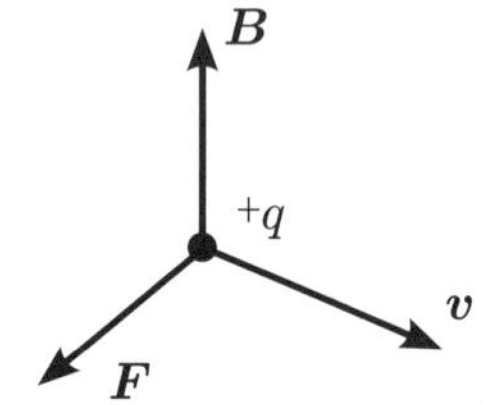

図 4.23　ローレンツ力

電流は荷電粒子の運動の結果であるから，2 つの導線に電流が流れている場合，一方の導線を流れる電流がつくる磁場によって，他方の導線を流れる荷電粒子は力を受けることになり，外から見ると電流間に力が働いているように見える。フレミングの法則に従えば，同方向に流れる平行電流の間には引力が，また逆方向に流れる平行電流の間には斥力が働くことがわかる。

問 4.13　距離 r だけ離れた無限に長い 2 本の平行導線 1 と 2 にそれぞれ電流 I_1 と I_2 が流れていとき，導線 2 の単位長さが導線 1 から受ける力の大きさと方向をローレンツ力から求めよ。

問 4.14　大きさ B の一様な磁場中で，電子を磁場に対して垂直な方向に初速 v_0 で打ち出すと電子は磁場に対して垂直な面内で等速円運動をする。その円運動の半径 r を求めよ。

4.7　電　磁　誘　導

図 **4.24** のようなループ状の導線回路に向けて磁石を近づけると回路上およびその周辺の磁場が時間的に変化するが，その結果として，回路に沿って起電

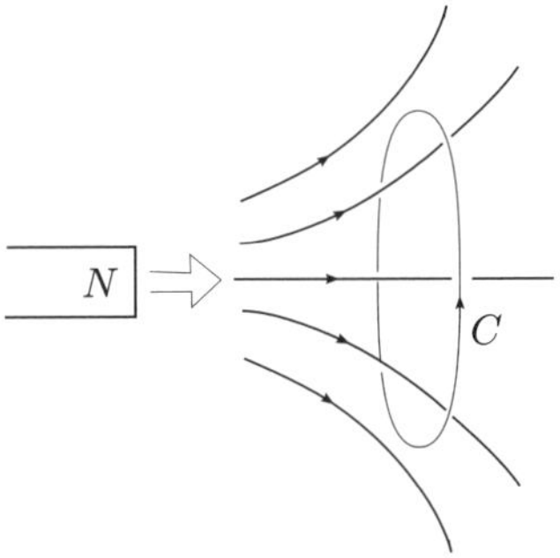

図 **4.24**　ファラデーの電磁誘導の法則

力が生じ電流が流れる。このことは回路に検流計を挿入すればその針が振れることから確認できる。起電力 V は，与えられた閉曲線 C に沿った電場の 1 周積分 $\int_C \boldsymbol{E}\cdot d\boldsymbol{r}$ で定義されるが，これが 0 でない値をもつということは，回路に沿って電場の渦が生じたことを意味する。じつはこの電場の渦は導線内だけに生じるわけではなく，磁場が時間的に変化する空間には，導線の有無にかかわらず必ず電場の渦が伴っている。この現象を**電磁誘導**と呼ぶ。

与えられた曲面 S 上での磁場 (すなわち磁束密度) の面積分 $\int_S \boldsymbol{B}\cdot\boldsymbol{n}dS$ を，曲面 S を貫く**磁束** $\boldsymbol{\Phi}$ と定義する。任意の閉曲線 C に沿った起電力 V は，C を境界とする曲面 S を貫く磁束 $\boldsymbol{\Phi}$ の時間的な変化率に等しい。

$$V = -\frac{d\Phi}{dt} \tag{4.78}$$

式 (4.78) は

$$\int_C \boldsymbol{E}\cdot d\boldsymbol{r} = -\frac{d}{dt}\int_S \boldsymbol{B}\cdot\boldsymbol{n}dS \tag{4.79}$$

と表すこともできる。この関係式 (4.78) あるいは (4.79) を**ファラデーの電磁誘導の法則**と呼ぶ。ここで，閉曲線 C は任意に向き付けし，起電力はその向きに沿って 1 周積分するものとする。一方，式 (4.78)，(4.79) の右辺で磁束を求める式に現れる曲面 S 上の単位法線ベクトル $\boldsymbol{n}$ の向きは，向き付けした閉曲線 C の向きに右ねじを回すときに右ねじが進む向きにとる。式 (4.78)，(4.79) の右辺にマイナス符号が付いているが，これは，物理的には以下のようにいうことができる。「磁場の変化によって生じる起電力により回路に流れる電流は新たにまわりの空間に磁場を生じさせるが，その向きは起電力の原因となったもとの磁場の変化を妨げる向きになっている。」このことは**レンツの法則**と呼ばれる。

4.4 節の式 (4.41) で，任意の閉曲線に沿った電場の 1 周積分は 0 であると述べたが，これは電磁場が静的な場合にのみ成り立つことで，電磁場が時間的に変化する場合を含めた一般的な場合に成り立つのは式 (4.79) である。

電磁誘導は発電所での発電や変電所での変電の原理となっている。また，コイルに生じる自己誘導起電力の原因にもなっている。

問 4.15 ソレノイドコイルに時間 t とともに変化する電流 $I(t)$ が流れるとき，コイルの両端に生じる自己誘導起電力の大きさは $V = L\dfrac{dI}{dt}$ と表される。ここで，L はコイルの**自己インダクタンス**と呼ばれる。長さ l，断面積 S，単位長さ当りの巻き数 n のソレノイドコイルの自己インダクタンスを求めよ。

問 4.16 自己インダクタンス L のソレノイドコイルと電気容量 C のコンデンサからなる閉回路について考える。コンデンサの一方の極板に溜まった電気量を Q，その極板に流れ込む電流を I とすると，$\dfrac{dQ}{dt} = I$ の関係が成り立つ。Q が満たす微分方程式を導け。また，Q は (したがって I も) 単振動する。この単振動の角振動数を求めよ。

4.8 変位電流とマックスウェル方程式

4.8.1 変位電流の導入によるアンペールの法則の拡張

マックスウェルは，アンペールの法則 (4.74)，(4.75) が理論的に不完全であることに気づいた。図 **4.25** のように，平行平板コンデンサに導線がつながれて，コンデンサが充電されている状況を考える。コンデンサの正の極板には電流 I が流れ込み，負の極板からは同じ量の電流 I が流れ出ている。この電流により，導線のまわりには磁場 $\boldsymbol{B}$ が発生している。この状況にアンペールの法則 (4.74) を適用してみる。閉曲線 C は正極板側の導線を取り囲むようにとる。式 (4.74) の左辺の 1 周積分は 0 でない値をとる。そして閉曲線 C を境界とす

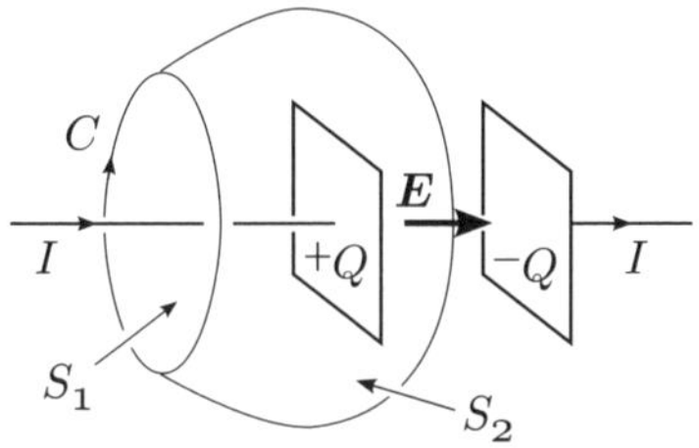

図 **4.25** 変位電流の導入

る曲面 S として図 **4.25** のように正極板側の導線が貫くように曲面 S_1 をとることにする。式 (4.74) の右辺に現れる電流 I_C を式 (4.75) に従って S_1 上で計算するとこれも当然 0 でない値をとり，式 (4.74) は満たされる。つぎに閉曲線 C を境界とする曲面 S として図のようにコンデンサの極板間をすり抜ける曲面 S_2 をとってみよう。今度は，式 (4.74) の右辺に現れる電流 I_C を式 (4.75) に従って S_2 上で計算すると，極板間には電流が流れていないので，$I_C = 0$ となり式 (4.74) は満たされない。

さて，極板間には電流が流れていないが，その代わりに何が起こっているかを考えよう。コンデンサの極板の面積を S_0 とすると，極板に蓄えられている電気量 Q と極板間の電場 $\boldsymbol{E}$ の強さの間にはガウスの法則から $|\boldsymbol{E}|S_0 = \dfrac{Q}{\varepsilon_0}$ の関係がある。平行平板コンデンサに流れ込む電流が I のとき，コンデンサに蓄えられる電荷 (電気量)Q は $\dfrac{dQ}{dt} = I$ の割合で増加し，対応して極板間の電場 $\boldsymbol{E}$ の大きさは，$\dfrac{d|\boldsymbol{E}|}{dt} = \dfrac{1}{\varepsilon_0 S_0}\dfrac{dQ}{dt} = \dfrac{I}{\varepsilon_0 S_0}$ だけ増加する。流れ込む電流 I と $\varepsilon_0 \dfrac{d\,(|\boldsymbol{E}|S_0)}{dt}$ が同じ値をもつのである。ここで，$|\boldsymbol{E}|S_0$ は S_2 上の面積分 $\displaystyle\int_{S_2} \boldsymbol{E}\cdot\boldsymbol{n}dS$ と書いてもよい (平行平板コンデンサの極板間の電場は一様であり，また極板間の外側では電場は $\boldsymbol{0}$ である) ので，$\varepsilon_0 \dfrac{d}{dt}\displaystyle\int_{S_2} \boldsymbol{E}\cdot\boldsymbol{n}dS = \varepsilon_0 \int_{S_2} \frac{\partial \boldsymbol{E}}{\partial t}\cdot\boldsymbol{n}dS$ は電流 I と値が等しいことになる。この量を**変位電流**と呼ぶ。

そこで，マックスウェルは，アンペールの法則の右辺の電流項に以下のようにこの変位電流の項を付け加えた。

$$\int_C \boldsymbol{B}\cdot d\boldsymbol{r} = \mu_0\left(\int_S \boldsymbol{i}\cdot\boldsymbol{n}dS + \varepsilon_0\frac{d}{dt}\int_S \boldsymbol{E}\cdot\boldsymbol{n}dS\right)$$

$$= \mu_0\int_S\left(\boldsymbol{i} + \varepsilon_0\frac{\partial\boldsymbol{E}}{\partial t}\right)\cdot\boldsymbol{n}dS \qquad (4.80)$$

アンペールの法則をこのように拡張すれば，閉曲線 C を境界とする曲面 S としてどのような曲面をとっても式 (4.80) の等式が成り立つことが保証される。

4.8.2　マックスウェル方程式

ここまで見てきたように，電場と磁場はガウスの法則 (4.31)，ファラデーの電磁誘導の法則 (4.79)，拡張されたアンペールの法則 (4.80) を満たすが，これらの法則は電場と磁場についての積分で表されている。これらの法則を微分方程式で表せばどのようになるであろうか。

まず電場が満たす基本法則であるガウスの法則について考察する。ガウスの法則 (4.31) は任意の閉曲面 S について成り立つので，その閉曲面 S を空間の任意の 1 点 P に縮めてみる。すでに 4.2 節の式 (4.10) で述べたように，閉曲面 S を 1 点に縮めたときに S が囲む体積を ΔV とすると，式 (4.31) の左辺は $\mathrm{div}\,\boldsymbol{E}\,\Delta V$ になる。一方，式 (4.31) の右辺の Q_S は，点 P での電荷密度を ρ とすると $\rho\,\Delta V$ である。したがって， 式 (4.31) は $\mathrm{div}\,\boldsymbol{E}\,\Delta V = \dfrac{\rho\,\Delta V}{\varepsilon_0}$ となる。ΔV で約して，電場 E についての微分方程式

$$\mathrm{div}\,\boldsymbol{E} = \frac{\rho}{\varepsilon_0} \qquad (4.81)$$

を得る。この微分方程式はガウスの法則の微分形と呼ばれる。4.2 節で述べたように $\mathrm{div}\,\boldsymbol{E}$ は微小な (すなわち無限に小さい) 領域における単位体積当りの電場の湧き出し量であって，これがその点での電荷密度 (=単位体積当りの電荷) に比例するという式 (4.81) の内容は，確かにガウスの法則 (4.31) の物理的な内容を微小領域について表現したものになっていることが理解できると思う。

同様に，ファラデーの電磁誘導の法則 (4.79) の両辺の積分の領域を任意の 1 点 P に縮めてみる。任意の方向の単位ベクトル $\boldsymbol{n}$ に対して垂直な平面内に閉曲線 C をとり，この閉曲線を点 P に縮める。このとき閉曲線が囲む面積を

ΔS とすると，4.2 節の式 (4.20) を用いると，$\Delta S \to 0$ の極限で式 (4.79) は $\mathrm{rot}\,\boldsymbol{E}\cdot\boldsymbol{n}\,\Delta S = -\dfrac{\partial \boldsymbol{B}}{\partial t}\cdot\boldsymbol{n}\,\Delta S$ となる。任意の方向の単位ベクトル $\boldsymbol{n}$ についてこの式が成り立つことは，電場と磁場の間に以下の微分方程式が成り立つことを意味している。

$$\mathrm{rot}\,\boldsymbol{E} = -\frac{\partial \boldsymbol{B}}{\partial t} \tag{4.82}$$

同様に，拡張されたアンペールの法則 (4.80) から以下の微分方程式が得られる。

$$\mathrm{rot}\,\boldsymbol{B} = \mu_0\left(\boldsymbol{i} + \varepsilon_0\frac{\partial \boldsymbol{E}}{\partial t}\right) \tag{4.83}$$

このように電磁気に関する基本法則であるガウスの法則，ファラデーの法則，拡張されたアンペールの法則から，それぞれ $\mathrm{div}\,\boldsymbol{E}$, $\mathrm{rot}\,\boldsymbol{E}$, $\mathrm{rot}\,\boldsymbol{B}$ についての微分方程式が得られた。では，$\mathrm{div}\,\boldsymbol{B}$ はどのような微分方程式に従うのであろうか。その答えは

$$\mathrm{div}\,\boldsymbol{B} = 0 \tag{4.84}$$

である。電場の場合の対応する方程式 (4.81)(ガウスの法則の微分形) は，電場が正の電荷から湧き出し負の電荷に吸い込まれることを表している。電気力線でいえば，電気力線は正の電荷から出発して負の電荷で終わる。磁場について式 (4.84) は，磁場の源となる単独の正または負の値をもつ磁荷が存在しないことを意味している。磁場に対応する磁力線は端点がなく閉曲線になっている。実際，ビオ–サバールの法則に従って電流の微小部分 $d\boldsymbol{s}$ が点 P につくる磁場 (4.64) は，微小部分 $d\boldsymbol{s}$ の座標を原点にとり，そこから測った点 P の位置ベクトルを $\boldsymbol{r} = (x, y, z)$ として，$\boldsymbol{e}_r = \dfrac{\boldsymbol{r}}{r}$ より，以下を満たす。

$$\begin{aligned}\mathrm{div}\,d\boldsymbol{B} &= \nabla\cdot\left(\frac{\mu_0 I}{4\pi}d\boldsymbol{s}\times\frac{\boldsymbol{e}_r}{r^2}\right) = -\frac{\mu_0 I}{4\pi}d\boldsymbol{s}\cdot\nabla\times\left(\frac{\boldsymbol{e}_r}{r^2}\right)\\ &= -\frac{\mu_0 I}{4\pi}d\boldsymbol{s}\cdot\nabla\times\left(\frac{\boldsymbol{r}}{r^3}\right) = 0\end{aligned} \tag{4.85}$$

したがって，電流に沿って足し上げた磁場 (4.65) も式 (4.84) を満たす。

電流がつくる磁場は確かに $\mathrm{div}\,\boldsymbol{B}=0$ を満たすことがわかったが，永久磁石がつくる磁場もこれを満たすのだろうか。4.6.3 項で述べたとおり，永久磁石は正負の磁荷の対によってつくり出されているのではなく，原子内のミクロな円電流によって生み出されている。すなわち永久磁石の磁場もその源は電流であり，電流がつくる磁場については，すでに見たように $\mathrm{div}\,\boldsymbol{B}=0$ が満たされるのである。

以上，電場と磁場が満たす微分方程式をもう一度まとめておく。

$$\mathrm{div}\,\boldsymbol{E}=\frac{\rho}{\varepsilon_0} \tag{4.86}$$

$$\mathrm{rot}\,\boldsymbol{E}=-\frac{\partial \boldsymbol{B}}{\partial t} \tag{4.87}$$

$$\mathrm{rot}\,\boldsymbol{B}=\mu_0\left(\boldsymbol{i}+\varepsilon_0\frac{\partial \boldsymbol{E}}{\partial t}\right) \tag{4.88}$$

$$\mathrm{div}\,\boldsymbol{B}=0 \tag{4.89}$$

この方程式の組を**マックスウェル方程式**と呼ぶ。これは電磁気学の基本法則を微分方程式で表したもので，電荷分布と電流分布が与えられれば電場と磁場はこのマックスウェル方程式によって基本的に決定される。

問 4.17　マックスウェル方程式の組 (4.86)〜(4.89) が，連続の方程式 (4.63) と整合性を保っていることを示せ。

4.9　マックスウェル方程式と電磁波

物質のない空間を**真空**と呼ぶことにする。真空中では電荷密度 ρ と電流密度 $\boldsymbol{i}$ がともにゼロである。したがって真空中でのマックスウェル方程式は以下のとおりである。

$$\mathrm{div}\,\boldsymbol{E}=0\,, \qquad \mathrm{div}\,\boldsymbol{B}=0 \tag{4.90}$$

$$\mathrm{rot}\,\boldsymbol{E}=-\frac{\partial \boldsymbol{B}}{\partial t}\,, \qquad \mathrm{rot}\,\boldsymbol{B}=\mu_0\varepsilon_0\frac{\partial \boldsymbol{E}}{\partial t} \tag{4.91}$$

真空中でのマックスウェル方程式の波動解（電磁波解）のうち

$$\boldsymbol{E}=\boldsymbol{E}_0 \sin(\boldsymbol{k}\cdot\boldsymbol{r}-\omega t+\phi_0),$$
$$\boldsymbol{B}=\boldsymbol{B}_0 \sin(\boldsymbol{k}\cdot\boldsymbol{r}-\omega t+\phi_0) \tag{4.92}$$

という形の**平面波**の解を考える (図 **4.26**)。ここで，$\boldsymbol{E}_0$ と $\boldsymbol{B}_0$ はそれぞれ電場と磁場の振幅を表す定数ベクトル，$\boldsymbol{k}=(k_x, k_y, k_z)$ は**波数ベクトル**と呼ばれる定数ベクトル，$\boldsymbol{r}=(x,y,z)$ は空間の位置ベクトル，ω は角周波数，t は時間である。また，ϕ_0 は $t=0$ における原点での位相で定数である。

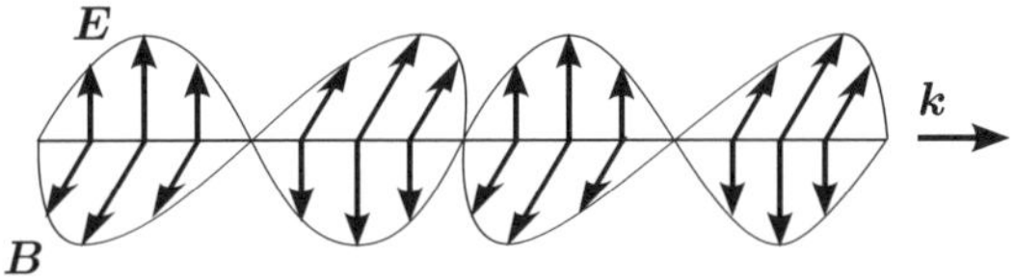

図 **4.26** 平面電磁波

この解において，波数ベクトル $\boldsymbol{k}$ に垂直な同一面内の点は，同位相である (つまり $\boldsymbol{k}\cdot\boldsymbol{r}-\omega t$ の値が等しい)。いま波数ベクトル $\boldsymbol{k}$ に垂直な任意の平面 H について，その上の点の位置ベクトル $\boldsymbol{r}$ を考える。波数ベクトルと位置ベクトルのなす角を θ とする。式 (4.92) の右辺の正弦関数の位相に現れる $\boldsymbol{k}\cdot\boldsymbol{r}=|\boldsymbol{k}|\,|\boldsymbol{r}|\cos\theta=|\boldsymbol{k}|\,l$ と書くことができるが，$l=|\boldsymbol{r}|\cos\theta$ は位置ベクトル $\boldsymbol{r}$ の波数ベクトル $\boldsymbol{k}$ への正射影であるから，平面 H 上のすべての点について $\boldsymbol{k}\cdot\boldsymbol{r}$ は同じ値をとる。すなわちこの波の波面は $\boldsymbol{k}$ と垂直であり，したがって $\boldsymbol{k}$ の方向はこの波の進行方向を指している。

この波の**波長** λ は**波数** $|\boldsymbol{k}|$ を用いると $\lambda=\dfrac{2\pi}{|\boldsymbol{k}|}$ である。すなわち $|\boldsymbol{k}|=\dfrac{2\pi}{\lambda}$ である。$\dfrac{1}{\lambda}$ は単位長さ当りの波 (1 波長) の数であり，本来はこれが波数を表すはずであるが，慣習により $\dfrac{2\pi}{\lambda}$ を波数と呼んでいる。また，上記の平面波の**周波数**は $\nu=\dfrac{\omega}{2\pi}$，**周期**は $T=\dfrac{2\pi}{\omega}$ である。

式 (4.92) の右辺の正弦関数の位相全体 $|\boldsymbol{k}|\,l-\omega t$ が一定値 ϕ_0 をもつとき $l=\dfrac{\omega t+\phi_0}{|\boldsymbol{k}|}$ であり，したがって等位相面が進む速さ v は，$v=\dfrac{dl}{dt}=\dfrac{\omega}{|\boldsymbol{k}|}$ である。

真空中のマックスウェル方程式のうち，式 (4.90) に式 (4.92) を代入すると

$$\boldsymbol{k}\cdot\boldsymbol{E}_0\cos(\boldsymbol{k}\cdot\boldsymbol{r}-\omega t+\phi_0)=0\,,$$
$$\boldsymbol{k}\cdot\boldsymbol{B}_0\cos(\boldsymbol{k}\cdot\boldsymbol{r}-\omega t+\phi_0)=0 \tag{4.93}$$

となる。これは任意の位置と時間で成り立たなければならないから

$$\boldsymbol{k}\cdot\boldsymbol{E}_0=0\,,\qquad \boldsymbol{k}\cdot\boldsymbol{B}_0=0 \tag{4.94}$$

を得る。これは電場の振動方向 $\boldsymbol{E}_0$ と磁場の振動方向 $\boldsymbol{B}_0$ が電磁波の進行方向 $\boldsymbol{k}$ と垂直であることを示している。すなわち電磁波は**横波**であることが示されたわけである。

また，真空中のマックスウェル方程式のうち，式 (4.91) に式 (4.92) を代入し，それが任意の位置と時間で成り立つためには以下のことが必要である。

$$\boldsymbol{k}\times\boldsymbol{E}_0=\omega\boldsymbol{B}_0\,,\qquad \boldsymbol{k}\times\boldsymbol{B}_0=-\mu_0\varepsilon_0\omega\boldsymbol{E}_0 \tag{4.95}$$

この式より電磁波の電場と磁場はたがいに垂直であることがわかる。

また，ベクトル式 (4.95) のおのおのの両辺の大きさをとると

$$|\boldsymbol{k}|\,|\boldsymbol{E}_0|=\omega|\boldsymbol{B}_0|\,,\qquad |\boldsymbol{k}|\,|\boldsymbol{B}_0|=\mu_0\varepsilon_0\omega|\boldsymbol{E}_0| \tag{4.96}$$

となり，したがって以下を得る。

$$\frac{|\boldsymbol{E}_0|}{|\boldsymbol{B}_0|}=\frac{\omega}{|\boldsymbol{k}|}=\frac{|\boldsymbol{k}|}{\mu_0\varepsilon_0\,\omega} \tag{4.97}$$

この式の 2 番目の等式から，電磁波の進む速さ v は

$$v=\frac{\omega}{|\boldsymbol{k}|}=\frac{1}{\sqrt{\mu_0\varepsilon_0}} \tag{4.98}$$

である。真空の誘電率 ε_0 と透磁率 μ_0 の値を入れて計算してみると，この速さ v は 3.00×10^8〔m/sec〕となる。この値は知られている光の速さ (**光速**) c にぴたりと一致する。すなわち電磁波は光速

$$c=\frac{1}{\sqrt{\mu_0\varepsilon_0}} \tag{4.99}$$

で伝搬する。電場と磁場の大きさの比は以下の式を満たす。

$$\frac{|\boldsymbol{E}_0|}{|\boldsymbol{B}_0|} = \frac{1}{\sqrt{\mu_0 \varepsilon_0}} \ (= c) \tag{4.100}$$

電磁波の波数 $|\boldsymbol{k}|$ と角振動数 ω は (4.98) の第 2 式の比例関係を満たす限り，まったく任意の値をとることができる。したがって電磁波の波長 $\lambda = \dfrac{2\pi}{|\boldsymbol{k}|}$ も 0 から無限大まで可能であり，波長が長いほど振動数 ν は小さくなる。光 (可視光) の正体は，この波長 λ が人間の視神経を刺激することのできる 0.4〜0.7μm という特別な範囲内の電磁波である。このことがマックスウェル方程式によって明らかにされたわけである。そして光が横波であるという何世紀も前から知られていた事実も，上で導かれた「電磁波は横波である」という一般的な性質から理論的に説明されることとなったのである。

逆にマックスウェルは，自ら完成させたマックスウェル方程式によって，「可視光以外の波長でも，光速で伝搬する電場と磁場の振動が存在するはずだ」ということを予言したわけである。この予言は直後にヘルツによって実験的に確認され，彼は振動数の単位 (Hz) にその名を残すこととなった。

なお，ここでは詳しい証明は省略するが，電磁場はエネルギーと運動量をもつ。そのエネルギー密度 (単位体積当りのエネルギー) u は真空中では以下のとおりである。

$$u = \frac{\varepsilon_0}{2}|\boldsymbol{E}|^2 + \frac{1}{2\mu_0}|\boldsymbol{B}|^2 \tag{4.101}$$

また，その運動量密度 (単位体積当りの運動量) $\boldsymbol{P}$ は電場 $\boldsymbol{E}$ と磁場 $\boldsymbol{B}$ のベクトル積に比例し，真空中では以下のとおりである。

$$\boldsymbol{P} = \varepsilon_0 \boldsymbol{E} \times \boldsymbol{B} \tag{4.102}$$

平面電磁波の場合，エネルギー密度と運動量密度はそれぞれ，式 (4.92) を代入し，式 (4.100) を用いると

$$\begin{aligned} u &= \left(\frac{\varepsilon_0}{2}|\boldsymbol{E}_0|^2 + \frac{1}{2\mu_0}|\boldsymbol{B}_0|^2\right)\sin^2(\boldsymbol{k}\cdot\boldsymbol{r} - \omega t + \phi_0) \\ &= \varepsilon_0|\boldsymbol{E}_0|^2 \sin^2(\boldsymbol{k}\cdot\boldsymbol{r} - \omega t + \phi_0) \end{aligned} \tag{4.103}$$

$$\begin{aligned}\boldsymbol{P}&=\varepsilon_0\boldsymbol{E_0}\times\boldsymbol{B_0}\sin^2(\boldsymbol{k}\cdot\boldsymbol{r}-\omega t+\phi_0)\\&=\frac{\varepsilon_0}{c}|\boldsymbol{E_0}|^2\sin^2(\boldsymbol{k}\cdot\boldsymbol{r}-\omega t+\phi_0)\,\boldsymbol{e}_k\end{aligned}\tag{4.104}$$

となる。ここで，$\boldsymbol{e}_k$ は波数ベクトル $\boldsymbol{k}$ の方向の単位ベクトルである。したがって，平面電磁波のエネルギー密度と運動量密度との間には

$$u=c\,|\boldsymbol{P}|\tag{4.105}$$

の関係がある。電磁波のエネルギー密度と運動量密度を電磁波全体について空間積分して得られる電磁波のエネルギー E と運動量 $\boldsymbol{p}$ についても同じ関係

$$E=c\,|\boldsymbol{p}|\tag{4.106}$$

が成り立つことがわかる。

なお，電磁場がもつ運動量密度 $\boldsymbol{P}$ に c^2 を掛けた

$$\boldsymbol{S}=c^2\boldsymbol{P}=\frac{1}{\mu_0}\boldsymbol{E}\times\boldsymbol{B}\tag{4.107}$$

は，**ポインティングベクトル**ともよばれ，その大きさはその方向に垂直な単位面積を単位時間当りに通過するエネルギーを表している。

章　末　問　題

【1】 ベクトル場 $\boldsymbol{A}=\dfrac{c}{r^2}\dfrac{(x,\ y,\ z)}{r}$ $\left(\text{ただし } r=\sqrt{x^2+y^2+z^2},\ c：\text{任意の定数}\right)$ について答えよ。

(1) 原点 O$(r=0)$ 以外では $\mathrm{div}\,\boldsymbol{A}\,(=\nabla\cdot\boldsymbol{A})=0$ であることを示せ。

(2) 原点 O を中心とする半径 R の球面 S_R について $\displaystyle\int_{S_R}\boldsymbol{A}\cdot\boldsymbol{n}dS$ を求めよ。

(3) 式 (4.11) と上問 (2) の結果に従って，原点では $\mathrm{div}\,\boldsymbol{A}=\infty$ となることを示せ。

【2】 ベクトル場 $\boldsymbol{A}=\dfrac{c}{r}\dfrac{(-y,\ x,\ 0)}{r}$ $\left(\text{ただし } r=\sqrt{x^2+y^2},\ c：\text{任意の定数}\right)$ について答えよ。

(1) z 軸上 $(r=0)$ を除いて $\mathrm{rot}\,\boldsymbol{A}\,(=\nabla\times\boldsymbol{A})=\boldsymbol{0}$ であることを示せ。

(2) z 軸を中心とする半径 R の円 C_R について 1 周積分 $\displaystyle\int_{C_R}\boldsymbol{A}\cdot d\boldsymbol{r}$ を求めよ。

(3) 式 (4.19) と上問 (2) の結果に従って，z 軸上 ($r = 0$) での rot $\boldsymbol{A}$ の z 成分は ∞ となることを示せ。

【3】 点電荷がつくる電場 (4.25) が任意の閉曲面 S についてガウスの法則 (4.31) を満たすことを，ガウスの定理 (4.13) を利用して，点電荷が閉曲面 S の外側にある場合と内側にある場合に分けて示せ。なお，点電荷が閉曲面 S の内側にある場合には，点電荷の位置で div $\boldsymbol{E}$ が発散してガウスの定理がそのままでは適用できないので，点電荷を中心とする十分小さい半径 R の球面を S_R として，閉曲面 S の内側の領域を，S_R の内側の領域と残りの領域とに分割して考察せよ。

【4】 2 つの無限に長い同軸円筒の導体で構成されたコンデンサについて考察する。円筒の半径はそれぞれ a と b (ただし $a < b$) で，各円筒の厚さは十分薄いとする。内側の円筒上には軸方向の単位長さ当り $+\sigma(> 0)$ の電荷が，外側の円筒上には軸方向の単位長さ当り $-\sigma$ の電荷がそれぞれ一様に帯電している。系の対称性から，電場の方向は中心軸から遠ざかる方向に平行である。同軸円筒の中心軸からの距離が r の点での電場の向きと大きさを，ガウスの法則を用いて求めよ。また，同軸円筒の中心軸からの距離が r の点での電位を求めよ。電位の基準点は無限遠とする。

【5】 半径 a と b の 2 つの導体球 A と B が距離 l だけ離れて置かれており，それらは十分細い導体棒で連結されているとする。$a \ll l$，$b \ll l$ のとき，この系に電荷を与えるとその電荷は導体球 A の側に Q_A，導体球 B の側に Q_B と分かれて，それぞれが導体球の表面で一様に分布する。

(1) 導体球 A の表面での電位 ϕ_A と導体球 B の表面での電位 ϕ_B をそれぞれ求めよ。電位の基準点は無限遠にとる。

(2)「ひとつながりの導体上の電位はどこも等しい」という事実を用いて，導体 A の表面上での電場の強さ E_A と導体 B の表面上での電場の強さ E_B との比が $E_A/E_B = b/a$ となることを示せ。ただし a/l と b/l は 1 に比べて無視してよい (注：この例のように，ひとつながりの導体表面上では曲率半径の小さな部分の電場が強い。導体は表面の電場が強い部分ほど放電しやすいので，先が尖った部分ほど放電しやすいことがわかる)。

【6】 無限の長さの直線電流 I がつくる磁場 (4.67) が，任意の閉曲線 C についてアンペールの法則を満たすことを，ストークスの定理 (4.22) を利用して，直線電流が閉曲線 C を貫く場合と貫かない場合に分けて示せ。なお，直線電流が閉曲線 C を貫く場合には，直線電流上で rot $\boldsymbol{B}$ が発散してストークスの定理がそのままでは適用できない。そこで，閉曲線 C を境界とする曲面 S は，z 軸

と垂直に交わるようにとり，その交点を中心とし z 軸と垂直な十分小さい半径 R の円を C_R とする。曲面 S を，C_R を境界とする円と残りの部分とに分割して考察せよ。

【7】 3 次元空間で面 $x=0$(y-z 面) 全体に y 軸の正の方向に一様な面電流が流れている。電流密度の大きさは，電流と垂直な方向の単位長さ当り i_0 とする。この面電流がつくる磁場を空間の全領域について求めよ。

【8】 大きさ B の一様な磁場中で，磁場に対して垂直に置かれた長さ l の導体棒を磁場の方向と棒の長さ方向との両方に垂直な方向に速さ v で運動させる。このとき，導体棒中の自由電子は磁場からローレンツ力を受けて棒の長さ方向に移動し，その結果導体棒内に電場が発生する。この電場によって導体棒の両端に生じる電位差は $V=Blv$ に等しいことを示せ (注：この電位差は，導体棒が単位時間に掃く面を貫く磁束にちょうど等しいことに気づいてほしい。本書では取り上げないが，特殊相対性理論を学べばその必然性が理解できる)。

【9】 3 次元空間で面 $x=0$(y-z 面) 全体に y 軸方向に時間的に変動する一様な電流密度 $\boldsymbol{i}=(0,\ i_0\cos\omega t,\ 0)$ の電流が流れている。ここで，電流密度は，電流と垂直な方向の単位長さ当りの値とする。この変動する面電流により生じる電磁場を，空間の全領域について求めよ。

5 量子力学入門

5.1 は じ め に

ニュートンによって確立された力学の法則（いわゆるニュートン力学）は，非常に単純で美しい。その単純な法則で，普段，私たちの目にしている力学的現象を見事に説明できる。そして，ニュートン力学なしでは近代の科学，技術，産業の著しい発展はなかったであろう。しかし，私たちの目には見えない小さな世界で起こる現象を，ニュートン力学では説明することができないのである。それは，本章で学ぶ「量子力学」の法則に従う現象なのである。量子力学の法則によると，物質を構成している粒子，またはその物質自体が，粒子としての性質をもつと同時に波動としての性質ももつ。また4章で学んだように，電磁気学の理論では，光は電磁波という波動として理解できるのであるが，量子力学によれば，光もまた波動の性質をもつと同時に粒子としての性質ももつ。粒子性と波動性の両立をどのように理解していくのかが問題である。

量子力学では，粒子の状態は波動関数と呼ばれるもので表され，その波動関数の振幅の絶対値の2乗が，空間中の各点における粒子の存在確率に比例すると考えるのである。ニュートン力学では，ある時刻の粒子の位置と運動量が与えられ，その後の粒子が受ける力がわかれば，原理的に未来の粒子の位置と運動量を正確に計算することができるが，量子力学ではそれらを確率的にしか知ることはできない。このことがニュートン力学と量子力学の決定的な違いのひとつであるということができるだろう。原子核のまわりを回っている電子のように，ある決まった範囲に存在している粒子には，粒子自体の波が干渉を起こすことによって，定常波を形成する定常状態が存在する。各定常状態にある粒子は，それぞれ決まったエネルギーをもつために，粒子のエネルギーはある決まった飛び飛びの値をとるようになるのである。これは，さまざまな原子から出る光スペクトルが，その原子固有のものになっていることに対応している。

本章では，粒子のもつ波動性を前面に出しながら，量子力学の基本的な考え方を解説する。粒子が波動性をもつことをどのように定式化していくのか，そして粒子の波動性がどのような物理現象を引き起こすのかを説明する。

本題に入る前に，本章での複素数の表し方や行列の表し方について注意しておこう。本章では大部分の物理系の教科書や論文などで使用されている流儀で，複素数や行列を表す。数学の専門書とは少々異なる点があり，特に注意が必要なものを以下にあげる。

・複素数 z に共役な複素数　数学：$\bar{z}$ → 物理学：z^*

・行列 A に複素共役な行列　数学：$\bar{A}$ → 物理学：A^*

・行列 A の随伴行列（転置行列の複素共役）　数学：A^* → 物理学: $A^\dagger$

5.2　粒子性と波動性の二重性

金網を火にかけたときに，しだいに赤く光り出すことは，日常的にもよく見かける現象である。この時の金網の温度はおよそ 1 000 ℃を超えたあたりである。物体をさらに高い温度に加熱していくと，橙色，黄色，白色，青色と物体が放つ光の色が変化していく。電磁気学は 19 世紀末にはほぼ完成をみたが，それによれば 4 章で述べたように光は電磁波という波である。しかし，光をたんに波であると考えると，熱せられた物体が放つ光の色については説明することができないのである。1900 年になってプランクは，振動数 ν の電磁波のもつエネルギーは，h をある比例定数として，エネルギーの最小単位である**エネル**

ギー量子

$$\varepsilon = h\nu \tag{5.1}$$

の整数倍に限られるという理論をつくった。これを**プランクの量子仮説**という。ここで，$h = 6.67 \times 10^{-34}[\mathrm{J \cdot s}]$ を**プランク定数**という。

1905年にアインシュタインは，プランクの量子仮説の考え方をさらに進めて，振動数 ν（波長 $\lambda = c/\nu$，ここで c を光速とする）の光は，エネルギー

$$E = h\nu = \frac{hc}{\lambda} \tag{5.2}$$

をもった粒子の流れであるという**光量子説**を唱えた。この光の粒子を**光子**（**光量子**）という。光は波動としての性質をもつと同時に，粒子としての性質も同時にもつのである。また，4章で述べたマックスウェルの電磁気学の理論によると，電磁波はエネルギーと同時に運動量を運び，そのエネルギー E と運動量 p の間には

$$E = cp$$

の関係がある。したがって，振動数 ν，エネルギー $E = h\nu$ の光子の運動量 p は

$$p = \frac{h\nu}{c} = \frac{h}{\lambda} \tag{5.3}$$

と表されることが導かれる。物質にX線や γ 線といった波長の短い電磁波（波長はおよそ 10^{-11} m程度以下）を照射すると，物質内部で散乱されたX線や γ 線の波長は，物質に当たる前に比べて長くなる。コンプトンは，光の粒子である光子が，エネルギーと運動量をもち，物質中の電子と弾性衝突をするものとして，この現象をうまく説明した（**コンプトン効果**，1924年）。これによって，光の粒子である光子が，式(5.2)のエネルギーと式(5.3)の運動量をもった粒子であることが鮮明になった。

問 5.1　波長500 nmの光子1個のもつエネルギー，および運動量はいくらか。

つぎに光の話から物質の話に移っていこう。ド・ブロイは，光が波動性と粒子性の二重性をもつように，物質もまた波動性と粒子性の二重性をもつと考えた。光の粒子である光子のもつエネルギーの関係式 (5.2)，そして運動量の関係式 (5.3) が，物質を構成している粒子にも成り立つと考えた (1924 年)。この物質粒子の波を**物質波**，または**ド・ブロイ波**と呼ぶ。

法則 5.1　(物質波の波長，振動数)

エネルギー E，運動量 p の粒子の物質波の振動数 ν，波長 λ はつぎのように表される。

$$\nu = \frac{E}{h} \tag{5.4}$$

$$\lambda = \frac{h}{p} \tag{5.5}$$

問 5.2　電圧 V で加速された電荷 $-e$，質量 m_e の電子の波長を求めよ。ただし，計算は非相対論的でよい。

問 5.3　1.0×10^6 m/s の速さで運動する金属中の電子の波長はいくらか。

5.3　シュレディンガー方程式

物質波はどのような式で表すことができるのかを，一直線上 (x 軸上) を進む波で考えてみよう。波長 λ，進行速度 v の古典力学的な波が媒質上で起こっているとき，時刻 t における位置 x にある媒質の変位 $\Psi(x,t)$ は

$$\Psi(x,t) = A\cos\left(\frac{2\pi}{\lambda}(x - vt) + \delta\right) \tag{5.6}$$

と表される。ここで，A は振幅，δ は初期位相である。4.9 節で学んだ電磁波と同様に，波数 $k = 2\pi/\lambda$，および角振動数 $\omega = 2\pi\nu = 2\pi v/\lambda$ を用いると

$$\Psi(x,t) = A\cos(kx - \omega t + \delta) \tag{5.7}$$

のようになる。しかし，量子力学では，波数 k，角振動数 ω の物質波を表す**波動関数**は，複素数表示

$$\Psi(x,t) = Ae^{i(kx-\omega t+\delta)} \tag{5.8}$$

で表される。ここで，A は複素数で表された振幅である。古典力学の波動でも，このような複素数表示で表すことがあるが，それは数学的な便宜に過ぎなかった。しかし，量子力学の波動関数は本質的に複素数値関数なのである。

ここまでの話を 3 次元に拡張しよう。位置ベクトルを $\boldsymbol{r} = (x,y,z)$ とし，粒子の運動量が $\boldsymbol{p} = (p_x, p_y, p_z)$ の物質波を考える。波の進行する方向に x' 軸をとり，この方向を示す単位ベクトルを $\boldsymbol{n}$ とする（**図 5.1**）。波面は波の進行方向に対して垂直なので，波面は $\boldsymbol{n}$ を法線ベクトルとする平面で表される。このような波を**平面波**といい，波動関数は

$$\Psi(x',t) = Ae^{i(kx'-\omega t)} \tag{5.9}$$

のように表される。位置 x' の点の波動の位相と，$\boldsymbol{n}\cdot\boldsymbol{r} = x'$ を満たす位置ベクトル $\boldsymbol{r}$ で表される点の波動の位相は等しい。また，波数ベクトルを $\boldsymbol{k} = k\boldsymbol{n}$ と定義すれば，波動関数は位置ベクトル $\boldsymbol{r}$ と時間 t の関数で表され，それを改めて $\Psi(\boldsymbol{r},t)$ と表せば

$$\Psi(\boldsymbol{r},t) = Ae^{i(\boldsymbol{k}\cdot\boldsymbol{r}-\omega t)} = Ae^{i(k_x x+k_y y+k_z z-\omega t)} \tag{5.10}$$

となる。

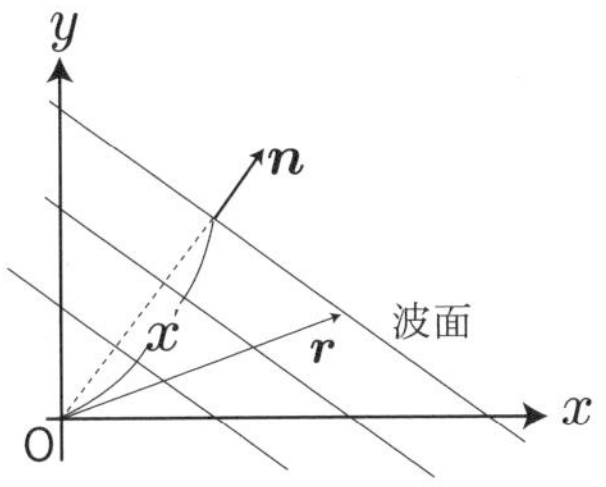

図 5.1　x-y 平面内を進む平面波。波面の法線ベクトル $\boldsymbol{n}$ の方向に波面は進んでいく。本文では 3 次元空間中の平面波を説明しているが，簡単のため，2 次元空間中の平面波の図を載せた。

ポテンシャルエネルギー（たんにポテンシャルと呼ぶこともしばしばある）$V(\boldsymbol{r})$ 中を運動量 p で運動している質量 m の粒子について考えてみよう。粒子の全エネルギー E は

$$E = \frac{p^2}{2m} + V(\boldsymbol{r}) \tag{5.11}$$

である。ここで，**ディラック定数** $\hbar = h/(2\pi)$ を導入しよう（$\hbar$ は「エイチバー（h bar)」と読む）。すると，粒子のエネルギー E，運動量 $\boldsymbol{p}$ はそれぞれ角振動数 ω，波数 $\boldsymbol{k}$ を用いて簡単に

$$E = h\nu = \frac{h}{2\pi}2\pi\nu = \hbar\omega \tag{5.12}$$

$$\boldsymbol{p} = \frac{h}{\lambda}\boldsymbol{n} = \frac{h}{2\pi}\frac{2\pi}{\lambda}\boldsymbol{n} = \hbar\boldsymbol{k} \tag{5.13}$$

と表すことができる。これらを式 (5.11) に代入することにより

$$\hbar\omega = \frac{\hbar^2 k^2}{2m} + V(\boldsymbol{r}) \tag{5.14}$$

が得られる。これを**分散関係**という。それでは，物質波はどのような微分方程式を満たすべきだろうか。波動関数 (5.8) を t で偏微分すると $-i\omega\Psi(x,t)$ である。今，波数を $\boldsymbol{k} = (k_x, k_y, k_z)$ としたとき，式 (5.8) を x，y，z でそれぞれ 2 階偏微分したものを加え合わせれば，$-(k_x^2 + k_y^2 + k_z^2)\Psi(x,t)$ となる。式 (5.14) と比較すれば，物質波はつぎのような微分方程式

$$i\hbar\frac{\partial\Psi(\boldsymbol{r},t)}{\partial t} = -\frac{\hbar^2}{2m}\left(\frac{\partial^2}{\partial x^2} + \frac{\partial^2}{\partial y^2} + \frac{\partial^2}{\partial z^2}\right)\Psi(\boldsymbol{r},t) + V(\boldsymbol{r})\Psi(\boldsymbol{r},t) \tag{5.15}$$

を満たすだろう。これを，**シュレディンガー方程式**という。右辺の微分演算子をラプラシアン $\Delta(\equiv \partial^2/\partial x^2 + \partial^2/\partial y^2 + \partial^2/\partial z^2)$ を用いて表せば，方程式をもっと簡単に，つぎのように書くことができる。

法則 5.2 (シュレディンガー方程式)

波動関数 $\Psi(\boldsymbol{r},t)$ はつぎのシュレディンガー方程式

$$i\hbar\frac{\partial\Psi(x,t)}{\partial t} = \hat{H}\Psi(x,t) \tag{5.16}$$

に従う。ここで $\hat{H}$ は**ハミルトニアン**（またはハミルトン演算子）といい

$$\hat{H} = -\frac{\hbar^2}{2m}\triangle + V(\boldsymbol{r}, t) \tag{5.17}$$

である。

$\hat{H}$ は, 3.7 節の古典力学のハミルトニアンを量子力学で書き直したものである。

5.4 波動関数の意味と性質

粒子の物質波を表す波動関数 $\varPsi(\boldsymbol{r}, t)$ は, 一体どのような意味をもつのだろうか。ボルンは, この波動関数の意味をつぎのように述べた。

法則 5.3 (ボルンによる波動関数の確率解釈)

波動関数の絶対値の 2 乗 $|\varPsi(\boldsymbol{r}, t)|^2 = \varPsi^*(\boldsymbol{r}, t)\varPsi(\boldsymbol{r}, t)$ は, 粒子の存在確率に関係している。時刻 t において位置 $\boldsymbol{r}$ の周辺の微小体積 $d^3\boldsymbol{r}$ 中に粒子を見いだす確率は

$$|\varPsi(\boldsymbol{r}, t)|^2 d^3\boldsymbol{r} = \varPsi^*(\boldsymbol{r}, t)\varPsi(\boldsymbol{r}, t) d^3\boldsymbol{r} \tag{5.18}$$

に比例する。

全空間 $\varOmega$ 中に粒子は必ず見つかるため, 全空間で粒子を見いだす確率は 1 である。シュレディンガー方程式は同次線形微分方程式なので波動関数には定数倍の任意性がある。そこで波動関数 $\varPsi(\boldsymbol{r}, t)$ に適当な定数 C を掛けた波動関数

$$\varPsi_N(\boldsymbol{r}, t) = C\varPsi(\boldsymbol{r}, t) \tag{5.19}$$

を考えてみよう。

$$\int_{\varOmega} |\varPsi_N(\boldsymbol{r}, t)|^2 d^3\boldsymbol{r} = |C|^2 \int_{\varOmega} |\varPsi(\boldsymbol{r}, t)|^2 d^3\boldsymbol{r} = 1 \tag{5.20}$$

となるように定数 C を定める。すると，位置 $\boldsymbol{r}$ 付近の微小体積 $d^3\boldsymbol{r}$ 中に粒子を見いだす絶対的な確率は

$$P(\boldsymbol{r},t)d^3\boldsymbol{r} = |\Psi_N(\boldsymbol{r},t)|^2 d^3\boldsymbol{r} \tag{5.21}$$

のように表される。ここで，$P(\boldsymbol{r},t) = |\Psi_N(\boldsymbol{r},t)|^2$ は**確率密度関数**と呼ばれる。このように，全空間で波動関数の絶対値の 2 乗を積分したら 1 となるように，波動関数を定めることを**規格化**といい，このように定められた波動関数を**規格化された波動関数**という（これは 1 章の線形代数学での「ベクトルの正規化」に対応している）。波動関数と粒子の存在確率の解釈を結び付けることができるためには，波動関数の規格化が可能でなければならない。すなわち

$$\int_\Omega |\Psi(\boldsymbol{r},t)|^2 d^3\boldsymbol{r}$$

が有限値でなければならない。数学的な用語で言い直すと，波動関数 $\boldsymbol{\Psi}$ は 2 乗可積分でなければならない。

シュレディンガー方程式は線形同次形の微分方程式なので，物質波も，古典的な波動や光で見られるように**重ね合わせの原理**が成り立ち，波動関数 $\boldsymbol{\Psi}$ の大きさや初期位相は不定である。つまり，この方程式を満たす波動関数の解 $\boldsymbol{\Psi}(\boldsymbol{r},t)$ の定数 c 倍，$c\boldsymbol{\Psi}(\boldsymbol{r},t)$ もまた解であるが，$\boldsymbol{\Psi}(\boldsymbol{r},t)$ とは独立な解ではない。ここで，波動関数の満たすべき性質についてまとめておこう。

法則 5.4 （波動関数の性質，重ね合わせの原理，独立な状態）

(1) 波動関数は粒子の存在する領域で，連続で滑らかである（2 階導関数が存在する）。

(2) 適当な境界条件のもとでは，波動関数は 2 乗可積分である。つまり

$$\int_\Omega |\Psi(\boldsymbol{r},t)|^2 d^3\boldsymbol{r} < +\infty$$

である。

(3) 粒子の状態 A，B を表す波動関数をそれぞれ $\boldsymbol{\Psi}_{\mathrm{A}}(\boldsymbol{r},t)$，$\boldsymbol{\Psi}_{\mathrm{B}}(\boldsymbol{r},t)$ とする。これらはシュレディンガー方程式を満たす。このとき，線形結合

$$\Psi_{l.c.}(\boldsymbol{r},t) = c_{\mathrm{A}}\Psi_{\mathrm{A}}(\boldsymbol{r},t) + c_{\mathrm{B}}\Psi_{\mathrm{B}}(\boldsymbol{r},t) \qquad (c_{\mathrm{A}},\ c_{\mathrm{B}}\text{は定数}) \tag{5.22}$$

も，シュレディンガー方程式を満たす。この波動関数は状態Aと状態Bの重ね合わされた状態を表す。

(4) 波動関数 $\boldsymbol{\Psi}(\boldsymbol{r},t)$ と $c\boldsymbol{\Psi}(\boldsymbol{r},t)$ (c は定数) で表される2つの状態は，物理的には等しい状態である。

あるひとつの粒子の状態について考えてみよう。時刻 t におけるその状態を，座標 $\boldsymbol{r}$ で表したものが，前節までに見てきた波動関数 $\Psi(\boldsymbol{r},t)$ であり，これは粒子の状態に関する情報を含んでいる。簡単のため，座標や時間の変数を特に明示する必要のない場合には，たんに "Ψ" などと簡略化して表すこともある。

ここからは，物理量を表す演算子について考えてみよう。運動量 $\boldsymbol{p} = \hbar\boldsymbol{k}$ をもった粒子の状態を表す波動関数 (5.10)

$$\Psi(\boldsymbol{r},t) = Ae^{i(\boldsymbol{k}\cdot\boldsymbol{r}-\omega t)} = Ae^{i(k_x x+k_y y+k_z z-\omega t)} \tag{5.23}$$

を x で偏微分すれば

$$\frac{\partial\Psi(\boldsymbol{r},t)}{\partial x} = ik_x\Psi(\boldsymbol{r},t) \tag{5.24}$$

となる。ここで両辺に $-i\hbar$ を掛けると

$$-i\hbar\frac{\partial\Psi(\boldsymbol{r},t)}{\partial x} = \hbar k_x\Psi(\boldsymbol{r},t) = p_x\Psi(\boldsymbol{r},t) \tag{5.25}$$

となる。これによって，微分演算子 $-i\hbar\dfrac{\partial}{\partial x}$ が，運動量の x 成分 p_x に対応していることがわかる。他の方向の y，z 成分についても同様である。

量子力学では物理量を演算子で表す。古典力学的な物理量をこのような演算子で置き換える手続きを**量子化**という。ここまででわかった物理量と演算子との対応をまとめておこう。

法則 5.5　(物理量と演算子の対応)

運動量 $\boldsymbol{p} = (p_x, p_y, p_z)$ とエネルギー E は，量子力学ではつぎのような演算子

$$\boldsymbol{p} \to -i\hbar\nabla = \left(-i\hbar\frac{\partial}{\partial x}, -i\hbar\frac{\partial}{\partial y}, -i\hbar\frac{\partial}{\partial z}\right) \tag{5.26}$$

$$E \to i\hbar\frac{\partial}{\partial t} \tag{5.27}$$

に対応する。

3.7 節でも述べた古典力学的なハミルトニアン

$$H_{\text{古典}} = \frac{p^2}{2m} + V(\boldsymbol{r}, t) \tag{5.28}$$

を上の対応規則に従って置き換えてみれば，つぎのように量子力学的なハミルトニアン

$$\begin{aligned} H_{\text{古典}} &\to \frac{1}{2m}(-i\hbar\nabla)\cdot(-i\hbar\nabla) + V(\boldsymbol{r}, t) \\ &= -\frac{\hbar^2}{2m}\triangle + V(\boldsymbol{r}, t) = \hat{H} \end{aligned}$$

を得ることができる。関数に作用する微分演算子や，関数に定数や関数をたんに掛ける演算は，線形性があることは明らかであろう。ここまでに登場してきた運動量の演算子，エネルギーの演算子，そしてハミルトニアン（運動エネルギー＋ポテンシャルエネルギーの演算子）は，わかる線形演算子であることは容易に確認できるだろう。

問 5.4　1 次元系を考える。$-\dfrac{a}{2} \leqq x \leqq \dfrac{a}{2}$ において粒子が存在し，その粒子の波動関数が

$$\Psi(x, t) = A\cos\left(\frac{\pi x}{a}\right)e^{-i\omega t}$$

と書けている。波動関数を規格化して定数 A を決定し，粒子が $-\dfrac{a}{6} \leqq x \leqq \dfrac{a}{6}$ に存在する確率を求めよ。

5.5 波束の広がりと不確定性原理

1 次元自由粒子の波動関数について考えよう。粒子の質量を m，運動量を p とする。この自由粒子の波動関数は

$$\psi_k(x,t) = ce^{i(kx-\omega t)} \tag{5.29}$$

である。

ここで，k，ω は物質波の波数，角振動数であり，それぞれ $p = \hbar k$，$E = \hbar\omega$ である。エネルギーは $E = \dfrac{p^2}{2m}$ であるので，ω は k とは独立ではなく，$\omega = \dfrac{\hbar k^2}{2m}$ の関係があることを注意しよう。

シュレディンガー方程式は線形同次微分方程式なので，解の波動関数どうしを重ね合わせても，シュレディンガー方程式を満たす。そこで，さまざまな波数 k の波動関数を，$c(k)$ の重みで重ね合わせた波動関数

$$\Psi(x,t) = \frac{1}{\sqrt{2\pi}}\int_{-\infty}^{\infty} c(k)\psi_k(x,t)dk = \frac{1}{\sqrt{2\pi}}\int_{-\infty}^{\infty} c(k)e^{i(kx-\omega t)}dk \tag{5.30}$$

について考えよう。重ね合わせ方によって，さまざまな波形の波動関数をつくることができる。式 (5.30) は，波動関数をフーリエ積分で表していることになる。平面波 $e^{i(kx-\omega t)}$ の振幅の 2 乗（絶対値の 2 乗）は，どの位置 x においても一定値となってしまうが，いろいろな波数 k の平面波を重ね合わせると，ある限定された位置 x の範囲で大きな振幅をもつ波ができる。このような波を**波束**という。時刻 $t = 0$ における波束状の波動関数の 1 つとして

$$\Psi(x,0) = \frac{1}{(2\pi)^{1/4}(\Delta x)^{1/2}}\exp\left[-\frac{(x-x_0)^2}{4(\Delta x)^2} + ik_0x\right] \tag{5.31}$$

を考えてみよう。この波動関数の大きさの 2 乗は

$$|\Psi(x,0)|^2 = \frac{1}{\sqrt{2\pi}\Delta x}\exp\left[-\frac{(x-x_0)^2}{2(\Delta x)^2}\right] \tag{5.32}$$

である。これは図 **5.2** のように，中心が $x = x_0$，標準偏差 Δx の正規分布の確

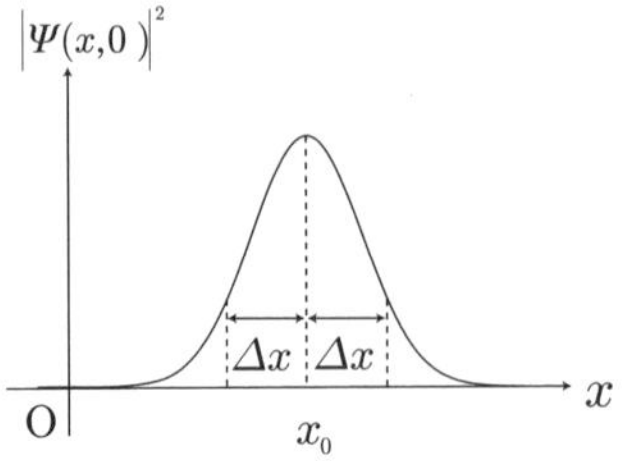

図 5.2　中心が $x = x_0$，波束の広がりが Δx の正規分布型波束。

率密度関数であり，規格化条件

$$\int_{-\infty}^{\infty} |\Psi(x,0)|^2 dx = 1$$

を満たしている。

波動関数 $\Psi(x,0)$ で表された状態は，粒子の位置 x が $x = x_0$ の前後 Δx 付近にあることを表している。つまり粒子の位置の曖昧さが Δx の状態を表しているのである。波動関数 $\Psi(x,0)$ を波数 k の波動，すなわち運動量 $p = \hbar k$ の状態を足し合わせてつくってみよう。波数 k の波動を重み $c(k)$ で重ね合わすとつぎのようになる。

$$\Psi(x,0) = \frac{1}{\sqrt{2\pi}} \int_{-\infty}^{\infty} c(k) e^{ikx} dk \tag{5.33}$$

重み $c(k)$ は，波動関数 $\Psi(x,0)$ のフーリエ変換であることがわかり

$$\begin{aligned} c(k) &= \frac{1}{\sqrt{2\pi}} \int_{-\infty}^{\infty} \Psi(x,0) e^{-ikx} dx \\ &= (2\pi)^{1/4} \sqrt{\frac{\Delta x}{\pi}} \exp\Big[-(\Delta x)^2 (k_0 - k)^2 + i(k_0 - k) x_0 \Big] \end{aligned} \tag{5.34}$$

と表され，重み $c(k)$ の大きさの 2 乗は

$$|c(k)|^2 = \frac{2\Delta x}{\sqrt{2\pi}} \exp[-2(\Delta x)^2 (k_0 - k)^2] \tag{5.35}$$

である。この式は，k_0 を中心とし標準偏差 $\Delta k = 1/(2\Delta x)$ の正規分布になっており，波動関数 $\Psi(x,0)$ は，波数 k_0 の前後 Δk の状態が重なり合った状態と

なっている。運動量 p は波数 k と $p = \hbar k$ のような関係があるから，波動関数 $\Psi(x, 0)$ は運動量 $p_0 = \hbar k_0$ の前後 $\Delta p = \hbar \Delta k$ の状態が重なり合った状態であり，この程度の運動量の曖昧さがある状態である。ここで，位置の曖昧さ Δx と運動量の曖昧さ Δp の積をとってみると

$$\Delta x \Delta p = \Delta x \Delta \hbar k = \Delta x \frac{\hbar}{2\Delta x} = \frac{\hbar}{2} \tag{5.36}$$

となっている。これは，位置 x と運動量 p は同時に正確に知ることはできないということを表している。これを**不確定性原理**という。証明は本書では行わないが，一般的に位置の不確定さ Δx と運動量の不確定さ Δp の積は

$$\Delta x \Delta p \geqq \frac{\hbar}{2} \tag{5.37}$$

を満たす。

5.6　自由粒子の波束の運動

つぎに，自由粒子の波束は時間とともにどのように進行していくのかを調べてみよう。$c(k)$ を式 (5.30) に代入すると

$$\Psi(x, t) = \frac{\sqrt{\Delta x}}{(2\pi^3)^{1/4}} \int_{-\infty}^{\infty} \exp\left[-(\Delta x)^2 \left\{(k - k_0)^2 + i\frac{(k - k_0)x_0}{(\Delta x)^2}\right\}\right] \times \exp\left\{i\left(kx - \frac{\hbar k^2}{2m}t\right)\right\} dk \tag{5.38}$$

となる。少々煩雑であるが，この積分を実行すれば時刻 t での自由粒子の波動関数が得られ

$$\Psi(x, t) = \frac{1}{\{2\pi(\Delta x)^2\}^{1/4}\sqrt{1 + \dfrac{i\hbar t}{2m(\Delta x)^2}}} \times \exp\left[-\frac{\left\{(x - x_0) - \dfrac{\hbar k_0 t}{m}\right\}^2}{4(\Delta x)^2\left\{1 + \dfrac{i\hbar t}{2m(\Delta x)^2}\right\}} + i\left(k_0 x - \frac{\hbar k_0^2}{2m}t\right)\right] \tag{5.39}$$

のようになる。また，粒子の存在確率を表す波動関数の大きさの2乗は

$$|\Psi(x,t)|^2 = \frac{1}{\sqrt{2\pi}\Delta x\sqrt{1+\left(\dfrac{\hbar t}{2m(\Delta x)^2}\right)^2}} \times \exp\left[-\frac{\left\{(x-x_0)-\dfrac{\hbar k_0 t}{m}\right\}^2}{2(\Delta x)^2\left\{1+\left(\dfrac{\hbar t}{2m(\Delta x)^2}\right)^2\right\}}\right] \tag{5.40}$$

である。この式は，$t=0$ のとき，位置 $x=x_0$ にあった波束の中心が

$$v_G = \frac{\hbar k_0}{m} \tag{5.41}$$

で移動していくことを示している。波束の移動する速度 v_G を**群速度**という。これは自由粒子の波束の中心の速度は一定であることを示すが，古典力学において，力の作用していない粒子は等速直線運動を続けることに対応している。また，時間とともに波束は広がっていき，時刻 t での波束の広がりは

$$\Delta x\sqrt{1+\left(\frac{\hbar t}{2m(\Delta x)^2}\right)^2}$$

のように表される。このようにある点のまわりに集中していた波束が，時間とともに広がってしまう現象を**波束の崩壊**と呼ぶ（図 **5.3** 参照）。

波束の形が時間とともに変化しても，波動関数の規格化条件はしっかりと保たれていることは次節で示す。

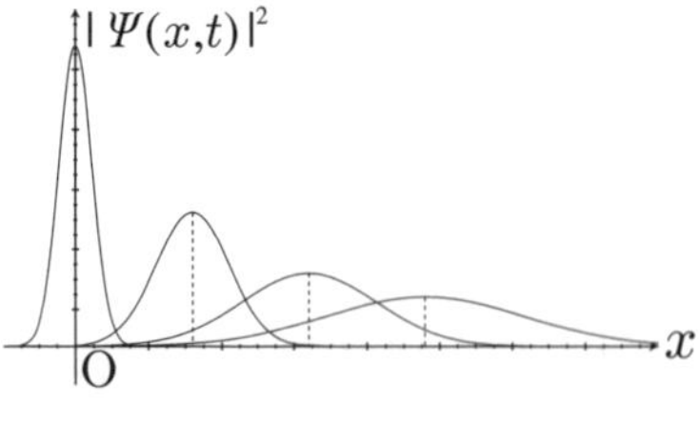

図 **5.3**　一定時間毎の，正規分布型の自由粒子の波束のグラフ。波束の中心は等速直線運動をし，時間経過とともに波束は広がっていく。

5.7 確率の流れ

波動関数の大きさの2乗は，粒子の存在する確率密度を表す。「粒子の存在が明らかであり，何らかの理由で消滅することがなければ，この世界のどこかで粒子は必ず存在する」から，任意の時刻 t で全空間 Ω 内に粒子を見いだす確率は1であり，それは変わらないはずである。このことを確かめておこう。今，時刻 $t=0$ で波動関数 $\boldsymbol{\Psi}(\boldsymbol{r},t)$ は規格化されているものとする。確率密度 $P(\boldsymbol{r},t)=|\Psi(\boldsymbol{r},t)|^2$ を時間 t で微分すると

$$\frac{\partial P(\boldsymbol{r},t)}{\partial t}=\Psi^*(\boldsymbol{r},t)\frac{\partial\Psi(\boldsymbol{r},t)}{\partial t}+\frac{\partial\Psi^*(\boldsymbol{r},t)}{\partial t}\Psi(\boldsymbol{r},t) \tag{5.42}$$

となる。ここで，シュレディンガー方程式，およびハミルトニアン $\hat{H}$

$$i\hbar\frac{\partial\Psi(\boldsymbol{r},t)}{\partial t}=\hat{H}\Psi(\boldsymbol{r},t),\quad \hat{H}=-\frac{\hbar^2}{2m}\triangle+V(\boldsymbol{r}) \tag{5.43}$$

を用い，さらにポテンシャルエネルギー $V(\boldsymbol{r})$ は実関数であり，$\hat{H}^*=\hat{H}$ であることに注意して式(5.42)を書き換えると

$$\begin{aligned}\frac{\partial P(\boldsymbol{r},t)}{\partial t}&=\frac{1}{i\hbar}\Psi^*(\boldsymbol{r},t)\{\hat{H}\Psi(\boldsymbol{r},t)\}-\frac{1}{i\hbar}\{\hat{H}\Psi^*(\boldsymbol{r},t)\}\Psi(\boldsymbol{r},t)\\&=\frac{i\hbar}{2m}[\Psi^*(\boldsymbol{r},t)\triangle\Psi(\boldsymbol{r},t)-\{\triangle\Psi^*(\boldsymbol{r},t)\}\Psi(\boldsymbol{r},t)]\end{aligned} \tag{5.44}$$

を得る。ここで，つぎのような量

$$\boldsymbol{J}(\boldsymbol{r},t)=\frac{\hbar}{2im}[\Psi^*(\boldsymbol{r},t)\{\nabla\Psi(\boldsymbol{r},t)\}-\{\nabla\Psi^*(\boldsymbol{r},t)\}\Psi(\boldsymbol{r},t)] \tag{5.45}$$

を定義しよう。この式の両辺の発散 (divergence) をとれば

$$\nabla\cdot\boldsymbol{J}(\boldsymbol{r},t)=\frac{\hbar}{2im}[\Psi^*(\boldsymbol{r},t)\triangle\Psi(\boldsymbol{r},t)-\{\triangle\Psi^*(\boldsymbol{r},t)\}\Psi(\boldsymbol{r},t)] \tag{5.46}$$

となる。式(5.44)，(5.46)より

$$\frac{\partial P(\boldsymbol{r},t)}{\partial t}+\nabla\cdot\boldsymbol{J}(\boldsymbol{r},t)=0 \tag{5.47}$$

が得られる。この式は，**確率密度に関する連続の方程式**と呼ばれる。

$\boldsymbol{J}$ を**確率密度の流れ**という。連続の方程式は，量子力学が生まれる以前から流体力学でお馴染みの方程式である。流体力学の連続の方程式では $\boldsymbol{J}$ は質量の流れの密度を表している。

全空間内に粒子の存在する確率が一定となることを示そう。式 (5.47) の全領域 Ω での体積積分

$$\frac{\partial}{\partial t}\int_{\Omega} P(\boldsymbol{r},t)\boldsymbol{d}^3 r + \int_{\Omega} \nabla\cdot\boldsymbol{J}(\boldsymbol{r},t)d^3\boldsymbol{r} = 0 \tag{5.48}$$

を考える。左辺 2 項目の体積積分を，ガウスの発散定理を用いて領域 Ω を取り囲む閉曲面 $\partial\Omega$ での面積分に置き換える。

$$\begin{aligned}\int_{\Omega} \nabla\cdot\boldsymbol{J}(\boldsymbol{r},t)\boldsymbol{d^3r} &= \int_{\partial\Omega} \boldsymbol{J}(\boldsymbol{r},t)\cdot\boldsymbol{n}dS \\ &= \frac{\hbar}{2im}\int_{\partial\Omega}[\Psi^*(\boldsymbol{r},t)\{\nabla\Psi(\boldsymbol{r},t)\} - \{\nabla\Psi^*(\boldsymbol{r},t)\}\Psi(\boldsymbol{r},t)]\cdot\boldsymbol{n}dS \end{aligned} \tag{5.49}$$

ここで，$\boldsymbol{n}$ は閉曲面 $\partial\Omega$ の外向きの単位法線ベクトルである。全領域 Ω が十分大きければ，領域の境界面での波動関数 $\Psi(\boldsymbol{r},t)$ の値は 0 と考えられるので，この積分値は 0 となる。したがって

$$\frac{\partial}{\partial t}\int_{\Omega} P(\boldsymbol{r},t)d^3\boldsymbol{r} = 0 \tag{5.50}$$

が成り立ち，全領域内での粒子の存在確率は一定値であり，それは 1 であることが示された。

問 5.5　波動関数 $\Psi(\boldsymbol{r},t)$ が以下の各場合について，確率密度の流れを計算せよ。ただし，A,F,G は定数である。

(1) $\Psi(\boldsymbol{r},t) = Ae^{i(\boldsymbol{k}\cdot\boldsymbol{r}-\omega t)}$

(2) $\Psi(\boldsymbol{r},t) = Fe^{\boldsymbol{k}\cdot\boldsymbol{r}-i\omega t} + Ge^{-\boldsymbol{k}\cdot\boldsymbol{r}-i\omega t}$

5.8　時間に依存しないシュレディンガー方程式

粒子がある定まったエネルギー E をもつ状態を求めてみよう。エネルギー

が E の状態を表す物質波の角振動数は $\omega = E/\hbar$ である。そこで，波動関数 $\Psi(\boldsymbol{r}, t)$ を時間的に振動する部分と空間的に変化する部分の積として表そう。

$$\Psi(\boldsymbol{r}, t) = u(\boldsymbol{r}) e^{-iEt/\hbar} \tag{5.51}$$

このような状態は古典力学において，波が定常波をつくっている状態に対応しているので，定常状態という。定常状態においては，波動関数の空間部分 $u(\boldsymbol{r})$ が規格化されていれば，時間部分を入れた波動関数 $\Psi(\boldsymbol{r}, t)$ も規格化されていることは，つぎの式より容易に確かめられるだろう。

$$\int_{\Omega} |\Psi(\boldsymbol{r}, t)|^2 d^3\boldsymbol{r} = \int_{\Omega} |u(\boldsymbol{r})|^2 d^3\boldsymbol{r} = 1 \tag{5.52}$$

シュレディンガー方程式 (5.16) に式 (5.51) を代入することによって，つぎのような**時間に依存しないシュレディンガー方程式**が得られる。

法則 5.6 (**時間に依存しないシュレディンガー方程式**)

時間に依存しないシュレディンガー方程式は

$$-\frac{\hbar^2}{2m} \triangle u(\boldsymbol{r}) + V(\boldsymbol{r}) u(\boldsymbol{r}) = E u(\boldsymbol{r}) \tag{5.53}$$

である。また，ハミルトニアンを用いれば

$$\hat{H} u(\boldsymbol{r}) = E u(\boldsymbol{r}) \tag{5.54}$$

と表される。

ハミルトニアンには空間座標に関する 2 階微分演算子が含まれるため，関数 $u(\boldsymbol{r})$ は連続であり，その導関数もまた連続でなければならない。

時間に依存しないシュレディンガー方程式は，線形演算子 $\hat{H}$ に関する固有値問題であり，1.5 節で述べた行列に対して固有値，固有ベクトルを求める問題と同じ形である。式 (5.54) において，E をハミルトニアン $\hat{H}$ の**エネルギー固有値**といい，$u(\boldsymbol{r})$ を，エネルギー固有値 E に対する**固有関数**という。

ひとつのエネルギー固有値に対して複数の固有関数が存在する場合がある。

このとき，「エネルギー固有値は**縮退**している」といい，それらの固有関数の線形結合もまた，この固有値に属する固有関数となる。これは，線形代数学で「ある固有値に複数の1次独立な固有ベクトルが存在するとき，それらの線形結合もまたその固有値に対する固有ベクトルである。」ことに対応している。

5.9　1次元無限大箱形ポテンシャルに束縛された粒子

無限大のポテンシャルで完全に閉じ込められた，x 軸上を運動する粒子について考えよう。ポテンシャル $V(x)$ は，**図 5.4** のように原点について対称で，粒子の閉じ込め幅を a とする。

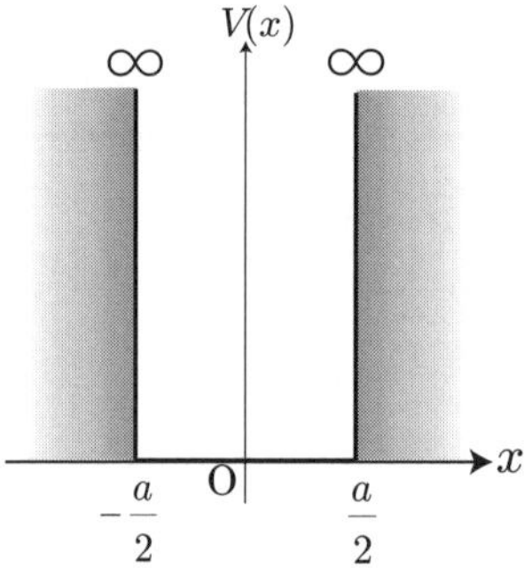

図 5.4　1次元無限大箱形ポテンシャル。粒子は $x < -a/2, a/2 < x$ の領域には侵入できないので，この領域の波動関数の値は0と考える。

$$V(x) = \begin{cases} 0 & \left(-\dfrac{a}{2} \leqq x \leqq \dfrac{a}{2}\right) \\ \infty & \left(x < -\dfrac{a}{2}, \dfrac{a}{2} < x\right) \end{cases} \tag{5.55}$$

粒子の定常状態のシュレディンガー方程式について考えてみよう。粒子は領域 $(-a/2 \leqq x \leqq a/2)$ にしか存在しないので，領域 $(x < -a/2, a/2 < x)$ で $u(x) = 0$ となるべきである。したがって $u(x)$ に課すべき境界条件は

$$u\left(-\frac{a}{2}\right) = u\left(\frac{a}{2}\right) = 0 \tag{5.56}$$

である。領域 $(-a/2 < x < a/2)$ におけるシュレディンガー方程式は

$$-\frac{\hbar^2}{2m}\frac{d^2u(x)}{dx^2} = Eu(x) \tag{5.57}$$

である。

$E<0$ のときを考えてみよう。今, $\kappa = \sqrt{-2mE}/\hbar\,(>0)$ とおくと, 微分方程式 (5.57) の一般解は, c_1, c_2 を任意定数として, $u(x,t) = c_1e^{\kappa x} + c_2e^{-\kappa x}$ と表される。しかし, 境界条件 (5.56) を満たす解は, $u(x)\equiv 0$ のみであるので, 固有エネルギーは $E<0$ ではありえない。

つぎに $E=0$ のときを考えると, 解は C, D を定数として $u(x) = Cx + D$ となる。この場合も境界条件 (5.56) を満たす解は, $u(x)\equiv 0$ のみであるので, 固有エネルギーは $E=0$ ではありえない。

$E>0$ の場合を考えよう。波動関数は A, B を定数として

$$u(x) = A\cos(kx) + B\sin(kx) \tag{5.58}$$

と書ける。ここで

$$k = \frac{\sqrt{2mE}}{\hbar} > 0 \tag{5.59}$$

である。境界条件 (5.56) より

$$\begin{pmatrix} \cos\left(\dfrac{ka}{2}\right) & \sin\left(\dfrac{ka}{2}\right) \\ \cos\left(\dfrac{ka}{2}\right) & -\sin\left(\dfrac{ka}{2}\right) \end{pmatrix} \begin{pmatrix} A \\ B \end{pmatrix} = \begin{pmatrix} 0 \\ 0 \end{pmatrix} \tag{5.60}$$

$A=B=0$ 以外の解をもつ条件は, 左辺の係数行列の行列式が 0 であるので, $k>0$ に注意すると

$$\cos\left(\frac{ka}{2}\right)\sin\left(\frac{ka}{2}\right) = 0 \quad \text{すなわち} \sin(ka) = 0$$

$$ka = n\pi, \quad k = \frac{n\pi}{a} \qquad (n = 1, 2, 3, \cdots) \tag{5.61}$$

である。ここまでで, 波動関数が

$$u_n(x) = A\cos\left(\frac{n\pi}{a}x\right) + B\sin\left(\frac{n\pi}{a}x\right) \tag{5.62}$$

と書けることがわかった。境界条件 $u\left(\frac{a}{2}\right)=0$ より

$$A\cos(\frac{n\pi}{2})+B\sin(\frac{n\pi}{2})=0 \tag{5.63}$$

を得る。整数 n が奇数の場合 $B=0$，偶数の場合 $A=0$ とならなければならない。したがって，境界条件を満たす固有関数 $u_n(x)$ は

$$u_n(x)=\begin{cases} A\cos\left(\dfrac{n\pi x}{a}\right) & n=1,3,5,\ldots \\ B\sin\left(\dfrac{n\pi x}{a}\right) & n=2,4,6,\ldots \end{cases} \tag{5.64}$$

である。整数 n は粒子の状態を表す指標となり，**量子数**と呼ばれる。また，固有関数を規格化すると，定数は $A=B=\sqrt{2/a}$ である。固有関数の振る舞いを**図 5.5** に示す。量子数 n の値の増加とともに，固有関数の零点（節点）の数も増加していくことがわかるだろう。

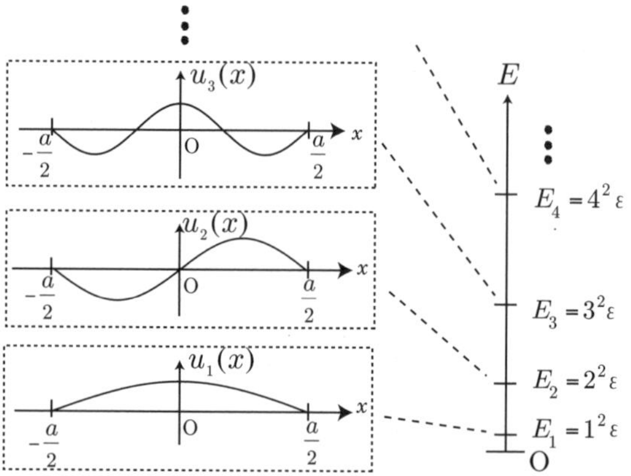

図 5.5　1 次元無限大箱形ポテンシャル中の粒子の波動関数と固有エネルギー。エネルギー E を，$\varepsilon=\dfrac{\pi^2\hbar^2}{2ma^2}$ を用いて表した。

つぎに固有エネルギー E を求めてみよう。式 (5.59)，(5.61) と $n=1,2,3,\cdots$ であることに注意すれば

$$E_n=\frac{\pi^2\hbar^2n^2}{2ma^2} \qquad (n=1,2,3,\cdots) \tag{5.65}$$

であり，**図 5.5** で示したように整数 n に応じて離散的な値をとる。

系の対称性と固有関数の対称性について注目してみよう。ここでは，ポテンシャル $V(x)$ は原点に関して対称な偶関数である。このときの固有関数 $u(x)$ は偶関数，または奇関数であった。このようなことは一般的なことなのだろうか。1 次元の時間に依存しないシュレディンガー方程式

$$-\frac{\hbar^2}{2m}\frac{d^2u(x)}{dx^2}+V(x)u(x)=Eu(x) \tag{5.66}$$

において，座標の反転，すなわち $x\to -x$ の置き換えを行う。このとき

$$\frac{d}{d(-x)}=-\frac{d}{dx},\quad \frac{d^2}{d(-x)^2}=\frac{d^2}{dx^2},\quad V(-x)=V(x) \tag{5.67}$$

に注意すると，x 座標を反転した固有関数もまた

$$-\frac{\hbar^2}{2m}\frac{d^2u(-x)}{dx^2}+V(x)u(-x)=Eu(-x) \tag{5.68}$$

を満たす。今，粒子がポテンシャルに閉じ込められている状態を考えると，1 次元系の場合は固有値 E に縮退はない (問 5.7 参照)。すると，2 つの固有関数 $u(x)$, $u(-x)$ は同一な状態を表す。すなわち，ある定数 k を用いて，$u(-x)=ku(x)$ と表される。この式で座標の反転 $x\to -x$ を行うと，$u(x)=ku(-x)$ が得られる。よって

$$u(x)=ku(-x)=k^2u(x) \tag{5.69}$$

なので，$k=\pm 1$。すなわち

$$u(-x)=\pm u(x) \tag{5.70}$$

が成り立つ。したがって，ポテンシャルエネルギー $V(x)$ が偶関数のとき，固有関数は偶関数または奇関数となる。

つぎに注目したいことは，閉じ込められた粒子は，その運動エネルギーの最小値は 0 にはならず，必ず正のエネルギーをもって運動していることである。閉じ込めの幅が a なので，粒子の位置の不確定さは平均位置 $<x>=0$ の前後

$\Delta x = a/2$ である。最も エネルギーが低い状態 $(n=1)$ について運動量の不確定さを考察してみよう。固有関数

$$u_1(x) = \sqrt{\frac{2}{a}} \cos kx = \sqrt{\frac{2}{a}} \frac{1}{2} [e^{ikx} + e^{-ikx}] \tag{5.71}$$
$$k = \frac{\pi}{a}$$

は，たがいに逆向きの運動量 $\pm p = \pm \hbar k = \pm \pi\hbar/a$ の状態が，同じ大きさの重みで重なり合っている状態である。波長と振幅の等しい波が，たがいに逆向きに進むと定常波ができることは，波動の知識からもわかるであろう。このときの運動量の正負を考えた平均値は $< p_x >= 0$ となっているが，運動量の不確定さは $\Delta p = \pi\hbar/a$ と考えられ，閉じ込めの幅 a に反比例している。閉じ込めの幅を狭くすればするほど，粒子の運動は激しくなるのである。位置の不確定さと運動量の不確定さの積は

$$\Delta x \Delta p = \frac{a}{2} \frac{\pi\hbar}{a} = \frac{\pi\hbar}{2} \geqq \frac{\hbar}{2} \tag{5.72}$$

であり，不確定性原理 $\Delta x \Delta p \geqq \hbar/2$ を満たしている。大ざっぱな見積もりをすれば，幅 a に閉じ込められた質量 m の粒子は，少なくとも運動量 $p \sim \hbar/a$ 程度をもち，その運動エネルギーは，$E = p^2/(2m) \sim \hbar^2/(2ma^2)$ 程度になる。

また，この例題でポテンシャルエネルギーを x 軸方向に $a/2$ だけ平行移動し

$$V(x) = \begin{cases} 0 & (0 \leqq x \leqq a) \\ \infty & (x < 0, a < x) \end{cases} \tag{5.73}$$

とすれば，固有関数もそれぞれ x 軸方向に $a/2$ だけ平行移動するので

$$u_n(x) = \sqrt{\frac{2}{a}} \sin\left(\frac{n\pi x}{a}\right) \qquad n = 1, 2, 3, \cdots \tag{5.74}$$

となる。これをはじめからシュレディンガー方程式から解き，導くことは，練習問題として残しておこう。

問 5.6　式 (5.73) で表される 1 次元無限大箱形ポテンシャル中の質量 m の

粒子のシュレディンガー方程式を，境界条件 $u(0) = 0, u(a) = 0$ を課すことによって解き，波動関数が式 (5.74) で表されることを示せ。

問 5.7 粒子がポテンシャルによって閉じ込められている状態を束縛状態という。今，1 次元の束縛状態，つまり波動関数が

$$u(x) \to 0 \quad (x \to \pm\infty)$$

のときを考える。固有値 E に属する固有関数が 2 つ存在すると仮定し，それらを $u(x), v(x)$ とおく。このとき，ロンスキアン (2.6 節参照) は，$W(u(x), v(x)) = 0$ となることを示し，1 次元系の束縛状態では固有エネルギーの縮退はないことを証明せよ。

5.10 3 次元無限大箱形ポテンシャル中に束縛された粒子

つぎに**図 5.6** のように，x，y，z 方向にそれぞれ a，b，c の幅の直方体内に，無限大ポテンシャル

$$V(x, y, z) = \begin{cases} 0 & (0 \leqq x \leqq a, 0 \leqq y \leqq b, 0 \leqq z \leqq c) \\ \infty & (\text{それ以外}) \end{cases} \tag{5.75}$$

によって完全に閉じ込められた粒子について考えよう。

領域 $(0 \leqq x \leqq a, 0 \leqq y \leqq b, 0 \leqq z \leqq c)$ 内では，シュレディンガー方程式は

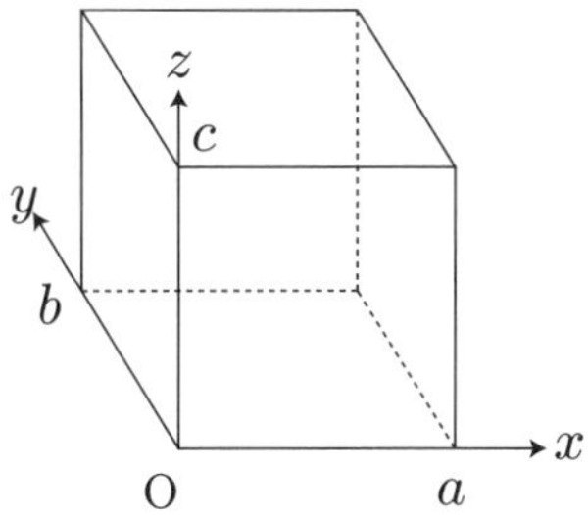

図 5.6 直方体内に無限大ポテンシャルで粒子を閉じ込める。

$$-\frac{\hbar^2}{2m}\left(\frac{\partial^2}{\partial x^2}+\frac{\partial^2}{\partial y^2}+\frac{\partial^2}{\partial z^2}\right)u(x,y,z)=Eu(x,y,z) \tag{5.76}$$

と書ける。ここで，固有関数をつぎのような変数分離型

$$u(x,y,z)=X(x)Y(y)Z(z) \tag{5.77}$$

でおく。これを式 (5.76) に代入すると

$$\begin{aligned}-\frac{\hbar^2}{2m}\frac{d^2X(x)}{dx^2}&=\varepsilon_x X(x)\\-\frac{\hbar^2}{2m}\frac{d^2Y(y)}{dy^2}&=\varepsilon_y Y(y)\\-\frac{\hbar^2}{2m}\frac{d^2Z(z)}{dz^2}&=\varepsilon_z Z(z)\end{aligned} \tag{5.78}$$

のように，3 つの 1 次元シュレディンガー方程式を得る。ここで，定数 ε_x，ε_y，ε_z は

$$E=\varepsilon_x+\varepsilon_y+\varepsilon_z \tag{5.79}$$

を満たす。境界条件 $X(0)=X(a)=Y(0)=Y(a)=Z(0)=Z(a)=0$ を考えれば，1 次元の場合と同様にして $X(x)$，$Y(y)$，$Z(z)$，および ε_x，ε_y，ε_z が得られる。固有関数 $u(x,y,z)$，およびエネルギー固有値 E は

$$u_{n_x,n_y,n_z}(x,y,z)=\sqrt{\frac{8}{abc}}\sin\left(\frac{\pi n_x x}{a}\right)\sin\left(\frac{\pi n_y y}{b}\right)\sin\left(\frac{\pi n_z z}{c}\right) \tag{5.80}$$

$$E_{n_x,n_y,n_z}=\frac{\pi^2\hbar^2}{2m}\left(\frac{n_x^2}{a^2}+\frac{n_y^2}{b^2}+\frac{n_z^2}{c^2}\right) \tag{5.81}$$

である。ただし，n_x，n_y，n_z は 1 以上の整数であり，系の量子数である。これら 3 つの量子数によって粒子の状態が指定されることになる。

粒子の存在する領域が立方体，つまり $a=b=c$ の場合を考えよう（b も c も a で表すこととする）。量子数の組み (n_x,n_y,n_z) と固有エネルギーの関係を図 **5.7** に示す。

例えば $(n_x,n_y,n_z)=(1,1,2),(1,2,1),(2,1,1)$ で表される 3 つの状態は同

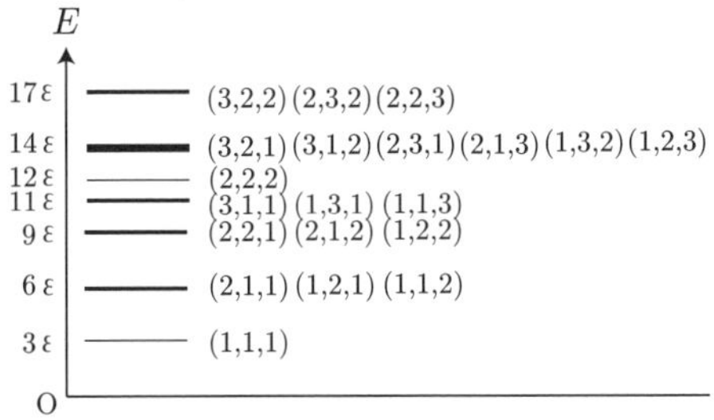

図 5.7　立方体に完全に閉じ込められた粒子の波動関数と固有エネルギー。エネルギー E を，$\varepsilon = \dfrac{\pi^2\hbar^2}{2ma^2}$ を用いて表した。

一のエネルギー固有値をとる。このとき，エネルギー固有値は3重に縮退している。また，$(n_x, n_y, n_z) = (1,2,3), (1,3,2), (2,1,3), (2,3,1), (3,1,2), (3,2,1)$ の状態は，6重に縮退している。もし，a，b，c の値がそれぞれ異なる場合は，エネルギー固有値の縮退は起きにくいことはわかるだろう。エネルギー固有値の縮退は，系の対称性が高いほど生じやすいのである。

問 5.8　無限大ポテンシャルによって1辺の長さが1.0 nmの立方体中に閉じ込められた電子のもつ最低の運動エネルギーはいくらか。

5.11　1次元調和振動子

フックの法則に従う力を受けながら x 軸上を運動する質量 m の粒子について考えよう。例3.5に示したように，このような粒子は単振動 (3.3節参照) することが知られており，**調和振動子**と呼ばれる。力の釣り合いの位置を $x=0$ とすると，粒子の位置が x のときに粒子が受ける力は $F = -kx$ であり，ポテンシャルは $V(x) = kx^2/2$ である。3.3節で見たように，単振動の角振動数は $\omega = \sqrt{k/m}$ なので，これを用いてポテンシャルを表すと，$V(x) = m\omega^2x^2/2$ となる。1次元調和振動子の時間に依存しないシュレディンガー方程式は

$$-\frac{\hbar^2}{2m}\frac{d^2u(x)}{dx^2} + \frac{1}{2}m\omega^2x^2u(x) = Eu(x) \tag{5.82}$$

のように表せる。ここで，座標 x，エネルギー E の代わりに，無次元化された座標 ξ，エネルギー ε を

$$\xi=\sqrt{\frac{m\omega}{\hbar}}x,\qquad \varepsilon=\frac{2E}{\hbar\omega}\tag{5.83}$$

のように導入する。これらの変数を用いると，時間に依存しないシュレディンガー方程式は

$$\frac{d^2f(\xi)}{d\xi^2}+(\varepsilon-\xi^2)f(\xi)=0\tag{5.84}$$

となる。ここで，無次元座標 ξ で表された固有関数を $f(\xi)$ と記した。今

$$f(\xi)=H(\xi)e^{\frac{-\xi^2}{2}}\tag{5.85}$$

とおき，微分方程式 (5.84) に代入すると

$$\frac{d^2H(\xi)}{d\xi^2}-2\xi\frac{dH(\xi)}{d\xi}+(\varepsilon-1)H(\xi)=0\tag{5.86}$$

のような微分方程式が得られる。これは，**エルミートの微分方程式**として知られている。2.7 節で示した級数による微分方程式の解法を適用し，$H(\xi)$ を ξ の多項式

$$H(\xi)=\xi^s\sum_{j=0}^{\infty}a_j\xi^j=\xi^s g(\xi)\quad(a_0\neq 0),\quad g(\xi)=\sum_{j=0}^{\infty}a_j\xi^j\tag{5.87}$$

で展開しよう。ここで a_j は展開係数である。これを方程式 (5.86) に代入し，ξ の各次数の項の係数が 0 となることより，つぎのような漸化式

$$s(s-1)a_0=0$$

$$(s+1)sa_1=0$$

$$a_{j+2}=\frac{2s+2j+1-\varepsilon}{(s+j+2)(s+j+1)}a_j\ \ (j=0,1,2,\cdots)\tag{5.88}$$

が得られる。まず 1 番目の式より，$s=0$ または $s=1$ であることはすぐにわかる。3 番目の式は，j が偶数どうし，または奇数どうしの隣り合う展開係数 a_j と a_{j+2} との間の関係を表している。仮に多項式 $g(\xi)$ が有限項で終わらない場合を考えてみよう。$j\to\infty$ の極限を考えると

$$\frac{a_{j+2}}{a_j} \to \frac{2}{j} \tag{5.89}$$

が得られ，$g(\xi)$ の偶数次の項だけ集めたもの，もしくは奇数次だけ集めたものは，$\xi \to \infty$ の極限において関数形が e^{ξ^2} に漸近することを示している。なぜならば，e^{ξ^2} のマクローリン展開において

$$e^{\xi^2} = 1 + \frac{1}{1!}\xi^2 + \frac{1}{2!}\xi^4 + \frac{1}{3!}\xi^6 + \cdots + \frac{1}{\frac{j}{2}!}\xi^j + \frac{1}{\frac{j+2}{2}!}\xi^{j+2} + \cdots \tag{5.90}$$

であり，次数 j が $j \to \infty$ の極限において，次数が j と $j+2$ の項の係数の比をとれば

$$\frac{\frac{j}{2}!}{\frac{j+2}{2}!} \to \frac{2}{j} \tag{5.91}$$

となるからである。したがって，多項式 $g(\xi)$ が無限級数となったとき，偶数次の項の和，奇数次の項の和はそれぞれ $|\xi| \to \infty$ において，e^{ξ^2} の程度に発散していくのである。このとき，$H(\xi)$ は $g(\xi)$ に高々 ξ^s が掛けられたものなので，$\xi \to \infty$ の極限において $H(\xi) \sim e^{\xi^2} \to \infty$ となるため，固有関数 $f(\xi)$ は

$$f(\xi) \sim e^{-\frac{\xi^2}{2}} e^{\xi^2} \sim e^{\frac{\xi^2}{2}} \to \infty \tag{5.92}$$

のように発散し，物理的な解とならない。したがって多項式 $H(\xi)$ は有限項で終わらなければならない。

では漸化式 (5.88) において，$s = 0, 1$ の場合について順に考えよう。

(1) $s = 0$ のとき，

多項式 $H(\xi)$ が有限項で終わるためには，$a_0 \neq 0$ だから，式 (5.88) の 3 番目の式より，ある偶数 j で

$$\varepsilon = 2s + 2j + 1 \tag{5.93}$$

が満たされ，係数 a_{j+2} 以降は 0 とならなければならない。

このとき，$a_1 \neq 0$ であるとすると，奇数 j で a_j は決して 0 にならず，$H(\xi)$ は無限級数となり，波動関数は発散する。したがって

$$a_1 = a_3 = a_5 = \cdots = 0 \tag{5.94}$$

であり，$H(\xi)$ は偶関数の多項式となる。

また，式 (5.93) において，$n = s + j = 0 + j$ とおくと

$$\varepsilon = 2n + 1 \qquad (n = 0, 2, 4, \cdots)$$

となる。

(2) $s = 1$ のとき

前と同様 $a_0 \neq 0$ であるが，式 (5.88) の 2 番目の式より，$a_1 = 0$ である。つまり

$$a_1 = a_3 = a_5 = \cdots = 0 \tag{5.95}$$

である。したがって $H(\xi)$ は奇関数の多項式となる。前と同様に，$H(\xi)$ が有限項でおさまるためには，ある偶数 j で

$$\varepsilon = 2s + 2j + 1 \tag{5.96}$$

が満たされ，a_{j+2} 以降は 0 とならなければならない。$n = s + j = 1 + j$ とおけば

$$\varepsilon = 2n + 1 \qquad (n = 1, 3, 5, \cdots)$$

となる。

結局 $s = 0, 1$ の場合の両方を含めて，$\varepsilon = 2n + 1 \quad (n = 0, 1, 2, \cdots)$ なので，式 (5.83) より調和振動子のエネルギー固有値 E は

$$E_n = \left(n + \frac{1}{2}\right)\hbar\omega \qquad (n = 0, 1, 2, \cdots) \tag{5.97}$$

と表せる。

ここで注意してほしいことは，最低エネルギーは 0 ではなく，$\hbar\omega/2$ となることである。これを**零点振動エネルギー**という。そして，隣り合う固有エネルギーの間隔は一定であり，$\hbar\omega$ になっていることである。

つぎに各 n に対応した多項式 $H(\xi)$ を見出し，固有関数 $f(\xi)$ を求めよう。$s=0$ のときは $\varepsilon=1,5,9,\cdots$，$s=1$ のときは $\varepsilon=3,7,11,\cdots$ であること，漸化式 (5.88) において，a_0 は 0 以外の任意の値をとることができること，および $a_1=a_3=a_5=\cdots=0$ に注意すれば，多項式 $H(\xi)$ はつぎのように表すことができる。

$$H_0(\xi)=1,\ \ H_1(\xi)=2\xi,\ \ H_2(\xi)=4\xi^2-2,\ \ H_3(\xi)=8\xi^3-12\xi,\ \ \cdots$$

$H_n(\xi)$ は，**エルミート多項式**と呼ばれ，つぎの式からも導かれることが知られている。

$$H_n(\xi)=(-1)^n e^{\xi^2}\frac{d^n}{d\xi^n}e^{-\xi^2} \tag{5.98}$$

整数 n で表された状態の固有関数は，無次元座標 ξ をそのまま用いると，つぎのように表される。

$$f_n(\xi)=H_n(\xi)e^{-\frac{\xi^2}{2}} \tag{5.99}$$

固有関数をもとの座標 x に戻し，規格化因子を考慮して書き換えると

$$u_n(x)=\sqrt{\frac{\alpha}{2^n n!\sqrt{\pi}}}H_n(\alpha x)e^{-\frac{(\alpha x)^2}{2}} \tag{5.100}$$

のようになる。ここで，$\alpha=\sqrt{m\omega/\hbar}$ である。

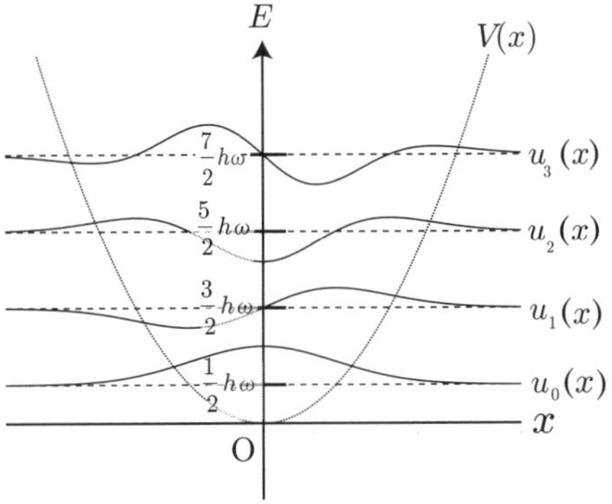

図 5.8　調和振動子のポテンシャル $V(x)$ と固有関数 $u_n(x)$。固有関数 $u_n(x)$ のグラフの x 軸を，そのエネルギー E_n の高さにとり，ポテンシャル $V(x)$ と重ねて表示した。

図 5.8 を見ると，粒子の固有関数 $u(x)$ の値が 0 でない領域 (x の範囲) が，粒子のもつエネルギー E よりもポテンシャルエネルギー $V(x)$ が高い領域に少しだけ浸み出しており，そこでの粒子の存在確率が 0 ではないことがわかる。これは古典力学では解釈することができない量子力学特有な現象である。実はこのことは後の 5.13 節で学ぶトンネル効果と関係している。5.9 節，5.10 節で学んだ無限大ポテンシャルで閉じ込められた粒子の場合には，このような固有関数の浸み出しが起こらないので問題にしなかった。

問 5.9 HCl（塩化水素）分子を，重い Cl 原子に軽い H 原子が「ばねのような力」で結ばれ，H 原子が振動する 1 次元調和振動子であると見なしてみよう。簡単のため Cl 原子は H 原子に比べて質量が非常に大きく，Cl 原子はほとんど動かずに固定されているものとして考えよう。HCl 分子の振動によって放射または吸収される光の波長は，実測値によると 3.46 μm である。この光子のエネルギーは，調和振動子の固有エネルギーの間隔を表している。H 分子と Cl 分子を結んでいる「ばね」のばね定数はいくらか。ただし，水素原子の質量を 1.67×10^{-27} kg とせよ。

5.12 物理量と演算子

本節では，物理量を表す演算子の数学的な性質について考えよう。物理量を表す演算子は，一般に**エルミート演算子**（**自己共役演算子**）である。これは 1 章の線形代数学で扱ったエルミート行列に対応している。本題に入る前に，ベクトルの内積（1 章参照）を拡張した関数の内積について復習しよう。

以下では，ある領域 Ω で定義された 2 乗可積分な複素数値関数を考える。

(1) 関数 $f(\boldsymbol{r})$，$g(\boldsymbol{r})$ の**内積** (f, g) を，次式で定義する。

$$(f, g) = \int_{\Omega} f^*(\boldsymbol{r}) g(\boldsymbol{r}) d^3\boldsymbol{r} \tag{5.101}$$

(2) 2 つの波動関数 $f(\boldsymbol{r})$，$g(\boldsymbol{r})$ の内積が

$$(f, g) = 0 \tag{5.102}$$

のとき，$f(\boldsymbol{r})$ と $g(\boldsymbol{r})$ は**直交**するという。

内積の定義より

$$(f, g)^* = (g, f) \tag{5.103}$$

が成り立つことは容易にわかるだろう。

(3) 関数 $f(\boldsymbol{r})$ とそれ自体との内積は

$$(f, f) \geqq 0 \tag{5.104}$$

を満たす。(f, f) の負でないほうの平方根を，関数 $f(\boldsymbol{r})$ の**ノルム** (norm) といい

$$\|f\| = \sqrt{(f, f)} \tag{5.105}$$

で表す。

一般に，物理量を表す演算子は線形演算子であり，その演算子の固有値がその物理量を観測したときの測定値となる。以下，議論を簡単にするために時間 t に依存しない定常状態についてのみ考えることにしよう。時間に依存する理論については巻末にあげる引用・参考文献で学んでいただきたい。

法則 5.7 (物理量を表す線形演算子)

(1) 量子力学では，物理量は線形演算子で表される。物理量 A を表す線形演算子を $\hat{A}$ とし，演算子 $\hat{A}$ の固有値を a，固有値 a に対する固有関数を u_a とすると，これらは

$$\hat{A}u_a = au_a \tag{5.106}$$

を満たす。この固有関数 u_a で表される粒子の状態を，物理量 A の**固有状態**という。

(2) 粒子の状態を表す波動関数 ψ が物理量 A の固有関数，すなわち $\psi = u_a$ のときに物理量 A を観測すると，確実に測定値は a となる。

例 5.1　(運動量演算子の固有状態)　1 次元系の定常状態において x 軸方向の運動量の固有方程式を考えよう。固有関数は x のみの関数で表される。x 軸方向の運動量 p_x の演算子は

$$\hat{p}_x = -i\hbar\frac{d}{dx}$$

である。この演算子は線形演算子であることは明らかであろう。固有値を p_x，これに対する固有関数を $u(x)$ とすれば

$$-i\hbar\frac{d}{dx}u(x) = p_x u(x)$$

を満たす。これより固有関数を求めると

$$u(x) = Ce^{ip_x x/\hbar}$$

である。C は定数である。粒子の空間部分の波動関数が $u(x) = e^{ip_x x/\hbar}$ のとき，運動量の x 成分を観測すると，確実に測定値 p_x を得る。

それでは，粒子の状態を表す波動関数 u が物理量 A の固有関数とは限らないとき，その測定値はどのようになるのだろうか。一般に，物理量 A の測定値はばらつき，その演算子の固有値のどれかになる。

いま，運動量演算子の固有値 $\boldsymbol{p}_1$，$\boldsymbol{p}_2$ の規格化された固有関数をそれぞれ $u_{\boldsymbol{p}_1}$，$u_{\boldsymbol{p}_2}$ としよう。波動関数がそれらの線形結合

$$\psi = c_1 u_{\boldsymbol{p}_1} + c_2 u_{\boldsymbol{p}_2} \qquad (c_1，c_2 は定数)$$

で表されるとき，測定される運動量は $\boldsymbol{p}_1$，$\boldsymbol{p}_2$ のいずれかであるが，観測ごとにどちらの値が測定されるかはわからない。ただし，両者の測定値の出現確率は，$|c_1|^2 : |c_2|^2$ の比になる。たとえ粒子が同一な状態であったとしても，その測定値はばらつくのである。しかし，その状態における物理量 A の期待値 $< \hat{A} >$ は知ることができる。

法則 5.8 (物理量の期待値)

粒子の状態を表す波動関数が ψ のとき，物理量 A を観測したときに得られる測定値の**期待値** $< \hat{A} >$ は

$$< \hat{A} >= \frac{(\psi, \hat{A}\psi)}{(\psi, \psi)} \tag{5.107}$$

であり，実数値である。

問 5.10 ある物理量 A の相異なる固有値 a_1，a_2 に対する規格化された固有関数をそれぞれ，u_1，u_2 とする。粒子の状態を表す波動関数が $\psi = c_1 u_1 + c_2 u_2$（c_1，c_2 は定数）と表されるとき，物理量 A の期待値 $< \hat{A} >$ は

$$< \hat{A} >= \frac{|c_1|^2 a_1 + |c_2|^2 a_2}{|c_1|^2 + |c_2|^2}$$

となることを示せ。

どのような波動関数に対しても，物理量の期待値は実数でなければならない。式 (5.107) の分母は正の実数値であることは明らかである。したがって分子も実数でなければならず，

$$(\psi, \hat{A}\psi) = (\hat{A}\psi, \psi)$$

が成り立たなければならない。これをもう少し一般化してみよう。

粒子の状態の波動関数が，異なる 2 つの状態 ψ，ϕ の重ね合わせで表される場合，すなわち，$\psi' = \psi + \lambda\phi$ の場合を考えよう。ここで λ は任意の定数とする。このとき，物理量 A の期待値は

$$< \hat{A} >= \frac{(\psi', \hat{A}\psi')}{(\psi', \psi')}$$

であり，これは実数でなければならない。分母は正の実数値であることは明らかである。分子について注目してみよう。

$$(\psi', \hat{A}\psi') = (\psi, \hat{A}\psi) + |\lambda|^2(\phi, \hat{A}\phi) + \lambda^*(\phi, \hat{A}\psi) + \lambda(\psi, \hat{A}\phi)$$

右辺 1 項目と 2 項目はそれぞれ実数なので，3 項目と 4 項目の和は実数でなければならない。定数 λ を $\lambda = |\lambda| e^{i\alpha}$（$\alpha$ は実数で λ の位相）とすると，3 項目と 4 項目の和は，それ自体の複素共役に等しいので

$$|\lambda|\{e^{-i\alpha}(\phi, \hat{A}\psi) + e^{i\alpha}(\psi, \hat{A}\phi)\} = |\lambda|\{e^{i\alpha}(\hat{A}\psi, \phi) + e^{-i\alpha}(\hat{A}\phi, \psi)\}$$

となる。少し整理すれば

$$e^{i\alpha}\{(\psi, \hat{A}\phi) - (\hat{A}\psi, \phi)\} = e^{-i\alpha}\{(\hat{A}\phi, \psi) - (\phi, \hat{A}\psi)\}$$

を得る。これが位相 α によらず，成り立つには

$$(\phi, \hat{A}\psi) = (\hat{A}\phi, \psi)$$

を満たさなければならない。

法則 5.9　(物理量を表す演算子の性質)

任意の波動関数 ψ，ϕ に対して，**物理量を表す演算子** $\hat{A}$ は

$$(\phi, \hat{A}\psi) = (\hat{A}\phi, \psi) \tag{5.108}$$

を満たす。このような性質をもつ演算子を，**エルミート演算子**（**自己共役演算子**）という。

物理量を表す演算子がエルミート演算子であることを以下の例題で見てみよう。

例 5.2　(運動量演算子のエルミート性)　1 次元系で運動量演算子 $\hat{p}_x = -i\hbar\dfrac{d}{dx}$ が式 (5.108) を満たすエルミート演算子であるかどうかを確かめてみよう。波動関数 ψ，ϕ は，十分遠方 ($x \to \pm\infty$) で 0 となっているものとする。式 (5.108) に運動量演算子を入れると

$$(\phi, \hat{p}_x\psi) = \int_{-\infty}^{\infty} \phi^*(-i\hbar)\frac{d\psi}{dx}dx$$

となる。部分積分することによって

$$
\begin{aligned}
(\phi, \hat{p}_x \psi) &= i\hbar \left\{ -\left[\phi^* \psi\right]_{-\infty}^{\infty} + \int_{-\infty}^{\infty} \frac{d\phi^*}{dx} \psi dx \right\} \\
&= \int_{-\infty}^{\infty} (-i\hbar)^* \frac{d\phi^*}{dx} \psi dx \\
&= (\hat{p}_x \phi, \psi)
\end{aligned}
$$

のように変形される。したがって，運動量演算子 $\hat{p}_x$ はエルミート演算子である。

問 5.11　演算子 $\dfrac{d}{dx}$ はエルミート演算子ではないことを示せ。

今，$\hat{A}$ をエルミート演算子とする。問題にしている領域で定義された正規直交関数系を $\{u_n(\boldsymbol{r})\}(n = 1, 2, \cdots)$ とする。すなわち，$(u_m, u_n) = \delta_{mn}$ である。任意の滑らかな関数 $f(\boldsymbol{r})$，$g(\boldsymbol{r})$ を考えよう。これらは正規直交関数系の線形結合

$$
f(\boldsymbol{r}) = \sum_n c_n u_n(\boldsymbol{r}), \quad g(\boldsymbol{r}) = \sum_n d_n u_n(\boldsymbol{r}) \tag{5.109}
$$

で展開することが可能である。$\{u_n(\boldsymbol{r})\}$ は，任意の関数を表すためのもとになっている関数なので**基底関数系**という。関数 $f(\boldsymbol{r})$，$g(\boldsymbol{r})$ のそれぞれの展開係数 $\{c_n\}, \{d_n\}$ を成分とするベクトルをそれぞれ $\boldsymbol{c} = (c_1, c_2, \cdots)$, $\boldsymbol{d} = (d_1, d_2, \cdots)$ としよう。関数 $f(\boldsymbol{r})$ と $g(\boldsymbol{r})$ の内積を計算すると

$$
(f, g) = \sum_n \sum_m c_n^* d_m (u_n, u_m) = \sum_n \sum_m c_n^* d_m \delta_{nm} = \sum_n c_n^* d_n \tag{5.110}
$$

となる。すなわち，関数 $f(\boldsymbol{r})$ と $g(\boldsymbol{r})$ の内積は，それぞれの関数の展開係数でできたベクトルのエルミート内積 $(\boldsymbol{c}, \boldsymbol{d}) = (c_1^*, c_2^*, \cdots)^T (d_1, d_2, \cdots)$ に等しく

$$
(f, g) = (\boldsymbol{c}, \boldsymbol{d}) \tag{5.111}
$$

である（関数の内積を通常のイタリック体で，ベクトルの内積を太文字のイタリック体で書いて区別する）。また，関数 $f(\boldsymbol{r})$ のノルムは

$$\|f(\boldsymbol{r})\| = \sqrt{(f,f)} = \sqrt{(\boldsymbol{c},\boldsymbol{c})} = \|\boldsymbol{c}\| \tag{5.112}$$

である。正規直交系 $\{u_n(\boldsymbol{r})\}(n = 1, 2, \cdots)$ で関数を展開したとき，関数 $f(\boldsymbol{r})$ はベクトル $\boldsymbol{c} = (c_1, c_2, \cdots)$ に，関数 $g(\boldsymbol{r})$ はベクトル $\boldsymbol{d} = (d_1, d_2, \cdots)$ にそれぞれ対応させることができるのである。したがって，粒子の状態を表す波動関数はベクトルで表されることになる。ここで注意が必要なことは，関数をベクトルで表すときに，どの基底関数系を用いるかによって，その成分が変わってしまうことである。

関数に作用するエルミート演算子 $\hat{A}$ について考えよう。これが関数 $f(\boldsymbol{r})$ に作用して別の関数 $h(\boldsymbol{r})$ になるとしよう。

$$h(\boldsymbol{r}) = \hat{A}f(\boldsymbol{r}) = \sum_n c_n \hat{A} u_n(\boldsymbol{r}) \tag{5.113}$$

また，$h(\boldsymbol{r}) = \hat{A}f(\boldsymbol{r})$ を $\{u_n(\boldsymbol{r})\}$ で展開したときの展開係数を $\{b_n\}$ とすれば

$$\sum_n b_n u_n(\boldsymbol{r}) = \sum_n c_n \hat{A} u_n(\boldsymbol{r}) \tag{5.114}$$

が成り立つ。この式と $u_m(\boldsymbol{r})$ との内積をとると

$$b_m = \sum_n A_{mn} c_n \tag{5.115}$$

を得る。ここで，$A_{mn} = (u_m, \hat{A}u_n)$ と定義した。演算子 $\hat{A}$ は，行列 $A = (A_{ij})$ で表され，それは関数 $f(\boldsymbol{r})$ を表すベクトル $\boldsymbol{c} = (c_1, c_2, \cdots)$ から関数 $h(\boldsymbol{r})$ を表すベクトル $\boldsymbol{b} = (b_1, b_2, \cdots)$ への 1 次変換であることがわかった。

エルミート演算子 $\hat{A}$ を行列で表現してみよう。関数 $f(\boldsymbol{r}) = \sum_n c_n u_n(\boldsymbol{r})$, $g(\boldsymbol{r}) = \sum_n d_n u_n(\boldsymbol{r})$ を用いてつぎの内積を考える。

$$(f, \hat{A}g) = \sum_m \sum_n c_m^* d_n A_{mn}, \quad (\hat{A}f, g) = \sum_m \sum_n c_m^* d_n A_{nm}^* \tag{5.116}$$

$\hat{A}$ はエルミート演算子であるから，この両式は等しく

$$A_{mn} = A_{nm}^*, \text{すなわち } A = A^\dagger \tag{5.117}$$

となる。したがって，エルミート演算子を行列表示したときには，エルミート行列になる。

エルミート行列の性質については，1章の定理1.25，およびその下の「注意」で述べていることがそのまま成り立つ。したがって，式(5.108)を満たす演算子の固有値，固有関数についてはつぎのような性質がある。

法則 5.10 (**エルミート演算子の固有値・固有関数**)

エルミート演算子の固有値，固有関数についてはつぎのような性質がある。

(1) 固有値は実数である。

(2) 異なる固有値に属する固有関数は直交する。

(3) 縮退した固有値に属する複数の独立な固有関数を，たがいに直交するようにとることができ，エルミート演算子の固有関数全体が直交系をなすようにとることができる。

それでは，ある物理量を表すエルミート演算子 $\hat{A}$ の固有関数 $v_1(\boldsymbol{r}), v_2(\boldsymbol{r}), \cdots$，およびその固有値 $\lambda_1, \lambda_2, \cdots$ を求める問題を考えよう。固有関数系 $\{v_n(\boldsymbol{r})\}$ は正規直交系をなしているとしよう。まず，適当な正規直交系 $\{u_n(\boldsymbol{r})\}$ を基底関数系にとることにしよう。演算子 $\hat{A}$ の行列表示 A_{nm} は，$A_{nm} = (u_n, \hat{A}u_m)$ となる。これはエルミート演算子だから適当なユニタリー行列 $U = (U_{ij})$ を用いて $U^\dagger AU = A'$ と対角化することができ，これは基底関数系として固有関数系 $\{v_n(\boldsymbol{r})\}$ を用いた場合の演算子 $\hat{A}$ の表現，$A'_{nm} = (v_n, \hat{A}v_m) = \lambda_m(v_n, v_m) = \lambda_m\delta_{nm}$ である。固有値やユニタリー変換の行列 U は1章で学んだ方法で求めることができる。ここで，A' の成分を U を用いて表せば

$$A'_{ij} = \sum_m \sum_n U^\dagger_{im}(u_m, \hat{A}u_n)U_{nj} = \sum_m \sum_n (U_{mi}u_m, \hat{A}u_n U_{nj})$$

これより，演算子 $\hat{A}$ の固有関数は，正規直交系の基底 $\{u_n(\boldsymbol{r})\}$ の線形結合，

$v_j(\boldsymbol{r}) = \sum_n U_{nj} u_n(\boldsymbol{r})$ で求めることができる。

物理量を表す演算子を行列に，状態を表す関数をベクトルに対応させることができ，量子力学の問題を線形代数学の問題として考えることができる。事実，量子力学が誕生する頃には，本章で紹介したように粒子を波動関数として扱うシュレディンガーによる「波動力学」と同時に，ハイゼンベルグによる「行列力学」の方法も形成されていた。量子力学と線形代数学との関係については，これくらいにとどめるが，興味のある読者は巻末の引用・参考文献 20) を読むことをお勧めする。

5.13　トンネル効果

丈夫な外壁に向かってテニスボールを打ったとすると，ボールは壁に跳ね返され，壁の向こうにすり抜けてしまうことはないだろう。壁のある場所で非常に大きい値をもつポテンシャルエネルギー $V(\boldsymbol{r})$ があるために，ボールはそれを超えることができず跳ね返されてしまうのである。また，高さが h のなだらかな斜面でできた山を質量 m の物体が滑りながら登って越えるとき，滑り出すときの物体の運動エネルギーは少なくとも mgh(g は重力加速度）は必要である。古典力学の世界では，エネルギー保存則より，ポテンシャルエネルギーが ΔV だけ大きな領域を物体が越えて進んでいくためには，物体の運動エネルギーは少なくとも ΔV より大きくなくてはならない。ところが，原子サイズの世界になると，粒子の運動エネルギーが越えるべきポテンシャルエネルギーの差 ΔV よりも小さい場合でも，粒子が通過してしまうことが起こるのである。このことは，ポテンシャルエネルギーの「山」を越えるだけのエネルギーをもたない粒子が，まるで知られざるトンネルを使って「山」の向こうへ抜けて行ってしまうような現象なのである。これを**トンネル効果**という。

1 次元トンネル効果のモデルとして，**図 5.9** のように $x<0$ の領域から x 軸の正の向きに入射する粒子が，つぎのような箱形の障壁ポテンシャル $V(x)$

$$V(x) = \begin{cases} 0 & (x \leqq 0) \quad (\text{領域 I}) \\ V_0(>0) & (0 < x < d) \quad (\text{領域 II}) \\ 0 & (d \leqq x) \quad (\text{領域 III}) \end{cases} \tag{5.118}$$

の中を進む様子を調べてみよう。ここで V_0 は障壁ポテンシャルの高さ，d は障壁ポテンシャルの幅である。

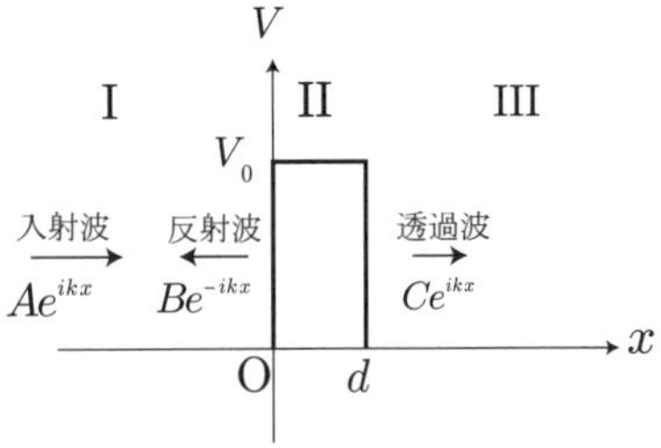

図 5.9 障壁ポテンシャルの概念図

時間に依存しないシュレディンガー方程式は

$$-\frac{\hbar^2}{2m}\frac{d^2u(x)}{dx^2} + V(x)u(x) = Eu(x)$$

であることを思い出そう。粒子のエネルギーが (1)$E < V_0$，(2)$E > V_0$，(3)$E = V_0$ の 3 つの場合に分けて考えよう。

(1) $E < V_0$ のとき

領域 I では，$V(x) = 0$ なので，解は

$$u_{\rm I}(x) = Ae^{ikx} + Be^{-ikx}, \quad k = \frac{\sqrt{2mE}}{\hbar} \quad (A,\ B \text{ は定数}) \tag{5.119}$$

で表される。第 1 項の e^{ikx} は x 軸の正の向きに進む運動量 $p = \hbar k$ の状態を表し，障壁ポテンシャルへの入射波である。第 2 項目の e^{-ikx} は x 軸の負の向きに進む運動量 $-p = -\hbar k$ の状態を表し，障壁ポテンシャルによる反射波である。

領域 II では，$V(x) = V_0$ なので，解は

$$u_{\rm II}(x) = Fe^{\beta x} + Ge^{-\beta x}, \ \beta = \frac{\sqrt{2m(V_0 - E)}}{\hbar} \quad (F,\ G \text{ は定数}) \tag{5.120}$$

で表される。自由粒子のような振動解ではなく，指数関数的に増大する解と減衰する解の線形結合となっていることに注意しよう。

領域 III では，$V(x)=0$ なので，解は領域 I と同様に自由粒子の波動関数で表されるが，ここでは障壁ポテンシャルを通過してきた波は，x 軸の正の向きに進む透過波のみなので

$$u_{\mathrm{III}}(x)=Ce^{ikx},\quad k=\frac{\sqrt{2mE}}{\hbar}\quad (C \text{ は定数}) \tag{5.121}$$

と表すことができる。

いま，明らかにしたいことは，入射した粒子がどれだけの確率で障壁ポテンシャルで反射して戻ってくるか，そしてどれだけの確率でそれをを通過して領域 III に抜けていくかということである。前者が反射率 R，後者が透過率 T である。領域 I，領域 III での確率密度の流れをそれぞれ J_{I}，J_{III} とする。定常状態を考えているので，状態を表す波動関数は $\Psi(x,t)=u(x)e^{-iEt/\hbar}$ と書ける。確率密度の流れの式 (5.45) を定常状態の 1 次元版

$$J(x)=\frac{\hbar}{2im}\left[u^*(x)\frac{du(x)}{dx}-\frac{du^*(x)}{dx}u(x)\right] \tag{5.122}$$

に書き直し，これを用いて計算すると

$$J_{\mathrm{I}}=\frac{\hbar k}{m}(|A|^2-|B|^2)=v(|A|^2-|B|^2),$$

$$J_{\mathrm{III}}=\frac{\hbar k}{m}(|C|^2)=v(|C|^2) \tag{5.123}$$

である。ここで，$v=\hbar k/m$ は各領域内の粒子の速さであり，この例の場合は領域 I，III での速さはともに等しい。J_{I} の式にある $v|A|^2$，$v|B|^2$ はそれぞれ，正の向きに進む入射波と負の向きに進む反射波の確率密度の流れを表す。J_{III} の式にある $v|C|^2$ は透過波の確率密度の流れを表す。反射波の入射波に対する確率密度の流れの比は**反射率** R，透過波の入射波に対する確率密度の流れの比は**透過率** T である。すなわち

$$R=\frac{v|B|^2}{v|A|^2}=\frac{|B|^2}{|A|^2}\qquad T=\frac{v|C|^2}{v|A|^2}=\frac{|C|^2}{|A|^2} \tag{5.124}$$

である。波動関数は連続で滑らかという条件より，係数の比 B/A，C/A を求めよう。以下，簡単のため $\dfrac{du(x)}{dx}$ を $u'(x)$ などと表記する。

$x = 0$ において，$u_{\rm I}(0) = u_{\rm II}(0)$，$u'_{\rm I}(0) = u'_{\rm II}(0)$ より

$$A + B = F + G,$$

$$ikA - ikB = \beta F - \beta G \tag{5.125}$$

を得る。同様に，$x = d$ において，$u_{\rm II}(d) = u_{\rm III}(d)$，$u'_{\rm II}(d) = u'_{\rm III}(d)$ より

$$e^{\beta d}F + e^{-\beta d}G = e^{ikd}C,$$

$$\beta e^{\beta d}F - \beta e^{-\beta d}G = ike^{ikd}C \tag{5.126}$$

を得る。式 (5.126) を用いて F，G を C で表す。

$$F = \frac{\beta + ik}{2\beta}e^{(ik-\beta)d}C$$

$$G = \frac{\beta - ik}{2\beta}e^{(ik+\beta)d}C \tag{5.127}$$

また，式 (5.125) より A，B を F，G で表せば

$$A = \frac{1}{2ik}\left\{(ik+\beta)F + (ik-\beta)G\right\}$$

$$B = \frac{1}{2ik}\left\{(ik-\beta)F + (ik+\beta)G\right\} \tag{5.128}$$

となる。さらに，A，B の式 (5.128) の F，G に，式 (5.127) を代入すれば，A，B を C で表した 2 式ができ，A と B の比，A と C の比が求められる。これらの絶対値の 2 乗をとることにより，反射率 R，透過率 T はつぎのように得られる。

$$R = \left\{1 + \frac{4E(V_0 - E)}{V_0^2 \sinh^2(\beta d)}\right\}^{-1} = \left\{1 + \frac{4\varepsilon(1-\varepsilon)}{\sinh^2[\gamma\sqrt{1-\varepsilon}]}\right\}^{-1}$$

$$T = \left\{1 + \frac{V_0^2 \sinh^2(\beta d)}{4E(V_0 - E)}\right\}^{-1} = \left\{1 + \frac{\sinh^2[\gamma\sqrt{1-\varepsilon}]}{4\varepsilon(1-\varepsilon)}\right\}^{-1} \tag{5.129}$$

となる。ここで，後でこの結果を調べるときに便利な無次元量

$$\varepsilon = \frac{E}{V_0} \qquad \gamma = \frac{\sqrt{2mV_0 d^2}}{\hbar} \tag{5.130}$$

を導入した。ε は，粒子のエネルギーと障壁ポテンシャルの高さとの比，γ は箱形障壁ポテンシャルを特徴付けるパラメータである。

(2)$E > V_0$ のとき

領域 I では，$V(x) = 0$ なので，前の場合と同様に解は自由粒子の波動関数

$$u_{\mathrm{I}}(x) = Ae^{ikx} + Be^{-ikx}, \quad k = \frac{\sqrt{2mE}}{\hbar} \quad (A,\ B\ \text{は定数}) \tag{5.131}$$

で表される。

領域 II では，$E < V_0$ のときと異なり，粒子のエネルギーとポテンシャル障壁のエネルギーの大小関係が逆転していることに注意すると，解は

$$u_{\mathrm{II}}(x) = Fe^{ik'x} + Ge^{-ik'x}, \quad k' = \frac{\sqrt{2m(E - V_0)}}{\hbar} \quad (F,\ G\ \text{は定数}) \tag{5.132}$$

で表される。

領域 III では

$$u_{\mathrm{III}}(x) = Ce^{ikx} \quad k = \frac{\sqrt{2mE}}{\hbar} \quad (C\ \text{は定数}) \tag{5.133}$$

と表せる。$E < V_0$ の場合と同様に，$x = 0$，$x = d$ において波動関数，およびその導関数が連続であることより，以下のように反射率 R，透過率 T を求めることができる。この計算はぜひ確認して欲しい。

$$R = \left\{1 + \frac{4E(E - V_0)}{V_0^2 \sin^2(k'd)}\right\}^{-1} = \left\{1 + \frac{4\varepsilon(\varepsilon - 1)}{\sin^2[\gamma\sqrt{\varepsilon - 1}]}\right\}^{-1} \tag{5.134}$$

$$T = \left\{1 + \frac{V_0^2 \sin^2(k'd)}{4E(E - V_0)}\right\}^{-1} = \left\{1 + \frac{\sin^2[\gamma\sqrt{\varepsilon - 1}]}{4\varepsilon(\varepsilon - 1)}\right\}^{-1} \tag{5.135}$$

(3) $E = V_0$ のときは簡単に計算ができるので，計算過程は省略するが，$R = (1 + 4/\gamma^2)^{-1}$，$T = (1 + \gamma^2/4)^{-1}$ となり，$E > V_0$，$E < V_0$ における結果で $E \to V_0$ の極限値に一致している。これも自ら計算して確認して欲しい.

反射率と透過率の和は，E と V_0 の大小関係によらず

$$R + T = 1 \tag{5.136}$$

になっていることは容易に確認できるであろう。無次元化された粒子のエネルギー ε に対する，透過率 T のグラフを**図 5.10** に表す。

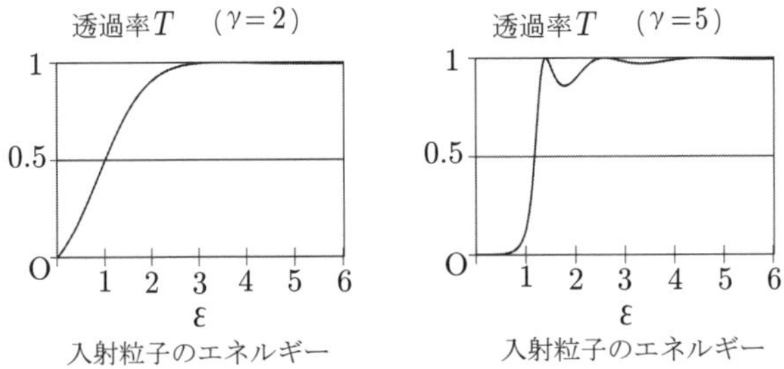

図 5.10　$\gamma = 2$, $\gamma = 5$ のときの入射粒子のエネルギー ε と透過率 T のグラフ

粒子の透過率 T についてを吟味してみよう。まず，$0 \leqq E < V_0$ $(0 \leqq \varepsilon < 1)$ のときを考えよう。古典力学では起こりえないことであるが，驚くべき事に粒子はポテンシャル障壁を，ある確率で透過することができる。これを**トンネル効果**と呼ぶ。透過率 T は，γ が小さくなるほど，つまり，ポテンシャルの障壁のエネルギー V_0 や，障壁の幅 d が小さいほど，大きな値となる。

つぎに，$E > V_0$ $(\varepsilon > 1)$ の場合を考えよう。古典力学的に考えれば，粒子は確実に障壁ポテンシャルを通過できるはずなのであるが，量子力学的な計算によれば，粒子はある確率で障壁ポテンシャルに反射されることがわかる。また，透過率 T は粒子のエネルギーの単調増加関数にはなっておらず，振動しながら増加し，$\varepsilon \to \infty$ で $T \to 1$ となり，完全透過に近づく。この振動は γ の値が大きいときに顕著に現れる。よく見ると，ε が有限値でも $T = 1$ となる場合がある。それは式 (5.135) 中の sin 関数の位相が $n\pi$(n は整数) のときに起こり

$$E - V_0 = \frac{\pi^2 \hbar^2 n^2}{2md^2} \tag{5.137}$$

が成り立つときが対応する。$E-V_0$ はポテンシャル障壁内の粒子の運動エネルギーであり，運動量 p と $E-V_0=p^2/2m$ の関係がある。ポテンシャル障壁中の粒子の波長 λ は，ド・ブロイの関係式 $p=h/\lambda$ より

$$\lambda=\sqrt{\frac{2\pi^2\hbar^2}{m(E-V_0)}} \tag{5.138}$$

である。$E-V_0$ に式 (5.137) を代入すれば，非常に簡単な関係式

$$\lambda=\frac{2d}{n} \tag{5.139}$$

が得られる。この式は，厚さ d の薄膜の面に，薄膜中での波長が λ になるような光を垂直に当てたときの，反射波を弱める条件と同じものであることに気がつく。章末問題【4】(2) にあるように，ポテンシャルエネルギーが低いところから高いところに向かって進む波は，その境界面で生じる反射波は入射波と逆位相となり，ポテンシャルエネルギーの高いところから低いところに向かって進む波は，その境界面で生じる反射波は入射波と同位相となる。位置 $x=0$, $x=d$ で生じる 2 つの反射波が打ち消し合う条件は，2 つの波の進行する距離の差 $2d$ が波長の整数倍 $2d=n\lambda$ なので，式 (5.139) が成り立つのである。

章末問題

【1】 出力 1.0 mW，波長 620 nm の赤色のレーザーポインターから出てくる光子の数は，毎秒何個か。

【2】 波長 λ の光子が，静止している質量 m_e の電子に弾性衝突する場合を考える。衝突後，光子は入射方向とは逆向きに跳ね返り，波長が伸びて，λ' となった。これはコンプトン効果の特別な場合である。運動量保存の法則，およびエネルギー保存の法則を用いて，波長の変化 $\Delta\lambda$ が

$$\Delta\lambda=\lambda'-\lambda=\frac{2h}{m_ec}$$

となることを示せ。ただし，非相対論的な計算でよいものとし，$\Delta\lambda$ は λ, λ' に比べて十分小さいことを用いて近似せよ（相対論によれば，この式は厳密な

式である)。

【3】 1次元系において，ポテンシャル

$$V(x) = \begin{cases} 0 & \left(-\dfrac{a}{2} \leqq x \leqq \dfrac{a}{2}\right) \\ V_0\ (>0) & \left(x < -\dfrac{a}{2}, \dfrac{a}{2} < x\right) \end{cases}$$

中の質量 m の粒子を考える。粒子のエネルギー E が $E < V_0$ となる束縛状態を考え，時間に依存しないシュレディンガー方程式をつくり，束縛状態の数を，以下の手順で調べよ（無限大箱形ポテンシャルの場合は，束縛状態は無限個あった)。

ポテンシャルエネルギー $V(x)$ は偶関数だから，固有関数 $u(x)$ は偶関数，または奇関数のいずれかである。

(1) $u(x)$ が偶関数であるとする。$x = a/2$ において，波動関数の値，および1階導関数が連続である条件より

$$\xi \tan \xi = \eta$$

が成り立つことを示せ。ただし

$$\xi = \sqrt{\frac{mE}{2\hbar^2}}a \qquad \eta = \sqrt{\frac{m(V_0 - E)}{2\hbar^2}}a$$

とした。

(2) $u(x)$ が奇関数であるとする。$x = a/2$ において，波動関数の値，および1階導関数が連続である条件より

$$\xi \cot \xi = -\eta$$

が成り立つことを示せ。

(3) ここで，ξ，η が

$$\xi^2 + \eta^2 = \frac{mV_0 a^2}{2\hbar^2} \equiv \gamma$$

を満たすことに注目する。γ を粒子の閉じ込めポテンシャルを特徴付ける無次元パラメータとして，上の式で定義する。ξ−η 平面上で $\eta = \xi \tan \xi$, $\eta = -\xi \cot \xi$ のグラフを書き，そして ξ と η の値が原点を中心とした半径 $\sqrt{\gamma}$ の円上にあることを利用して，γ の大きさと束縛状態の数の関係を調べよ。

【4】 ポテンシャルエネルギー $V(x)$ が

$$V(x) = \begin{cases} 0 & x \leqq 0 \\ V_0 & 0 < x \end{cases}$$

で表される1次元系で，エネルギー E をもった質量 m の粒子が $x < 0$ の領域から x 軸の正の向きに進むときに，$x = 0$ の点で物質波は散乱される。

(1) $x = 0$ での反射率を求めよ。

(2) $E > V_0$ の場合を考える。粒子が $x = 0$ の点で散乱されるときに生じる反射波の位相は，$V_0 > 0$ の場合は逆位相，$V_0 < 0$ の場合は同位相となることを確かめよ。

引用・参考文献

1 章

1）佐武一郎：線型代数学，裳華房（1974）

2）津島行男：線形代数要論，学術図書出版（1993）

3）三宅敏恒：入門線形代数，培風館（1993）

4）吉野雄二：基礎課程 線形代数，サイエンス社（2000）

2 章

5）高木貞治：解析概論，岩波書店（1967）

6）田島一郎：解析入門，岩波書店（1997）

7）古屋　茂：微分方程式入門，サイエンス社（1983）

3 章

8）スメール, ハーシュ（田村一郎　他訳）：力学系入門，岩波書店（1987）

9）大貫義郎, 吉田春夫：岩波講座 現在の物理学 1 力学，岩波書店（1994）

10）丹羽敏雄：微分方程式と力学系の理論入門，遊星社（1988）

11）山内恭彦, 杉浦光夫：新数学シリーズ 18 連続群論入門，培風館（1994）

12）伏見康治：現代物理学を学ぶための古典力学，岩波書店（1968）

13）池田峰夫：現代応用数学講座 11 現代ベクトル解析とその応用，コロナ社（1975）

4 章

14）ファインマン, レイトン, サンズ：ファインマン物理学 III　電磁気学（宮島龍興 訳），岩波書店（1969）

15）パーセル：バークレー物理学コース 2　電磁気学 (上, 下)（飯田修一監　訳），丸善（1970）

16）砂川重信：電磁気学（物理テキストシリーズ 4），岩波書店（1977）

17）ランダウ, リフシッツ：場の古典論（=電気力学，特殊および一般相対性理論=）（恒藤敏彦, 広重徹　訳），岩波書店（1964）

18）パノフスキー, フィリップス：新版電磁気学 (上, 下)（林忠四郎, 西田稔　訳），吉岡書店（1967）

5 章

19）原島鮮：初等量子力学（改訂版），裳華房（1986）

20)　小出昭一郎：量子力学 (I)（改訂版），裳華房（1990）
21)　加藤正昭：量子力学（物理学の廻廊），産業図書（1981）
22)　メシア：量子力学 1（小出昭一郎，田村二郎　訳），東京図書（1971）
23)　吉岡甲子郎：化学通論，裳華房（1980）
24)　栗原進：シリーズ物性物理学の新展開　トンネル効果，丸善（1994）

各章共通の引用・参考文献として以下の教科書をあげておく．

25)　有末宏明, 片山登揚, 松野高典, 稗田吉成：わかりやすい応用数学，コロナ社 (2010)

各章の問の解答

1章

問 1.1　(1) $\begin{pmatrix} 6 & 0 & 2 \\ 2 & 4 & 3 \\ 0 & 4 & 8 \end{pmatrix}$　(2) $\begin{pmatrix} 1 & 0 \\ 2 & 3 \end{pmatrix}$

問 1.2　$A = (a_{ij}), B = (b_{ij}), C = (c_{ij})$ とする。(1) 両辺の (i, j) 成分がともに $(a_{ji} + b_{ji})$ である。(2) 両辺の (i, j) 成分がともに $\sum_{k=1}^{n} a_{jk}c_{ki}$ である。

問 1.3　(1) $|AB| = |A|\,|B| \neq 0$ であるから AB も正則である。$(AB)(B^{-1}A^{-1}) = A(BB^{-1})A^{-1} = AA^{-1} = E_n \left(= (B^{-1}A^{-1})(AB)\right)$ より $(AB)^{-1} = B^{-1}A^{-1}$。
(2) $|{}^TA| = |A| \neq 0$ より ${}^TA$ も正則である。$AA^{-1} = A^{-1}A = E_n$ の転置行列をとれば問 1.2 (2) からいえる。

問 1.4　(1) $0\boldsymbol{v} = (0+0)\boldsymbol{v} = 0\boldsymbol{v} + 0\boldsymbol{v}$ よりいえる。(2) $k\boldsymbol{0} = k(\boldsymbol{0} + \boldsymbol{0}) = k\boldsymbol{0} + k\boldsymbol{0}$ よりいえる。(3) (1) から $\boldsymbol{0} = 0\boldsymbol{v} = \{1 + (-1)\}\boldsymbol{v} = \boldsymbol{v} + (-1)\boldsymbol{v}$ よりいえる。

問 1.5　(1),(2) 定理 1.4 を利用する。まずそれぞれの部分集合に $\boldsymbol{0}$ が属すこと（空集合でないこと）を確認せよ。

問 1.6　線形関係式をつくり，各ベクトル $\boldsymbol{v}_i$ に対してまとめ，$\{\boldsymbol{v}_i\}_i$ の線形独立性を使えばいえる。

問 1.7　(1) $f(\boldsymbol{0}_U) = f(\boldsymbol{0}_U + \boldsymbol{0}_U) = f(\boldsymbol{0}_U) + f(\boldsymbol{0}_U)$ より $f(\boldsymbol{0}_U) = \boldsymbol{0}_V$
(2) 定理 1.4 を利用する。(1) から $\boldsymbol{0}_U \in \operatorname{Ker} f$ である。

問 1.8　(1) x 軸に関する対称変換。(2) y 軸に関する対称変換。(3) 原点に関する（点）対称変換。(4) 直線 $y = x$ に関する対称変換。

問 1.9　標準基底から基底 $\mathcal{B}$ への基底の変換行列を P とすると，$P = (\boldsymbol{v}_1\ \boldsymbol{v}_2)$ であり，定理 1.12 より $B = P^{-1}AP = \begin{pmatrix} 1 & 0 \\ 0 & 2 \end{pmatrix}$

問 1.10　(1)$(x, y, z, w) = (s + 2t, s + t, -s, -t)$ (s, t は任意) (2) 解なし。

問 1.11　(1) $(\boldsymbol{v}, \boldsymbol{0}) = (\boldsymbol{v}, \boldsymbol{0} + \boldsymbol{0}) = (\boldsymbol{v}, \boldsymbol{0}) + (\boldsymbol{v}, \boldsymbol{0})$ より $(\boldsymbol{v}, \boldsymbol{0}) = 0$
(2) $\|\boldsymbol{u} + \boldsymbol{v}\|^2 = \|\boldsymbol{u}\|^2 + 2(\boldsymbol{u}, \boldsymbol{v}) + \|\boldsymbol{v}\|^2$ よりいえる。

問 1.12　(1) $\varphi_B(x) = |xE_n - B| = |xE_n - P^{-1}AP| = |P^{-1}(xE_n - A)P|$
$= |P^{-1}|\,\varphi_A(x)\,|P| = |P|^{-1}\,|P|\varphi_A(x) = \varphi_A(x)$

(2) 定理 1.12 から A と B は同じ線形変換の違う基底（それぞれ $\mathcal{A}, \mathcal{B}$ とする）による表現行列と考えられ，$\mathcal{A}$ から $\mathcal{B}$ への基底の変換行列が P である。ここで，式 (1.16) にも注意すると

$\boldsymbol{v}$ が B の固有値 λ に対する固有ベクトルである。

$\Leftrightarrow B\boldsymbol{v}_{\mathcal{B}} = P^{-1}AP\boldsymbol{v}_{\mathcal{B}} = \lambda\boldsymbol{v}_{\mathcal{B}} \Leftrightarrow A(P\boldsymbol{v}_{\mathcal{B}}) = \lambda(P\boldsymbol{v}_{\mathcal{B}})$

$\Leftrightarrow P\boldsymbol{v}_{\mathcal{B}} = \boldsymbol{v}_{\mathcal{A}}$ が A の固有値 λ に対する固有ベクトルである。

$\Leftrightarrow \boldsymbol{v}$ が A の固有値 λ に対する固有ベクトルである。

問 1.13　双曲線。

問 1.14　$p_A(x) = (x-1)(x-2)$

問 1.15　(1) $\begin{pmatrix} 1 & 1 \\ 0 & 1 \end{pmatrix}$　(2) $\begin{pmatrix} 1 & 0 & 0 \\ 0 & 2 & 1 \\ 0 & 0 & 2 \end{pmatrix}$

2 章

問 2.1　(1) $y = Ae^{\frac{x^3}{3}}$　(A は任意定数)

(2) $y = \dfrac{2}{C - x^2}$　(ただし, C は任意定数)

(3) $y = Ae^{\sin x}$　(ただし, A は任意定数)

問 2.2　(1) $y = x - 1 + Ce^{-x}$　(ただし, C は任意定数)

(2) $y = (x + C)e^{\sin x}$　(ただし, C は任意定数)

(3) $y = Ce^{\sin x} - 1$　(ただし, C は任意定数)

問 2.3　任意の x に対して, $|x| \leqq N$ を満たす自然数 N がとれる。$n > 2N$ を満たす自然数 n をとり，$n \to \infty$ のときの極限を考えると

$$\frac{|x|^n}{n!} \leqq \frac{N\cdots N}{1\cdots N}\frac{N\cdots N}{(N+1)\cdots(2N-1)}\frac{N\cdots N}{(2N)\cdots n} \leqq \frac{N^{N-1}}{2^{n-2N+1}} \to 0$$

が成り立つ。

問 2.4　$|F(x, y_n(x)) - F(x, y(x))| \leqq L|y_n(x) - y(x)| \leqq LM_n \to 0 \quad (n \to \infty)$

問 2.5　(1) $W(y_1, y_2) = e^{5x}$

(2) $W(y_1, y_2) = 1$

(3) $W(y_1, y_2) = e^{4x}$

問 2.6　(1) $y(x) = Ae^{x} + Be^{-5x}$　(ただし, A, B は任意定数)

(2) $y(x) = e^{-2x}(A\cos x + B\sin x)$　(ただし, A, B は任意定数)

(3) $y(x) = Ae^{-2x} + Bxe^{-2x}$　(ただし, A, B は任意定数)

問 2.7　(1) $y_1(x) = \cos x, \quad y_2(x) = \sin x$

(2) $y_1(x) = e^{2x}, \quad y_2(x) = xe^{2x}$

問 2.8　(1) $y = -x + Ae^{x} + Be^{-x}$　(ただし, A, B は任意定数)

(2) $y = \log|\cos x|\,\cos x + x\sin x + A\cos x + B\sin x$　(ただし, A, B は任意

定数)

問 2.9　(1) $P_0(x)=1,\ P_2(x)=\dfrac{3}{2}x^2-\dfrac{1}{2},\ P_4(x)=\dfrac{35}{8}x^4-\dfrac{15}{4}x^2+\dfrac{3}{8}$

(2) $P_1(x)=x,\ P_3(x)=\dfrac{5}{2}x^3-\dfrac{3}{2}x,\ P_5(x)=\dfrac{63}{8}x^5-\dfrac{35}{4}x^3+\dfrac{15}{8}x$

3 章

問 3.1　(1) $x_1=x, x_2=\dot{x}, x_3=\ddot{x}$ とおくとき，つぎのようになる。

$$\begin{pmatrix}\dfrac{dx_1}{dt}\\ \dfrac{dx_2}{dt}\\ \dfrac{dx_3}{dt}\end{pmatrix}=\begin{pmatrix}0 & 1 & 0\\ 0 & 0 & 1\\ -5 & 1 & -6\end{pmatrix}\begin{pmatrix}x_1\\ x_2\\ x_3\end{pmatrix}+\begin{pmatrix}0\\ 0\\ 3\sin(2t)\end{pmatrix}$$

(2) $x_1=x, x_2=\dot{x}$ とおくとき，つぎのようになる。

$$\begin{pmatrix}\dfrac{dx_1}{dt}\\ \dfrac{dx_2}{dt}\end{pmatrix}=\begin{pmatrix}0 & 1\\ 3 & 0\end{pmatrix}\begin{pmatrix}x_1\\ x_2\end{pmatrix}+\begin{pmatrix}0\\ 4e^{-2t}\end{pmatrix}$$

問 3.2　(1)

$$e^{At}=\begin{pmatrix}\cos(t) & -\sin(t)\\ \sin(t) & \cos(t)\end{pmatrix}$$

(2)

$$e^{At}=\begin{pmatrix}e^t & 2e^t-2\\ 0 & 1\end{pmatrix}$$

問 3.3　固有値は，i と $-i$ と複素数となるが実数の場合と同様に計算すればよいので，固有ベクトルはそれぞれ ${}^T(i,1)$ と ${}^T(i,-1)$ ととれる。A を対角化する正則行列は $P=\begin{pmatrix}i & i\\ 1 & -1\end{pmatrix}$ となり，逆行列は，$P^{-1}=\dfrac{1}{2}\begin{pmatrix}-i & 1\\ -i & -1\end{pmatrix}$ となる。したがって，オイラーの公式 $e^{it}=\cos(t)+i\sin(t)$ を用いてつぎのようになる。

$$e^{At}=P\begin{pmatrix}e^{it} & 0\\ 0 & e^{-it}\end{pmatrix}P^{-1}=\begin{pmatrix}\cos(t) & -\sin(t)\\ \sin(t) & \cos(t)\end{pmatrix}$$

問 3.4　$\boldsymbol{y}$ についての方程式は

$$\frac{d\boldsymbol{y}}{dt}=P^{-1}AP\boldsymbol{y}+P^{-1}\boldsymbol{b}$$

であり，解は $\boldsymbol{b}$ を定数列ベクトルとしてつぎのようになる。

$$\boldsymbol{y}=-P^{-1}A^{-1}\boldsymbol{b}+e^{Dt}\boldsymbol{c}$$

ただし，$D=P^{-1}AP$ で $\boldsymbol{c}$ は定数列ベクトルである。

問 3.5　剛体の自由度は 6，球面上の質点の自由度は 2。

問 3.6　$y(0)$ が十分小さければ，$x'(t) > 0$ であり $x(t)$ は増加する。このとき，$x(t)$ の値が大きくなれば，$y'(t) < 0$ となり $y(t)$ は減少する。$y(t)$ が十分小さくなれば，$t = 0$ の初期の状態に戻り，以降は同じような変化を繰り返す。ただし，$x'(t) = 0$ や $y'(t) = 0$ の状態，すなわち $x = -d/e$（> 0）や $y = -a/c$（> 0）には陥らないとしている。

問 3.7　$\dfrac{d\boldsymbol{J}}{dt} = \dfrac{d\boldsymbol{r}}{dt} \times \dfrac{d\boldsymbol{r}}{dt} + \boldsymbol{r} \times \dfrac{d^2\boldsymbol{r}}{dt^2}$ に，運動方程式 $\dfrac{d^2\boldsymbol{r}}{dt^2} = -\dfrac{k}{r^3}\boldsymbol{r}$ を代入すれば，$\dfrac{d\boldsymbol{J}}{dt} = 0$ が成立する。同様に，$\dfrac{d\boldsymbol{R}}{dt} = \dfrac{d^2\boldsymbol{r}}{dt^2} \times \boldsymbol{J} + \dfrac{k}{r^2}\dfrac{dr}{dt}\boldsymbol{r} - \dfrac{k}{r}\dfrac{d\boldsymbol{r}}{dt}$ であるが，$\dfrac{d^2\boldsymbol{r}}{dt^2} \times \boldsymbol{J} = -\dfrac{k}{r^3}\boldsymbol{r} \times (\boldsymbol{r} \times \dfrac{d\boldsymbol{r}}{dt}) = -\dfrac{k}{r^3}\left(\boldsymbol{r} \cdot \dfrac{d\boldsymbol{r}}{dt}\right)\boldsymbol{r} + \dfrac{k}{r}\dfrac{d\boldsymbol{r}}{dt}$ であり，しかも $(\boldsymbol{r} \cdot \boldsymbol{r}) = r^2$ を t で微分して $\left(\boldsymbol{r} \cdot \dfrac{d\boldsymbol{r}}{dt}\right) = r\dfrac{dr}{dt}$ が成立する。したがって，$\dfrac{d^2\boldsymbol{r}}{dt^2} \times \boldsymbol{J} = -\dfrac{k}{r^2}\dfrac{dr}{dt}\boldsymbol{r} + \dfrac{k}{r}\dfrac{d\boldsymbol{r}}{dt}$ となるので，$\dfrac{d\boldsymbol{R}}{dt} = 0$ が成立する。

問 3.8　$\boldsymbol{J}$ は $\dfrac{d\boldsymbol{r}}{dt}$ と直交し，$|\boldsymbol{J}|^2 = r^2\left|\dfrac{d\boldsymbol{r}}{dt}\right|^2 - \left(\boldsymbol{r} \cdot \dfrac{d\boldsymbol{r}}{dt}\right)^2$ および $2E = \left|\dfrac{d\boldsymbol{r}}{dt}\right|^2 - \dfrac{2k}{r}$ を用いると，$R^2 = \left|\dfrac{d\boldsymbol{r}}{dt} \times \boldsymbol{J}\right|^2 - \dfrac{2k}{r}\left(\dfrac{d\boldsymbol{r}}{dt} \times \boldsymbol{J}\right) \cdot \boldsymbol{r} + k^2$ より $R^2 = \left|\dfrac{d\boldsymbol{r}}{dt}\right|^2 |\boldsymbol{J}|^2 - \dfrac{2k}{r}\left(r^2\left|\dfrac{d\boldsymbol{r}}{dt}\right|^2 - \left(\dfrac{d\boldsymbol{r}}{dt} \cdot \boldsymbol{r}\right)^2\right) + k^2 = 2E\,|\boldsymbol{J}|^2 + k^2$ が成立する。

問 3.9　ポテンシャル関数を $U(x, y, z)$ とおく。$\dfrac{\partial U}{\partial x} = \dfrac{kx}{r^3}$ である。y, z についても同様。ところで，$\dfrac{\partial r}{dx} = \dfrac{x}{r}$ かつ $\dfrac{\partial}{\partial r}\left(\dfrac{1}{r}\right) = -\dfrac{1}{r^2}$ だから $U(x, y, z) = -\dfrac{k}{r}$ となる。

問 3.10　$E < 2\sqrt{ak}$ のとき運動の可動領域なし。$2\sqrt{ak} \leqq E$ のとき，運動の可動領域は $\dfrac{E - \sqrt{E^2 - 4ak}}{2a} \leqq x \leqq \dfrac{E + \sqrt{E^2 - 4ak}}{2a}$ である。

問 3.11　(1) 固有方程式は $|\lambda E_2 - A| = \lambda^2 - 2\lambda + 5 = 0$ より，固有値は，$\lambda = 1 \pm 2i$ となる。したがって

$$P^{-1}AP = \begin{pmatrix} 1 & -2 \\ 2 & 1 \end{pmatrix}$$

となる。行列 P は，例えば $P = \begin{pmatrix} 0 & 1/2 \\ 1 & 0 \end{pmatrix}$ ととれる。

(2) 固有方程式は $|\lambda E_2 - A| = (1-\lambda)(3-\lambda) = 0$ より，固有値は，$\lambda = 1, 3$ となる。したがって

$$P^{-1}AP = \begin{pmatrix} 1 & 0 \\ 0 & 3 \end{pmatrix}$$

となる。行列 P は，例えば $P = \begin{pmatrix} 1 & 1 \\ 0 & 1 \end{pmatrix}$ ととれる。

(3) 固有方程式は $|\lambda E_2 - A| = (\lambda - 2)^2 = 0$ より，固有値は，$\lambda = 2$ の重解となる。このとき，$\lambda = 2$ に対する固有ベクトルで 1 次独立なものは，1 個しかない。つまり，固有空間の次元は 1 次元である。したがって

$$P^{-1}AP = \begin{pmatrix} 2 & 1 \\ 0 & 2 \end{pmatrix}$$

となる。行列 P は，例えば $P = \begin{pmatrix} 0 & 1/5 \\ 1 & 1 \end{pmatrix}$ ととれる。

問 3.12　位置エネルギー U の定数部分は除いて，$T = \frac{1}{2}m_1 l^2 \dot{\theta_1}^2 + \frac{1}{2}m_2 l^2(\dot{\theta_1} + \dot{\theta_2})^2$ と $U = \frac{1}{2}m_1 g l \theta_1{}^2 + \frac{1}{2}m_2 g l(\theta_1{}^2 + \theta_2{}^2)$ となるので，運動方程式は

$$(m_1 + m_2)l^2\ddot{\theta_1} + m_2 l^2 \ddot{\theta_2} = -(m_1 + m_2)gl\theta_1$$

$$m_2 l^2(\ddot{\theta_1} + \ddot{\theta_2}) = -m_2 g l \theta_2$$

となる。

問 3.13　$\dot{x} = \dot{r}\cos(\theta) - r\sin(\theta)\dot{\theta}, \dot{y} = \dot{r}\sin(\theta) + r\cos(\theta)\dot{\theta}$ を用いると $m(x\dot{y} - y\dot{x}) = mr^2\dot{\theta}$ が成立することが示される。

問 3.14　直接ポアソン括弧を計算すれば $j = 1, 2, 3, 4$ について $\{G_j, H\} = 0$ が成立することが確認される。また，$\{G_i, G_j\}$ で 0 でないもののみを記すと
$\{G_1, G_3\} = -\{G_3, G_1\} = -\frac{2k}{m}G_4$，$\{G_1, G_4\} = -\{G_4, G_1\} = 2G_3$，
$\{G_2, G_3\} = -\{G_3, G_2\} = \frac{2k}{m}G_4$，$\{G_2, G_4\} = -\{G_4, G_2\} = -2G_3$，
$\{G_3, G_4\} = -\{G_4, G_3\} = G_2 - G_1$ である。

問 3.15　正準方程式は $\dot{p} = -p - q$，$\dot{q} = p + q$ だから，連立微分方程式を解くと $q = \alpha t + \beta$，$p = -\alpha t - \beta + \alpha$ となる。ここで，定数 α, β と定数 C_0, C_1 の関係は $\alpha = \sqrt{2}C_0$，$\beta = (C_0 - C_1)/\sqrt{2}$ である。

4 章

問 4.1　$\mathrm{grad}\,\phi = \dfrac{df}{dr}\dfrac{(x,\,y,\,z)}{r} = \dfrac{df}{dr}\dfrac{\boldsymbol{r}}{r} = \dfrac{df}{dr}\boldsymbol{e}_r$ である。ただし $\boldsymbol{r} = (x,\,y,\,z)$ は位置ベクトルで，$\boldsymbol{e}_r = \dfrac{\boldsymbol{r}}{r}$ は動径方向の単位ベクトルとした。

問 4.2　図，略。$\displaystyle\int_S \boldsymbol{A}\cdot\boldsymbol{n}\,dS = cR\cdot 4\pi R^2$，$\displaystyle\int_V \mathrm{div}\,\boldsymbol{A}\,dV = 3c\cdot\frac{4\pi R^3}{3}$

問 4.3　図，略。長方形の頂点を (x_0, y_0, z_0)，$(x_0 + a, y_0, z_0)$，$(x_0 + a, y_0 + b, z_0)$，$(x_0, y_0 + b, z_0)$ として以下のとおりとなる。

$$\int_C \boldsymbol{A}\cdot d\boldsymbol{r} = c(x_0 + a)\cdot b - cx_0\cdot b = cab, \qquad \int_S \mathrm{rot}\,\boldsymbol{A}\cdot\boldsymbol{n}\;dS = c\cdot ab$$

問 4.4　電場は円盤に垂直で円盤から遠ざかる方向を向いている。
強さは $|\boldsymbol{E}| = \dfrac{\sigma}{2\varepsilon_0}\left(1 - \dfrac{z}{\sqrt{a^2 + z^2}}\right)$ である。

問 4.5　$|\boldsymbol{E}| = \dfrac{\sigma}{2\varepsilon_0}$ (注：この答えは，問 4.4 で $a \to \infty$ または $z \to 0$ の極限をとったものと一致している。)

問 4.6　$\boldsymbol{E} = \dfrac{Q}{4\pi\varepsilon_0}\left(\dfrac{x}{r^3},\ \dfrac{y}{r^3},\ \dfrac{z}{r^3}\right)$

問 4.7　導体表面に平行に導体表面を内側と外側から挟んで向かい合う面積 ΔS の 2 つの微小平面で挟まれた領域 V をとる。2 平面間の距離は十分に小さいとする。閉曲面 S は領域 V の境界にとる。導体の内側では $\boldsymbol{E} = \boldsymbol{0}$ なので，ガウスの法則 (4.31) の両辺は $|\boldsymbol{E}|\,\Delta S = \dfrac{\sigma\,\Delta S}{\varepsilon_0}$ となる。

問 4.8　誘電体内外の電場 $\boldsymbol{E}$ は，誘電分極によりつくられる電場を $\boldsymbol{E}_P$ とすると，$\boldsymbol{E} = \boldsymbol{E}_0 + \boldsymbol{E}_P$ である。

誘電体の内部： 分極ベクトル $\boldsymbol{P} = \rho_+\boldsymbol{d}$ は $\boldsymbol{P} = \chi\boldsymbol{E}$ を満たす。この $\boldsymbol{P}$ は誘電体内の場所によらず一定であるとする。$\boldsymbol{E}_P$ は $\boldsymbol{d}$ だけ位置のずれた半径 a の正電荷球 (電荷密度は一様で ρ_+) と負電荷球 (電荷密度 $-\rho_+$) がつくる電場に一致し，例題 4.6 より $\boldsymbol{E}_P = -\dfrac{\rho_+}{3\varepsilon_0}\boldsymbol{d} = -\dfrac{\boldsymbol{P}}{3\varepsilon_0}$ である。したがって $\boldsymbol{E} = \boldsymbol{E}_0 + \boldsymbol{E}_P = \boldsymbol{E}_0 - \dfrac{\chi}{3\varepsilon_0}\boldsymbol{E}$ となり，これを解いて，$\boldsymbol{E} = \dfrac{1}{1 + \dfrac{\chi}{3\varepsilon_0}}\boldsymbol{E}_0$ を得る。また $\boldsymbol{P} = \chi\boldsymbol{E} = \dfrac{\chi}{1 + \dfrac{\chi}{3\varepsilon_0}}\boldsymbol{E}_0$ である。球形誘電体の表面での分極電荷密度は $\sigma_P = \boldsymbol{P}\cdot\boldsymbol{n} = |\boldsymbol{P}|\cos\theta$ である。ここで，θ は表面での単位法線ベクトル $\boldsymbol{n}$ と $\boldsymbol{E}_0$ のなす角である。

誘電体の外部：$\boldsymbol{E}_P$ は球の中心に置かれた大きさ $p = \dfrac{4\pi a^3\rho_+}{3}|\boldsymbol{d}| = \dfrac{4\pi a^3}{3}|\boldsymbol{P}| = \dfrac{1}{1 + \dfrac{\chi}{3\varepsilon_0}}\dfrac{4\pi a^3}{3}|\boldsymbol{E}_0|$ の電気双極子モーメントがつくる電場に等しい。$|\boldsymbol{d}|$ はせいぜい原子サイズなので ($|\boldsymbol{d}| \ll a$)，誘電体の外部では例題 4.5 を適用でき，

$\boldsymbol{E}_P$ は式 (4.50) で電気双極子モーメント p として上式を代入したもので与えられる。

問 4.9　C を境界とする 2 つの曲面 S_1 と S_2 を考えると，$\mathrm{div}\,\boldsymbol{i}=0$ なら以下を得る。

$$\int_{S_1}\boldsymbol{i}\cdot\boldsymbol{n}dS-\int_{S_2}\boldsymbol{i}\cdot\boldsymbol{n}dS=\int_{S_1+(-S_2)}\boldsymbol{i}\cdot\boldsymbol{n}dS=\int_{V_{12}}\mathrm{div}\,\boldsymbol{i}\,dV=0$$

ここで，$-S_2$ は S_2 の表と裏を取り替えたもので，$S_1+(-S_2)$ は 2 つの曲面を合わせて閉曲面になっているので，2 つ目の等号でガウスの法則を用いた。

問 4.10　省略。

問 4.11　このソレノイドコイルを半径 a の円電流が単位長さあたり n 本並んでいると考えれば，例題 4.7 の円電流がつくる磁場の結果の重ね合わせ (積分) として計算できる。点 P を原点にとる。z 座標が z と $z+dz$ とで挟まれた部分にある円電流が点 P につくる磁場は，例題 4.7 より，$\mathrm{d}B_z=\dfrac{\mu_0 Ia^2}{2(a^2+z^2)^{3/2}}ndz$ であるから，これを $z=z_1$ から $z=z_2$ まで積分して，$z=a\tan\theta$ により z での積分を θ での積分に置き換えると式 (4.68) を得る。ただし，$z_1=-a\tan\theta_1$，$z_2=a\tan\theta_2$ である。

問 4.12　閉曲線 C として，直線導線を中心とする半径 r の円をとればよい。

問 4.13　導線 1 の電流 I_1 が導線 2 の位置につくる磁場の方向は導線に垂直で強さは式 (4.67) より $B=\dfrac{\mu_0 I_1}{2\pi r}$ である。したがって，導線 2 の単位長さに含まれる自由電子の流れに働くローレンツ力は，導線 2 の単位長さに含まれる自由電子の個数を N，速さを v として $|\boldsymbol{F}|=evBN$ である。ところで $I_2=evN$ の関係があるので，$|\boldsymbol{F}|=I_2B=\dfrac{\mu_0 I_1 I_2}{2\pi r}$ である。力の方向は，電流 I_1 と I_2 が同方向のとき引力で，逆方向のとき斥力である。

問 4.14　電子の運動方程式の中心方向成分 $m\dfrac{v_0^2}{r}=ev_0B$ より，$r=\dfrac{mv_0}{eB}$ である。

問 4.15　ソレノイドコイルがつくる磁場については式 (4.76) を用いると，磁束 $\Phi=BSnl=\mu_0 In^2Sl$ で，誘導起電力は $|V|=\left|\dfrac{d\Phi}{dt}\right|=\mu_0n^2Sl\left|\dfrac{dI}{dt}\right|$ である。したがって $L=\mu_0n^2Sl$ である。

問 4.16　微分方程式は $L\dfrac{d^2Q}{dt^2}+\dfrac{Q}{C}=0$ である。その一般解は $Q=Q_0\cos(\omega t+\phi_0)$ で，角振動数 $\omega=\dfrac{1}{\sqrt{LC}}$ である。

問 4.17　式 (4.86) と式 (4.88) から ρ と $\boldsymbol{i}$ を電場と磁場で表し，式 (4.63) に代入すればよい。任意のベクトル場 $\boldsymbol{a}$ について $\mathrm{div}\,(\mathrm{rot}\,\boldsymbol{a})=\nabla\cdot(\nabla\times\boldsymbol{a})=0$ に留意する。

5 章

問 5.1　$4.0\times10^{-19}\,\mathrm{J}=2.5\,\mathrm{eV}$，$1.33\times10^{-27}\,\mathrm{kg\cdot m/s}$

問 5.2　$\dfrac{\hbar}{\sqrt{2meV}}$

問 5.3　$7.3 \times 10^{-10}\,\mathrm{m}$

問 5.4　$A = \sqrt{\dfrac{2}{a}}$，確率は 0.61

問 5.5　(1) $\dfrac{\hbar \boldsymbol{k}}{m}|A|^2$，(2) $\dfrac{\hbar \boldsymbol{k}}{im}(FG^* - F^*G)$

問 5.6　略。

問 5.7　固有値 E に属する 2 つの固有関数はそれぞれ

$$(\mathrm{a}) \cdots -\frac{\hbar^2}{2m}\frac{d^2u(x)}{dx^2} + V(x)u(x) = Eu(x)$$

$$(\mathrm{b}) \cdots -\frac{\hbar^2}{2m}\frac{d^2v(x)}{dx^2} + V(x)v(x) = Ev(x)$$

を満たすとする。(a) $\times v(x)$ − (b) $\times u(x)$ から

$$u(x)\frac{d^2v(x)}{dx^2} - v(x)\frac{d^2u(x)}{dx^2} = 0$$

これを x で部分積分すれば次式を得る。

$$(\mathrm{c}) \cdots u(x)\frac{dv(x)}{dx} - v(x)\frac{du(x)}{dx} = C$$

ここで C は x によらない定数である。$x \to \infty$ のとき，$u(x) \to 0$，$v(x) \to 0$ だから $C = 0$ である。上式 (c) の左辺はロンスキアンであり，$W(v(x), u(x)) = 0$ なので，$v(x)$ と $u(x)$ は 1 次従属である。したがって，1 次元束縛状態では，エネルギー固有値の縮退はない。

問 5.8　$1.8 \times 10^{-19}\,\mathrm{J} = 1.1\,\mathrm{eV}$

問 5.9　水素原子の質量を m，原子どうしを結ぶ「ばね」のばね定数を k とする。Cl 原子の運動は無視できるから，水素原子は角振動数 $\omega = \sqrt{k/m}$ の調和振動子である。調和振動子のエネルギーの間隔は $\hbar\omega$ であり，このエネルギーに相当する光子を吸収・放出している。光の振動数を λ とすれば，$\hbar\omega = hc/\lambda$。これより，$k = 4\pi^2 mc^2/\lambda^2$ となり，ここに数値を入れて計算すれば，$k = 4.95 \times 10^2\,\mathrm{N/m}$ である。

問 5.10　$(u_m, u_n) = \delta_{mn}$ に注意すれば，容易に示すことができるので略。

問 5.11　例題 5.2 を真似れば容易に証明できるので略。

章末問題の解答

1章

【1】 f が単射線形写像である。$\Leftrightarrow$ $f(\boldsymbol{u}'-\boldsymbol{u}'')=\boldsymbol{0}_U$ ならば $\boldsymbol{u}'-\boldsymbol{u}''=\boldsymbol{0}_U$ $\Leftrightarrow$ $f(\boldsymbol{u})=\boldsymbol{0}_U$ ならば $\boldsymbol{u}=\boldsymbol{0}_U$ $\Leftrightarrow$ $\boldsymbol{u}\in \mathrm{Ker}\, f$ ならば $\boldsymbol{u}=\boldsymbol{0}_U$ $\Leftrightarrow$ $\mathrm{Ker}\, f=\{\boldsymbol{0}_U\}$

【2】 $\boldsymbol{a}+\boldsymbol{b}$ は $\boldsymbol{a}=\overrightarrow{\mathrm{OA}}$ と $\boldsymbol{b}=\overrightarrow{\mathrm{OB}}$ の作る平行四辺形 OACB の対角線 $\overrightarrow{\mathrm{OC}}$ で与えられるが，f_θ は平行四辺形 OACB を合同な平行四辺形 OA$'$C$'$B$'$ に移動するから $f_\theta(\boldsymbol{a}+\boldsymbol{b})=\overrightarrow{\mathrm{OC}'}=\overrightarrow{\mathrm{OA}'}+\overrightarrow{\mathrm{OB}'}=f_\theta(\boldsymbol{a})+f_\theta(\boldsymbol{a})$ である（図 1.7）。なお f_θ はベクトルの大きさを変えないから $f_\theta(k\boldsymbol{a})=kf_\theta(\boldsymbol{a})$ である。

【3】 (1) 定理 1.4 を利用する。まず $\boldsymbol{0}\in W^\perp$ を確認せよ。

(2) 任意の $\boldsymbol{w}\in W\cap W^\perp$ に対して，$W^\perp$ の定義から $(\boldsymbol{w},\boldsymbol{w})=\|\boldsymbol{w}\|^2=0$ より $\boldsymbol{w}=\boldsymbol{0}$。つまり $W\cap W^\perp=\{\boldsymbol{0}\}$ である。そこで $V=W\oplus W^\perp$ を示すには，$V=W+W^\perp$ を示せばよい。ここで $\dim W=r$ とすると，定理 1.6 (3) と定理 1.20 から W の正規直交基底 $\mathcal{W}=\{\boldsymbol{w}_i\}_{i=1}^r$ をとることができる。このとき任意の $\boldsymbol{v}\in V$ に対して $\boldsymbol{v}|_W=\displaystyle\sum_{i=1}^r(\boldsymbol{v},\boldsymbol{w}_i)\,\boldsymbol{w}_i\in W$ とすると，$(\boldsymbol{v}-\boldsymbol{v}|_W,\boldsymbol{w}_j)=0$ である。ここで $\boldsymbol{v}\in W^\perp \Leftrightarrow \boldsymbol{v}\perp\boldsymbol{w}_j$ $(1\leqq j\leqq r)$ であるから $\boldsymbol{v}-\boldsymbol{v}|_W\in W^\perp$。つまり $\boldsymbol{v}\in W+W^\perp$ より $V=W+W^\perp$ である。

【4】 定義 1.8 の条件 (1) ～ (3) は定積分の性質より満たしている。(4) は $f(x)^2\geqq 0$ より $(f,f)=\displaystyle\int_0^1 f(x)^2\,dx\geqq 0$ である。ここで等号が成り立つのは $f=0$ のときに限る。

【5】 まず複素内積であるから任意の $\alpha\in\mathbb{C}$ に対して，$0\leqq\|\alpha\boldsymbol{u}+\boldsymbol{v}\|^2=|\alpha|^2\|\boldsymbol{u}\|^2+\overline{\alpha}\,(\boldsymbol{u},\boldsymbol{v})+\alpha\overline{(\boldsymbol{u},\boldsymbol{v})}+\|\boldsymbol{v}\|^2$ であることに注意する。

(1) $\|\boldsymbol{u}\|=0$，つまり $\boldsymbol{u}=\boldsymbol{0}$ のときは等号が成り立つので $\|\boldsymbol{u}\|\neq 0$ としてよい。このとき $\alpha=-\dfrac{(\boldsymbol{u},\boldsymbol{v})}{\|\boldsymbol{u}\|^2}$ とすると $|\,(\boldsymbol{u},\boldsymbol{v})\,|^2\leqq\|\boldsymbol{u}\|^2\,\|\boldsymbol{v}\|^2$ がいえる。

(2) $\alpha=1$ とする。$z\in\mathbb{C}$ に対して，その実部を $\mathrm{Re}[z]$ と表すことにすると，$\mathrm{Re}[z]=\dfrac{1}{2}\,(z+\overline{z})$ であるから $\|\boldsymbol{u}+\boldsymbol{v}\|^2=\|\boldsymbol{u}\|^2+2\mathrm{Re}\,[(\boldsymbol{u},\boldsymbol{v})]+\|\boldsymbol{v}\|^2$ と表せる。さらに $\mathrm{Re}[z]\leqq|z|$ より $\|\boldsymbol{u}+\boldsymbol{v}\|^2\leqq(\|\boldsymbol{u}\|+\|\boldsymbol{v}\|)^2$ がいえる。

【6】 $(A\boldsymbol{x},\boldsymbol{y})=(A\boldsymbol{x})^*\boldsymbol{y}=\boldsymbol{x}^*A^*\boldsymbol{y}=(\boldsymbol{x},A^*\boldsymbol{y})$

【7】 (1) $A=(a_{ij}), B=(b_{ij})$ とすると，$\mathrm{tr}(AB)=\sum_{i=1}^{n}\sum_{j=1}^{n}a_{ij}b_{ji}=\sum_{j=1}^{n}\sum_{i=1}^{n}a_{ij}b_{ji}$

$=\sum_{j=1}^{n}\sum_{i=1}^{n}b_{ji}a_{ij}=\mathrm{tr}(BA)$。

(2) (1) より $\mathrm{tr}(P^{-1}AP)=\mathrm{tr}\left((P^{-1}A)P\right)=\mathrm{tr}\left(P(P^{-1}A)\right)=\mathrm{tr}(A)$。

(3) A を三角化する正則行列を P とすると，$P^{-1}AP$ の対角成分には固有値が並ぶことから (2) よりいえる。

【8】 α,β,γ を相異なる複素数とするとき，つぎの 6 つの形がある。

(1) $\begin{pmatrix}\alpha&0&0\\0&\beta&0\\0&0&\gamma\end{pmatrix}$ (2) $\begin{pmatrix}\alpha&0&0\\0&\alpha&0\\0&0&\beta\end{pmatrix}$ (3) $\begin{pmatrix}\alpha&0&0\\0&\alpha&0\\0&0&\alpha\end{pmatrix}$

(4) $\begin{pmatrix}\alpha&1&0\\0&\alpha&0\\0&0&\beta\end{pmatrix}$ (5) $\begin{pmatrix}\alpha&1&0\\0&\alpha&0\\0&0&\alpha\end{pmatrix}$ (6) $\begin{pmatrix}\alpha&1&0\\0&\alpha&1\\0&0&\alpha\end{pmatrix}$

2 章

【1】 $u'=(1-N)y^{-N}y'$ を代入して計算すれば得られる。

【2】 (1) $y=\dfrac{1}{x(\log|x|+C)}$　(ただし, C は任意定数)

(2) $y=\pm\dfrac{1}{\sqrt{1+Ce^{x^2}}}$　(ただし, C は任意定数)

【3】 (1)$\log u=-\int c(x)y(x)\,dx$ の両辺を微分すると, $\dfrac{u'}{u}=-c(x)y(x)$ となる。さらに, $-\dfrac{u'}{cu}=y$ の両辺を微分することで, $-\dfrac{u''(cu)-u'(c'u+cu')}{(cu)^2}=y'$ が得られる。これらを代入して式を整理すれば得られる。

(2) 略

【4】 (1) $y=-\dfrac{Ae^x+2Be^{2x}}{Ae^x+Be^{2x}}$　(ただし, A, B は任意定数)

(2) $y=\dfrac{1}{x(\log|x|+C)}+\dfrac{1}{x}$　(ただし, C は任意定数)

【5】 略

【6】 (1) $y=\left(Ae^x+Be^{-x}\right)e^{-\frac{x^2}{2}}$　(ただし, A, B は任意定数)

(2) $y=(A\cos x+B\sin x)\,e^{-\frac{x^2}{2}}$　(ただし, A, B は任意定数)

【7】 $\dfrac{dy}{dt}=\dfrac{dy}{dx}\dfrac{dx}{dt}=\dfrac{dy}{dx}e^t,$

$$\frac{d^2y}{dt^2} = \frac{d^2y}{dx^2}\left(\frac{dx}{dt}\right)^2 + \frac{dy}{dx}\frac{d^2x}{dt^2} = \frac{d^2y}{dx^2}e^{2t} + \frac{dy}{dx}e^t$$

を用いれば得られる。

【8】 (1) $y = \dfrac{A}{x^3} + Bx^2$　（ただし，A, B は任意定数）

(2) $y = -\dfrac{1}{6}\log x - \dfrac{1}{36} + \dfrac{A}{x^3} + Bx^2$　（ただし，A, B は任意定数）

3章

【1】 (1) $x_1 = x, x_2 = \dot{x}$ とおくとき，つぎのようになる。

$$\begin{pmatrix} \dfrac{dx_1}{dt} \\ \dfrac{dx_2}{dt} \end{pmatrix} = \begin{pmatrix} 0 & 1 \\ -2 & -3 \end{pmatrix}\begin{pmatrix} x_1 \\ x_2 \end{pmatrix} + \begin{pmatrix} 0 \\ 4t^3 \end{pmatrix}$$

(2) $x_1 = x, x_2 = \dot{x}$ とおくとき，つぎのようになる。

$$\begin{pmatrix} \dfrac{dx_1}{dt} \\ \dfrac{dx_2}{dt} \end{pmatrix} = \begin{pmatrix} 0 & 1 \\ -1 & 0 \end{pmatrix}\begin{pmatrix} x_1 \\ x_2 \end{pmatrix} + \begin{pmatrix} 0 \\ e^t + 3\cos(t) \end{pmatrix}$$

(3) $x_1 = x, x_2 = \dot{x}, x_3 = \ddot{x}$ とおくとき，つぎのようになる。

$$\begin{pmatrix} \dfrac{dx_1}{dt} \\ \dfrac{dx_2}{dt} \\ \dfrac{dx_3}{dt} \end{pmatrix} = \begin{pmatrix} 0 & 1 & 0 \\ 0 & 0 & 1 \\ -4 & 0 & -t \end{pmatrix}\begin{pmatrix} x_1 \\ x_2 \\ x_3 \end{pmatrix} + \begin{pmatrix} 0 \\ 0 \\ e^{2t}\cos(t) \end{pmatrix}$$

【2】

$$e^{At} = \begin{pmatrix} e^t & 2e^{2t} - 2e^t \\ 0 & e^{2t} \end{pmatrix}, \qquad e^{Bt} = \frac{1}{3}\begin{pmatrix} 1 + 2e^{3t} & -2 + 2e^{3t} \\ -1 + e^{3t} & 2 + e^{3t} \end{pmatrix}$$

【3】 (1) $x_1 = y$, $x_2 = \dot{y}$ とおくとき，連立方程式と解はつぎのようになる。

$$\begin{pmatrix} \dfrac{dx_1}{dt} \\ \dfrac{dx_2}{dt} \end{pmatrix} = \begin{pmatrix} 0 & 1 \\ -2 & -3 \end{pmatrix}\begin{pmatrix} x_1 \\ x_2 \end{pmatrix} + \begin{pmatrix} 0 \\ 4 \end{pmatrix}, \qquad y = 2 - e^{-2t}$$

(2) $x_1 = y$, $x_2 = \dot{y}$ とおくとき，連立方程式と解はつぎのようになる。

$$\begin{pmatrix} \dfrac{dx_1}{dt} \\ \dfrac{dx_2}{dt} \end{pmatrix} = \begin{pmatrix} 0 & 1 \\ -1 & 0 \end{pmatrix}\begin{pmatrix} x_1 \\ x_2 \end{pmatrix} + \begin{pmatrix} 0 \\ 8 \end{pmatrix}, \qquad y = 8 - 7\cos(t) + \sin(t)$$

【4】 運動方程式は $\dfrac{d^2\boldsymbol{r}}{dt^2}=\left(\dfrac{-\mu}{r^3}\right)\dfrac{d\boldsymbol{r}}{dt}\times\boldsymbol{r}-\left(\dfrac{k}{r^3}-\dfrac{\mu^2}{r^4}\right)\boldsymbol{r}$ となる。さて，ベクトル $\boldsymbol{J}$ を時間微分すると $\dfrac{d\boldsymbol{J}}{dt}=\dfrac{d\boldsymbol{r}}{dt}\times\dfrac{d\boldsymbol{r}}{dt}+\boldsymbol{r}\times\dfrac{d^2\boldsymbol{r}}{dt^2}-\left(\dfrac{\mu}{r^2}\dfrac{dr}{dt}\right)\boldsymbol{r}+\left(\dfrac{\mu}{r}\right)\dfrac{d\boldsymbol{r}}{dt}$ となる。この式に運動方程式を代入し，ベクトル三重積 $\boldsymbol{r}\times\left(\dfrac{d\boldsymbol{r}}{dt}\times\boldsymbol{r}\right)=r^2\dfrac{d\boldsymbol{r}}{dt}-\left(\boldsymbol{r}\cdot\dfrac{d\boldsymbol{r}}{dt}\right)\boldsymbol{r}$ を用いると $\dfrac{d\boldsymbol{J}}{dt}=0$ が成立することが示される。ただし，$\left(\boldsymbol{r}\cdot\dfrac{d\boldsymbol{r}}{dt}\right)=r\dfrac{dr}{dt}$ が成立することも用いる。

同様に，$\dfrac{d\boldsymbol{R}}{dt}=\dfrac{d^2\boldsymbol{r}}{dt^2}\times\boldsymbol{J}+\dfrac{k}{r^2}\dfrac{dr}{dt}\boldsymbol{r}-\dfrac{k}{r}\dfrac{d\boldsymbol{r}}{dt}$ であり，運動方程式を $\boldsymbol{J}$ を用いて表すと $\dfrac{d^2\boldsymbol{r}}{dt^2}=\dfrac{\mu}{r^3}\boldsymbol{J}-\dfrac{k}{r^3}\boldsymbol{r}$ となるので，$\dfrac{d\boldsymbol{R}}{dt}=-\dfrac{k}{r^3}\boldsymbol{r}\times\boldsymbol{J}+\dfrac{k}{r^2}\dfrac{dr}{dt}\boldsymbol{r}-\dfrac{k}{r}\dfrac{d\boldsymbol{r}}{dt}$ となる。ベクトル三重積を用いて $\dfrac{d\boldsymbol{R}}{dt}=-\dfrac{k}{r^3}\boldsymbol{r}\times\left(\boldsymbol{r}\times\dfrac{d\boldsymbol{r}}{dt}\right)+\dfrac{k}{r^2}\dfrac{dr}{dt}\boldsymbol{r}-\dfrac{k}{r}\dfrac{d\boldsymbol{r}}{dt}=-\dfrac{k}{r^3}\left(\boldsymbol{r}\cdot\dfrac{d\boldsymbol{r}}{dt}\right)\boldsymbol{r}+\dfrac{k}{r^3}r^2\dfrac{d\boldsymbol{r}}{dt}+\dfrac{k}{r^2}\dfrac{dr}{dt}\boldsymbol{r}-\dfrac{k}{r}\dfrac{d\boldsymbol{r}}{dt}$ となるので，$\dfrac{d\boldsymbol{R}}{dt}=0$ が成立する。

【5】 ポテンシャル関数 $y=U(x)$ は，**解図 3.1** (a) のようになり可動領域はつぎのようになる。$E<-\dfrac{k^2}{4m}$ のとき可動領域なし。$-\dfrac{k^2}{4m}\leqq E<0$ のとき $\dfrac{-k+\sqrt{k^2+4mE}}{2E}\leqq x\leqq\dfrac{-k-\sqrt{k^2+4mE}}{2E}$。$E=0$ のとき $\dfrac{m}{k}\leqq x$。$0<E$ のとき $\dfrac{-k+\sqrt{k^2+4mE}}{2E}\leqq x$。また，$\dfrac{dx}{dt}=v$，$\dfrac{dv}{dt}=\dfrac{2m-kx}{x^3}$ だから v と $\dfrac{dx}{dt}$ は同符号。$x<\dfrac{2m}{k}$ のとき $\dfrac{dv}{dt}$ は正で，$x>\dfrac{2m}{k}$ のとき $\dfrac{dv}{dt}$ は負となるので，ベクトル場を滑らかにつないだ相曲線は**解図 3.1** (b) のようになる。

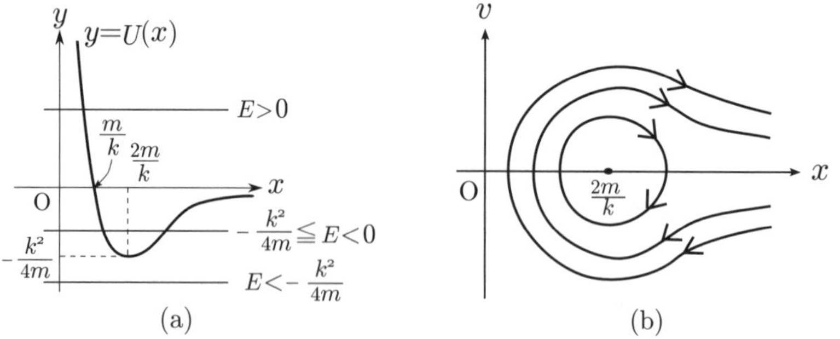

解図 3.1　章末問題【5】のポテンシャル関数と相曲線

【6】 (1) 平衡点は $(2,0)$ と $(-2,0)$ となる。平衡点 $(2,0)$ まわりの線形化方程式は

$$\begin{pmatrix} \dfrac{d\eta_1}{dt} \\ \dfrac{d\eta_2}{dt} \end{pmatrix} = \begin{pmatrix} 0 & -1 \\ -4 & 0 \end{pmatrix} \begin{pmatrix} \eta_1 \\ \eta_2 \end{pmatrix}$$

となるので，係数行列の固有値は ± 2 であることがわかる。したがって，平衡点 $(2,0)$ は鞍形点である。他方，平衡点 $(-2,0)$ まわりの線形化方程式は

$$\begin{pmatrix} \dfrac{d\eta_1}{dt} \\ \dfrac{d\eta_2}{dt} \end{pmatrix} = \begin{pmatrix} 0 & -1 \\ 4 & 0 \end{pmatrix} \begin{pmatrix} \eta_1 \\ \eta_2 \end{pmatrix}$$

となるので，係数行列の固有値は $\pm 2i$ であることがわかる。したがって，平衡点 $(2,0)$ は渦心点である。

(2) 平衡点は $(1,2)$ と $(-1,-2)$ となる。平衡点 $(1,2)$ まわりの線形化方程式は

$$\begin{pmatrix} \dfrac{d\eta_1}{dt} \\ \dfrac{d\eta_2}{dt} \end{pmatrix} = \begin{pmatrix} 2 & 4 \\ 2 & -1 \end{pmatrix} \begin{pmatrix} \eta_1 \\ \eta_2 \end{pmatrix}$$

となるので，係数行列の固有値は $\dfrac{1 \pm \sqrt{41}}{2}$ であることがわかる。したがって，平衡点 $(1,2)$ は鞍形点である。他方，平衡点 $(-1,-2)$ まわりの線形化方程式は

$$\begin{pmatrix} \dfrac{d\eta_1}{dt} \\ \dfrac{d\eta_2}{dt} \end{pmatrix} = \begin{pmatrix} -2 & -4 \\ 2 & -1 \end{pmatrix} \begin{pmatrix} \eta_1 \\ \eta_2 \end{pmatrix}$$

となるので，係数行列の固有値は $\dfrac{-3 \pm \sqrt{31}i}{2}$ であることがわかる。したがって，平衡点 $(-1,-2)$ は安定な渦状点である。

【7】 点 (x,y) と点 $(x+dx, y+dy)$ の 2 点間の微小な距離は三平方の定理から $ds = \sqrt{dx^2 + dy^2}$ となるので，曲線の長さを最小値とする $y(x)$ を与えるための汎関数は $I[y] = \displaystyle\int_\alpha^\gamma \sqrt{\left(\frac{dy}{dx}\right)^2 + 1}\, dx$ となる。$F(x,y,y') = \sqrt{(y'(x))^2 + 1}$ より，$F_y = 0$ および $F_{y'} = \dfrac{y'}{\sqrt{1+y'^2}}$ だから，オイラー–ラグランジュの方程式 (3.80) は定数 c を用いて直線の式 $y'(x) = c$ となる。つまり，境界条件 $y(\alpha) = \beta, y(\gamma) = \delta$ を満たすように決めるならば，$\alpha \neq \gamma$ の条件のもと

$$y-\beta=\frac{\beta-\delta}{\alpha-\gamma}(x-\alpha)$$

となる。

【8】 定数 α, β を用いて，$p=-2\alpha^3 t+\beta,\ q=2\alpha^3 t+\alpha-\beta$ となる。

4章

【1】 (1) 略。(2) $\int_S \boldsymbol{A}\cdot\boldsymbol{n}dS=\frac{c}{R^2}4\pi R^2=4\pi c$ で，球の半径 R によらず一定である。(3) 式 (4.11) の右辺の分母は，$R\to 0$ のとき $\Delta V=\frac{4\pi R^3}{3}\to 0$ なので，原点 O では，$\mathrm{div}\,\boldsymbol{A}=\infty$ である。

【2】 (1) 略。(2) $\int_C \boldsymbol{A}\cdot\boldsymbol{n}dS=\frac{c}{R}2\pi R=2\pi c$ で円の半径 R によらず一定である。(3) 式 (4.19) の右辺の分母は，$R\to 0$ のとき $\Delta S=\pi R^2\to 0$ なので，z 軸上では，$[\mathrm{rot}\,\boldsymbol{A}]_z=\infty$ である。

【3】 原点に置かれた点電荷がつくる電場 $\boldsymbol{E}$ は，章末問題【1】のベクトル場 $\boldsymbol{A}$ で $c=\frac{Q}{4\pi\varepsilon_0}$ とおいたものである。任意の閉曲面 S の内側の領域を V とする。

点電荷が閉曲面 S の外側にある場合：ガウスの定理より $\int_S \boldsymbol{E}\cdot\boldsymbol{n}\,dS=\int_V \mathrm{div}\,\boldsymbol{E}\,dV$ でその値は，$\mathrm{div}\,\boldsymbol{E}=0$ より，0 である。一方 $Q_S=0$。したがって，ガウスの法則は満たされている。

点電荷が閉曲面 S の内側にある場合：球面 S_R の内側の領域を V_R とすると，$\int_S \boldsymbol{E}\cdot\boldsymbol{n}\,dS=\int_{S_R}\boldsymbol{E}\cdot\boldsymbol{n}\,dS+\int_{S-S_R}\boldsymbol{E}\cdot\boldsymbol{n}\,dS$。この式の右辺の第 1 項は $4\pi c=\frac{Q}{\varepsilon_0}$ に等しい。また右辺の第 2 項はガウスの定理より $\int_{V-V_R}\mathrm{div}\,\boldsymbol{E}\,dV$ でその値は，$\mathrm{div}\,\boldsymbol{E}=0$ より，0 である。一方 $Q_S=Q$。したがって，ガウスの法則は満たされている。

【4】 電場の大きさ $|\boldsymbol{E}|=\begin{cases}0 & (r<a)\\ \dfrac{\sigma}{2\pi\varepsilon_0 r} & (a<r<b)\\ 0 & (r>b)\end{cases}$

電場 $\boldsymbol{E}$ の向きは軸から遠ざかる向き。

電位 $\phi=\begin{cases}\dfrac{\sigma}{2\pi\varepsilon_0}\log(b/a) & (r\leqq a)\\ \dfrac{\sigma}{2\pi\varepsilon_0}\log(b/r) & (a\leqq r\leqq b)\\ 0 & (r\geqq b)\end{cases}$

【5】 (1) $\phi_A=\frac{Q_A}{4\pi\varepsilon_0 a}+\frac{Q_B}{4\pi\varepsilon_0 l},\ \phi_B=\frac{Q_B}{4\pi\varepsilon_0 b}+\frac{Q_A}{4\pi\varepsilon_0 l}$

(2) a/l と b/l を 1 に比べて無視する。$\phi_A = \phi_B$ より，$\dfrac{Q_A}{4\pi\varepsilon_0 a} = \dfrac{Q_B}{4\pi\varepsilon_0 b}$。したがって，$\dfrac{Q_A}{Q_B} = \dfrac{a}{b}$。$E_A = \dfrac{Q_A}{4\pi\varepsilon_0 a^2}$ および $E_B = \dfrac{Q_B}{4\pi\varepsilon_0 b^2}$ より，$\dfrac{E_A}{E_B} = \dfrac{Q_A}{Q_B}\dfrac{b^2}{a^2} = \dfrac{b}{a}$。

【6】 電流 I は z 軸上を正の方向に流れているものとする。この電流がつくる磁場 $\boldsymbol{B}$ は，章末問題**【2】**のベクトル場 $\boldsymbol{A}$ で $c = \dfrac{\mu_0 I}{2\pi}$ とおいたものである。任意の閉曲線 C を境界とする曲面を S とする。

電流 I が閉曲線 C を貫かない場合：ストークスの定理より $\displaystyle\int_C \boldsymbol{B}\cdot d\boldsymbol{r} = \int_S \mathrm{rot}\,\boldsymbol{B}\cdot\boldsymbol{n}\,dS$ でその値は，$\mathrm{rot}\,\boldsymbol{B} = \boldsymbol{0}$ より，0 である。一方 $I_C = 0$。したがって，アンペールの法則は満たされている。

電流 I が閉曲線 C を貫く場合：$\displaystyle\int_C \boldsymbol{B}\cdot d\boldsymbol{r} = \int_{C_R} \boldsymbol{B}\cdot d\boldsymbol{r} + \int_{C+(-C_R)} \boldsymbol{B}\cdot d\boldsymbol{r}$。この式の右辺の第 1 項は $2\pi c = \mu_0 I$ に等しい。右辺の第 2 項はストークスの定理より $\displaystyle\int_{S-S_R} \mathrm{rot}\,\boldsymbol{B}\cdot\boldsymbol{n}\,dS$ に等しく，その値は，$\mathrm{rot}\,\boldsymbol{B} = \boldsymbol{0}$ より，0 である。一方 $I_C = I$。したがって，アンペールの法則は満たされている。

【7】 ビオ＝サバールの法則と系の対称性から，磁場は空間の各点で z 軸に平行で大きさは面 $x = 0$ について対称であり，また向きは面 $x = 0$ について反対称あることがわかる。アンペールの法則において閉曲線として y 軸に垂直な面内で各辺が x 軸と z 軸に平行な長方形をとれば以下の答えを得る。

$$\boldsymbol{B} = \begin{cases} (0,\ 0,\ \dfrac{\mu_0 i_0}{2}) & (x < 0) \\ (0,\ 0,\ -\dfrac{\mu_0 i_0}{2}) & (x > 0) \end{cases}$$

【8】 自由電子の移動により棒の両端が帯電する。その結果生じる電場の強さを E とすると，自由電子に働く力の釣り合いから，$eE = evB$。したがって，$E = vB$ で，導体棒両端の電位差は $V = El = vBl$。

【9】
$$\boldsymbol{E} = \begin{cases} \left(0,\ -\dfrac{c\mu_0 i_0}{2}\cos(\omega t + kx),\ 0\right) & (x < 0) \\ \left(0,\ -\dfrac{c\mu_0 i_0}{2}\cos(\omega t - kx),\ 0\right) & (x > 0) \end{cases}$$

$$\boldsymbol{B} = \begin{cases} \left(0,\ 0,\ \dfrac{\mu_0 i_0}{2}\cos(\omega t + kx)\right) & (x < 0) \\ \left(0,\ 0,\ -\dfrac{\mu_0 i_0}{2}\cos(\omega t - kx)\right) & (x > 0) \end{cases}$$

ただし，$k = \dfrac{\omega}{c}$ で c は光速である。

5章

【1】 光子1個のエネルギーは3.2×10^{-19}Jで，1秒当り1.0×10^{-3}Jのエネルギーが放出されるから，放出される光子の個数は3.1×10^{15}個である。

【2】 衝突後の電子の速度をvとする。運動量保存の法則より，$\dfrac{h}{\lambda} = -\dfrac{h}{\lambda'} + m_e v$ 。エネルギー保存の法則より，$\dfrac{hc}{\lambda} = \dfrac{hc}{\lambda'} + \dfrac{1}{2} m_e v^2$。 2式より$v$を消去し，$\dfrac{\lambda'}{\lambda} \fallingdotseq 1$を考慮すれば示される。

【3】 (1) 偶関数，奇関数が決まれば，固有関数の境界条件は，$x = a/2$の点を考えれば十分である。$0 \leqq x \leqq a/2$，$a/2 \leqq x$の領域の固有関数をそれぞれ$u_{\mathrm{I}}(x)$，$u_{\mathrm{II}}(x)$とおくと，時間に依存しないシュレディンガー方程式を満たす偶関数で，$x \to \infty$で発散しない解は，$u_{\mathrm{I}}(x) = A\cos\alpha x$， $u_{\mathrm{II}}(x) = Fe^{-\beta x}$である。ここで，$\alpha = \sqrt{2mE}/\hbar$，$\beta = \sqrt{2m(V_0 - E)}/\hbar$である。境界条件$u_{\mathrm{I}}(a/2) = u_{\mathrm{II}}(a/2)$，$u'_{\mathrm{I}}(a/2) = u'_{\mathrm{II}}(a/2)$より，$\xi\tan\xi = \eta$が導かれる。

(2) 固有関数が奇関数の場合を(1)と同様に調べる。固有関数は$u_{\mathrm{I}}(x) = B\sin\alpha x$， $u_{\mathrm{II}}(x) = Ge^{-\beta x}$と表される。境界条件$u_{\mathrm{I}}(a/2) = u_{\mathrm{II}}(a/2)$，$u'_{\mathrm{I}}(a/2) = u'_{\mathrm{II}}(a/2)$より，$\xi\cot\xi = -\eta$が導かれる。

(3) $\left(\dfrac{n-1}{2}\pi\right)^2 < \gamma < \left(\dfrac{n}{2}\pi\right)^2$ $(n = 1, 2, 3, \cdots)$のとき，束縛状態はn個。

【4】 (1) $E < V_0$のとき$R = 1$（途中略）。$x \leqq 0$, $0 \leqq x$の領域の波動関数をそれぞれ$u_{\mathrm{I}}(x)$, $u_{\mathrm{II}}(x)$とする。$E > V_0$のとき，領域Iでの波動関数を入射波Ae^{ikx}と反射波Be^{-ikx}の和，$u_{\mathrm{I}}(x) = Ae^{ikx} + Be^{-ikx}$，領域IIでは透過波$u_{\mathrm{II}}(x) = Fe^{ik'x}$とおくことができる。ただし，$k = \dfrac{\sqrt{2mE}}{\hbar}$，$k' = \dfrac{\sqrt{2m(E - V_0)}}{\hbar}$である。境界条件$u_{\mathrm{I}}(0) = u_{\mathrm{II}}(0)$，$u'_{\mathrm{I}}(0) = u'_{\mathrm{II}}(0)$より$B = \dfrac{k - k'}{k + k'}A$，確率密度の流れの比をとれば，反射率は$R = \left(\dfrac{k - k'}{k + k'}\right)^2$。

(2) (1)の解答より，$B/A = (k - k')/(k + k')$である。$V_0 > 0$のとき，$k > k'$だから$B/A > 0$となり$x = 0$で生じる反射波は入射波とは同位相となる。$V_0 < 0$のとき，$k < k'$だから$B/A < 0$となり，逆位相となる。

索　　引

―― 著 者 略 歴 ――

片山　登揚（かたやま　のりあき）

1981 年　京都大学大学院工学研究科修士課程修了（数理工学専攻）
1997 年　博士（工学）（京都大学）
2001 年　大阪府立工業高等専門学校教授
2011 年　大阪府立大学工業高等専門学校教授
2019 年　大阪府立大学工業高等専門学校名誉教授

有末　宏明（ありすえ　ひろあき）

1982 年　京都大学大学院理学研究科博士後期課程修了（物理学第 2 専攻素粒子論），理学博士
2000 年　大阪府立工業高等専門学校教授
2011 年　大阪府立大学工業高等専門学校教授
2017 年　大阪府立大学工業高等専門学校名誉教授

松野　高典（まつの　たかのり）

1997 年　大阪大学大学院理学研究科博士後期課程単位取得退学（数学専攻）
1997 年　博士（理学）（大阪大学）
2003 年　大阪府立工業高等専門学校助教授
2007 年　大阪府立工業高等専門学校准教授
2011 年　大阪府立大学工業高等専門学校准教授
2018 年　大阪府立大学工業高等専門学校教授
　　　　現在に至る

稗田　吉成（ひえだ　よしまさ）

1997 年　大阪市立大学大学院理学研究科後期博士課程単位取得退学（数学専攻）
2003 年　大阪府立工業高等専門学校助教授
2005 年　博士（理学）（大阪市立大学）
2007 年　大阪府立工業高等専門学校准教授
2011 年　大阪府立大学工業高等専門学校准教授
2015 年　大阪府立大学工業高等専門学校教授
　　　　現在に至る

佐藤　　修（さとう　おさむ）

1996 年　新潟大学大学院自然科学研究科博士後期課程修了（生産科学専攻），博士（理学）
2004 年　大阪府立工業高等専門学校助教授
2007 年　大阪府立工業高等専門学校准教授
2011 年　大阪府立大学工業高等専門学校准教授
2018 年　大阪府立大学工業高等専門学校教授
　　　　現在に至る

工科系学生の数理物理入門
Introduction to Mathematical Physics for Students in Engineering Course

2012 年 11 月 30 日　初版第 1 刷発行　★
2021 年 1 月 25 日　初版第 3 刷発行

検印省略

著　者　片山登揚
　　　　有末宏明
　　　　松野高典
　　　　稗田吉成
　　　　佐藤修
発行者　株式会社　コロナ社
　　　　代表者　牛来真也
印刷所　三美印刷株式会社
製本所　有限会社　愛千製本所

112–0011　東京都文京区千石 4–46–10
発行所　株式会社　**コロナ社**
CORONA PUBLISHING CO., LTD.
Tokyo Japan
振替 00140–8–14844・電話(03)3941–3131(代)
ホームページ　https://www.coronasha.co.jp

ISBN 978–4–339–06623–4　C3042　Printed in Japan　(新宅)